建筑分布式能源系统设计与优化

王　健　阮应君　编著

同济大学 出版社
TONGJI UNIVERSITY PRESS

内 容 提 要

本书主要介绍了国内外建筑分布式能源系统发展现状、相关政策、建筑负荷、设备和系统、设计与优化,同时也尽可能涵盖最新的工程案例。重点介绍了建筑分布式能源系统冷、热、电负荷计算方法,系统设计与经济性评价,设备配置和运行策略的协同优化。

本书以建筑分布式能源系统设计与优化为主线,不仅希望读者对建筑分布式能源系统有所了解,更希望同行对建筑分布式能源系统设计与优化的实施有所借鉴。本书既适用于建筑分布式能源系统设计与运营管理等工程技术人员,也可供从事相关专业教学与研究的学者参考。

图书在版编目(CIP)数据

建筑分布式能源系统设计与优化/王健,阮应君编
著.—上海:同济大学出版社,2018.12
ISBN 978-7-5608-6343-6

Ⅰ.①建… Ⅱ.①王… ②阮… Ⅲ.①建筑—能源
—系统设计—研究 Ⅳ.①TU111.4

中国版本图书馆 CIP 数据核字(2016)第 119179 号

建筑分布式能源系统设计与优化
Design and Optimization on Building Distributed Energy System
王健 阮应君 编著

策划编辑 杨宁霞 **责任编辑** 李 杰 **责任校对** 徐春莲 **封面设计** 潘向蓁

出版发行 同济大学出版社 www.tongjipress.com.cn
(地址:上海市四平路 1239 号 邮编:200092 电话:021-65985622)
经 销 全国各地新华书店、建筑书店、网络书店
印 刷 浙江广育爱多印务有限公司
开 本 787 mm×1092 mm 1/16
印 张 15.5
字 数 387 000
版 次 2018 年 12 月第 1 版 2018 年 12 月第 1 次印刷
书 号 ISBN 978-7-5608-6343-6

定 价 128.00 元

前　言

　　建筑作为与工业、交通并列的三大用能主体之一,其运行能耗大约为全社会商品用能的 30%,随着城镇化进程的不断推进以及人们对居住条件和室内环境舒适、健康、品位等方面的追求,这一比例会增长到 40%左右,成为用能第一大户。建筑节能问题得到各级政府和社会各界高度重视,成为节能工作的重点。近年来,建筑分布式能源系统因其高效、环保、经济、可靠和灵活等优点受到全世界的广泛关注。许多专家指出,在严峻的能源紧张和环境污染的形势下,建筑分布式能源系统将是我国未来 20 年能源技术发展的主要方向之一,是构建未来新一代能源系统的关键技术。

　　然而,通过对国内外 200 多个分布式能源系统的调查发现,多数系统因缺少有效的设计和运行手段,片面强调单个设备效率,而忽视系统综合效率,多数系统未达到预期效果,有的甚至停止运行。主要表现:在设计阶段,未充分考虑负荷变化特征,设计本身就存在能源供应与建筑物需求严重不匹配的情况;在运行阶段,由于系统运行策略及运行模式未及时调整,供需平衡被打破,系统长期处在偏离设计基准的变工况下运行,导致效率下降,节能性、经济性和环保性差,甚者影响供能的安全性和稳定性。因此,建筑分布式能源系统的设计和运行优化是目前亟须解决的两大问题。

　　本书以建筑分布式能源系统设计与优化为主线,介绍了国内外建筑分布式能源系统发展现状和相关政策、建筑负荷、设备和系统、设计与优化等内容,同时也尽可能涵盖最新工程案例。重点介绍了建筑分布式能源系统冷、热、电负荷计算方法,系统设计与经济性评价,设备配置和运行策略的协同优化。

　　本书第 1 章介绍了建筑分布式能源系统概念、国内外发展现状和政策。第 2 章详细介绍了建筑冷、热、电负荷指标,动态负荷计算方法以及各负荷影响因素的分析。第 3 章介绍了建筑分布式能源系统涉及的常用技术,如燃气轮机、内燃机等技术,余热利用技术和吸收式制冷技术等。第 4 章主要介绍了建筑分布式能源系统的设计流程和步骤、评价指标、原动机容量确定方法以及系统运行模式的确定方法,并进行案例分析。第 5 章介绍了建筑分布式能源系统优化的思路、步骤和方法,对某超高层建筑和某大学校园的分布式能源系统进行详细建模、求解和敏感性分析,提出了建筑分布式能源系统适合建筑特点的运行方法。第 6 章将上述优化方法应用于全国各省区的四类典型公共建筑,进行经济适用性研究和系统运行模式选择,并分析了建筑分布式能源系统的适用性。第 7 章详细介绍了国内外多个建筑分布式能源系统的工程实例。此外还列举了建筑分布式能源系统设计与优化中常用的设备技术信息。

本书由同济大学建筑设计研究院(集团)有限公司王健、同济大学阮应君共同主编,编写组成员还包括任洪波、刘青荣、杨涌文、吴琼等,王健负责全书统稿,阮应君负责审核。

限于作者理论水平和实践经验,本书不足之处在所难免,恳请读者批评指正。

王 健 阮应君

2018 年 8 月于上海

目　录

第 1 章 绪 论

1.1 概述

建筑作为与工业、交通并列的三大用能主体之一,其运行能耗大约为全社会商品用能的30%,随着城镇化进程的不断推进以及人们对居住条件和室内环境舒适、健康、品位等的方面的追求,这一比例会增长到40%左右,成为用能第一大户。建筑节能问题得到各级政府和社会各界高度重视,成为节能工作的重点。

近年来,建筑分布式能源系统已广泛应用于各类建筑中,成为各国建筑节能和改善环境的重要措施。2013 年,美国已有 6 000 多个建筑分布式能源系统,并计划到 2020 年,50%以上新建办公或商用建筑采用建筑分布式能源系统,同时将 15%的现有建筑供能系统改为建筑分布式能源系统。日本建筑分布式能源系统是仅次于燃气、电力的第三大公用事业,截至 2013 年,约 150 个区域、7 152 栋建筑采用了分布式能源系统。丹麦、芬兰和荷兰等国分布式能源系统发电量已超过其总发电量的 30%。

我国分布式能源系统应用起步较晚,但发展迅速。我国分布式能源发展至今,与政府对分布式能源发展规划布局和产业政策的支持引导密不可分。2007 年,《能源发展“十一五”规划》首次将分布式供能系统列为重点发展的前沿技术。2013 年,《能源发展“十二五”规划》提出大力发展分布式能源,统筹传统能源、新能源和可再生能源的综合利用,实现分布式能源与集中供能协调发展,并首次对分布式能源发展提出明确的建设目标。2016 年,《能源发展“十三五”规划》提出:坚持集中开发和分散利用并举,高度重视分布式能源发展;加快建设分布式能源项目和天然气调峰电站;优化太阳能开发格局,优先发展分布式光伏发电。到 2020 年,中国分布式天然气发电量和分布式光伏装机容量将分别达到 1 500 万 kW 和 6 000 万 kW。

建筑分布式能源系统的发展通常受到能源政策影响,本章首先给出了建筑分布式能源系统的定义,总结了国内外建筑分布式能源系统发展现状和相关政策,分析了目前我国建筑分布式能源发展所存在的问题。

1.2 建筑分布式能源系统的定义

对于分布式能源系统,世界各国研究组织或机构从不同的角度和方向给出了不同的理解和定义,主要指分布在用户端的能源综合利用系统,一次能源以气体或液体燃料为主、以可再生能源为辅的多能源输入,二次能源以直供用户端的电力、热(冷)力等多能源输出,实现以直接满足用户多种需求的能源梯级利用。

1.2.1　国际上有关分布式能源系统的定义

1882 年，美国纽约出现了以工厂余热发电满足自身与周边建筑电、热负荷的需求，这种热电联产的模式成为分布式能源系统最早的雏形。随着热电联供（Combined Heat and Power，CHP）的不断发展，如今已成为世界普遍采用的一项成熟技术。随着余热进一步用于制冷，热电联供逐渐发展成冷热电联供（Combined Cooling，Heating and Power，CCHP）。

1998 年成立的国际热电联产联盟（International Cogeneration Association，ICA），于 2002 年正式更名为世界分布式能源联盟（World Alliance Decentralized Energy，WADE）。

世界分布式能源联盟将分布式能源系统定义为：安装在用户端的高效冷热电联供系统，能够在消费地点（或附近）发电，高效利用发电产生的余热进行能源循环利用。

美国能源部认为，分布式能源系统（也叫作分布式生产、分布式能量或分布式动力系统）可在以下几个方面区别于集中式能源系统：①分布式能源系统是小型的、模块化的，规模在千瓦至兆瓦级；②分布式能源系统包含一系列供需双侧的技术，包括光电系统、燃料电池、燃气内燃机、高性能燃气轮机、微燃机、热力驱动的制冷系统、除湿装置、风力透平、需求侧管理装置、太阳能（发电）收集装置和地热能量转换系统；③分布式能源系统一般位于用户现场或附近，如分布式能源装置可以直接安装在用户建筑物里，或建在区域能源中心、能源园区或小型（微型）能源网络系统之中或附近。

1.2.2　国内有关分布式能源系统的定义

国家发展和改革委员会（以下简称"发改委"）2004 年对分布式能源系统的定义是：分布式能源系统是近年来兴起的一种利用小型设备向用户提供能源的新型能源利用方式。与传统的集中式能源系统相比：①分布式能源系统接近负荷，不需要建设大电网进行远距离高压或超高压输电，可减少线损，节省输配电建设投资和运行费用；②由于分布式能源系统兼具发电、供热等多种能源服务功能，可以有效地实现能源的梯级利用，达到更高的能源综合利用效率；③分布式能源设备启停方便，负荷调节灵活，各系统相互独立，系统的可靠性和安全性较高；④分布式能源系统多采用天然气、可再生能源等清洁燃料，较传统的集中式能源系统更加环保。

国家能源局有关分布式能源系统的定义是：分布式能源系统是一种建在用户端的能源供应方式，可独立运行，也可并网运行，是以资源、环境效益最大化确定方式和容量的系统，将用户多种能源需求，以及资源配置状况进行系统整合优化，采用需求应对式设计和模块化配置的新型能源系统，是相对于集中供能的分散式供能方式。

国网能源研究院将分布式能源系统定义为：位于用户侧，优先满足用户自身需求，以热电联产、冷热电三联产和可再生能源发电利用技术为主，发电总装机容量小，独立运行或并网运行，包含能量产生、能量储存和能量控制的能源综合利用系统。

国家发改委在《关于发展天然气分布式能源的指导意见》中给出的天然气分布式能源系统的定义是：天然气分布式能源是指利用天然气为燃料，通过冷热电三联供等方式实现能源的梯级利用，综合能源利用效率在 70% 以上，并在负荷中心就近实现能源供应的现代能源供应方式，是天然气高效利用的重要方式。

综上，建筑分布式能源系统（Building Distributed Energy System，BDES）是指应用于建筑物中，基于传统天然气冷热电三联供，充分利用太阳能、风能、地热能、生物质能等可再生能源的分布式能源系统。

1.3 国外建筑分布式能源系统发展现状及相关政策

1.3.1 发展概况

分布式能源系统在美国、日本和欧洲的应用起步较早。

美国是全球新能源技术的先驱和倡导者,从 1978 年就已经开始推广小型分布式能源系统技术。1999 年,美国能源部编制了《建筑冷热电三联供——2020 愿景》的发展战略,计划到 2010 年,20% 的新建商用或办公建筑使用分布式能源系统,使发电装机容量达到 9 200 万 kW,发电量占全国总用电量的 14%。到 2020 年,该比例将提高至 50%,新增分布式能源系统的发电容量达 9 500 万 kW,发电量占到全国总用电量的 29%。在 1980—2008 年间,美国分布式能源系统发电装机容量从 1 200 万 kW 增加至 5 600 万 kW,达到全美电力总装机容量的 8.6%。目前,美国的分布式能源系统以楼宇式数量居多,区域性的较少,但二者装机容量相仿。

日本是一个资源极度缺乏的国家,同时它的经济规模又导致其具有非常高的能源需求,因此,提高能源效率是其至关重要的战略之一。目前,日本不仅是亚洲能源效率最高的国家,在全世界也位居前列。自 1981 年东京国立竞技场第一台分布式能源系统开始运行,日本天然气分布式三联供是仅次于燃气、电力的第三大公用事业。

欧洲的分布式能源系统发电量占其总发电量的 9%(其中丹麦、芬兰和荷兰三国这一比例已超过 30%)。图 1-1 显示了欧洲各国分布式能源系统装机容量占总发电装机容量的比重。

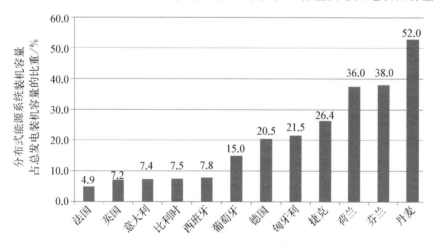

图 1-1 2014 年欧洲各国分布式能源系统装机容量所占比重

1. 丹麦

在 20 世纪 70 年代之前,丹麦全国的能源消费几乎都要依靠进口。丹麦政府及时调整了战略,大力调整能源供应结构,提高能源使用效率,并且积极地开发利用清洁能源和可再生能源。从 80 年代开始,丹麦颁布了建设混合电力系统的战略,旨在缓解之前丹麦国内集中式大型电站过多导致总体能源利用效率较低的问题,其核心内容就是推广分布式能源系统。截至 2015 年年底,丹麦分布式能源系统的装机容量已达 569 万 kW,超过全国发电装机容量的 50%。正是由于大力推广节能技术,所以在 1980 年至 2005 年,丹麦的 GDP 虽然增长了 56%,

但是其能源消耗总量仅仅增长了3%。丹麦可以说是全球推广分布式能源系统的典范。

2. 英国

自1990年以来,英国分布式能源系统装机容量增长超过100%。截至2015年年底,英国分布式能源系统装机容量达到626万kW,发电量达到英国总发电量的8%。英国政府大力倡导使用分布式能源系统作为楼宇能源解决方案,白金汉宫、唐宁街10号等官方机构均设有分布式能源系统。

3. 德国

德国是欧洲第一大经济体,也是世界上最为关注新能源技术应用的国家。在2005年,德国的分布式能源系统装机容量已达2100万kW,发电量占德国总发电量的12.5%。德国政府计划在2020年之前将这一比例翻一番。

4. 芬兰

芬兰地处北欧,冬季严寒,对于供暖的需求相当大,这为分布式能源系统的应用创造了良好的条件。截至2015年,分布式能源系统的发电量占芬兰总发电量的30%以上,其供热面积达到全国供热区域的73%。

1.3.2　典型国家分布式能源发展相关政策

日本、德国及美国早在20世纪七八十年代起就开始发展燃气分布式能源系统,其发展政策对我国分布式能源系统的发展具有借鉴意义。

1. 日本的燃气分布式发展激励政策

作为一个资源极度匮乏的国家,日本整个能源政策框架中,低品位未利用能源的回收是节能战略的重点。特别是20世纪70年代的两次石油危机更将日本的节能战略提升至前所未有的高度。在这样的背景下,基于能源梯级利用的分布式热电联产系统逐渐得到重视与发展。此外,2011年的东日本大地震促使日本对现有集中型能源供给体系进行了全面、深刻的反思,抗灾性较强的分布式能源系统再次成为日本能源战略的热门话题。特别是近年来,随着技术的进步,分布式热电联产系统的发电效率已经可以匹敌大型集中电站的平均需求侧效率,因此被公认为是应对短、中期能源问题的一项有力措施。

截至2012年年底,日本热电联产系统累计装机容量达到9850 MW(约占总电力装机容量的3.4%),其中,民用系统2060 MW,工业用系统7790 MW;总装机台数为14423台,其中,民用为10098台,工业用为4325台。在日本分布式热电联产市场中,燃气内燃机、燃气轮机、柴油发动机和燃料电池是四种最主要技术类型。在民用领域,中小型燃气内燃机是近年来发展的重点,燃气轮机则是工业用分布式热电联产系统的主要机型。由于城市中心区控制污染的原因,柴油机现大多应用于郊区工业地带。燃料电池作为新兴分布式热电联产技术,主要应用于家庭领域。

总体而言,日本民用和工业用热电联产系统近年来均得到一定程度的发展,但还远远不能满足日本低碳社会建设的战略需求。为此,日本在2010年6月修订的《能源基本规划》中提出,到2020年,燃气分布式能源装机容量达到8000 MW,2030年达到11000 MW。2011年,东日本大地震后,能源资源厅提出要对《能源基本规划》进行修订,加快分布式能源的推广与普及力度,到2030年,分布式热电联产的发电量要达到总发电量的15%(约1500亿kWh,2010年该数值为314亿kWh)。同时,家用燃料电池的应用要达到500万台。2012年9月的"能源环境会议"中,再次提出了要推动包括燃料电池在内的热电联产系统的普及应用,到 2030 年,民用与工业用热电联产总装机量要达到 22 000 MW,家用燃料电池应用达到 530 万台。

由于分布式热电联产潜在的节能减排效果显著,故在日本中长期能源战略中被寄予厚望。然而,分布式热电联产系统的应用一般涵盖多个终端用能部门,还可能涉及多个行政主管部门及不同行业,因此需要进行有效的顶层设计,构建跨行业、跨部门的综合管理体制,并出台相应的政策和法规。日本自 20 世纪 90 年代开始,就陆续出台了一系列促进分布式热电联产应用与推广的相关政策和制度,并取得了一定成效。具体而言,日本分布式热电联产的导入促进主要是从投资补助、税收减免、优惠气价、余电上网四个角度进行。

(1) 投资补助

日本经济产业省、环境省、国土交通省均出台了一系列促进分布式热电联产系统应用与推广的补助政策,如表 1-1—表 1-4 所示。就补助对象而言,一般分为三类:热力发动机(燃气内燃机、燃气轮机和柴油发动机)、余热锅炉和燃料电池。作为制定日本能源政策的最高权力机构,经济产业省是一系列补助政策的主要发布者;环境省则将分布式热电联产系统作为促进 CO_2 减排的有力手段;国土交通省的关注重点则是分布式热电联产系统在建筑领域的应用。

表 1-1 日本经济产业省出台的相关投资补助政策

补 助 金 名 称	补助率	对 象 设 备			2013 年预算/亿日元
		热力发电机	余热锅炉	燃料电池	
分布式电源导入促进事业费补助金(10~10 000 kW CGS)	地方政府:1/2; 民间:1/3; 上限:5 亿日元/(年·件)	○	○	○	249.70
分布式电源导入促进事业费补助金(10 000 kW 以上 CGS)	管网沿线:1/4; 其他:1/6; 上限:无	○	○	×	
分布式电源导入促进事业费补助金(自家发电)	中小企业:1/2; 其他:1/3; 上限:5 亿日元/(年·件)	○	×	○	
能源合理化使用支援事业	多用户合作节能:1/2; 其他:1/3; 上限:5 亿日元/(年·件)	○	○	○	110.00
能源合理化使用支援事业(民间团体)	1/3;上限:1.8 亿日元/(年·件)	○	○	×	4.90
民用燃料电池导入紧急对策费	(设备安装费-23)/2; 上限:45 万日元/台	×	×	○	250.50
可再生能源热利用支援对策事业	1/2; 上限:10 亿日元/(年·件)	○	○	×	40.00
加快可再生能源热利用支援对策事业	1/3; 上限:10 亿日元/(年·件)	○	○	×	40.00
建筑革新型节能技术导入促进事业	原则 1/3,最高 2/3; 上限:10 亿日元/件	○	○	—	40.00
智能社区导入促进事业	2/3	○	○	—	80.60

注:○表示该项适用;×表示该项不适用;—表示无相关说明。下同。

表 1-2　日本环境省出台的相关投资补助政策

补助金名称	补助率	对象设备			2013 年预算/亿日元
		热力发电机	余热锅炉	燃料电池	
面向低碳价值提升的 CO_2 减排事业（医院热电联产紧急应对事业）	1/2	○	○	—	76.00
基于先进对策高效实施的 CO_2 大幅减排补助事业	1/3；上限：0.5 亿日元/件	○	○	—	11.20
废弃物能源低碳导入促进事业	1/3	○	○	×	7.75
CO_2 控制对策事业（温泉能源活用推进事业）	热泵：1/3；热电联产：1/2	○	○	×	3.70

表 1-3　日本国土交通省出台的相关投资补助政策

补助金名称	补助率	对象设备			2013 年预算/亿日元
		热力发电机	余热锅炉	燃料电池	
建筑 CO_2 减排先导事业	1/2；上限：总费用的 5% 和 10 亿日元较少者	○	○	—	171.00
建筑节能改造推进事业	1/3；上限：建筑物 5 000 万日元/件（设备 2 000 万日元）	○	○	—	

表 1-4　东京都出台的相关投资补助政策

补助金名称	补助率	对象设备			2013 年预算/亿日元
		热力发电机	余热锅炉	燃料电池	
家用燃料电池、蓄电池补助金	1/4；上限：22.5 万日元/件	×	×	○	100.00
办公楼等热电联产补助金	1/2；上限：3 亿日元/件	○	○	×	
自家发电设备导入补助	1/2；上限：1 500 万日元/件	○	×	—	—

（2）税收减免

分布式热电联产系统的税收减免政策均由经济产业省推出，主要从投资税和固定资产税两方面实施，见表 1-5，但均不适用于燃料电池系统。

表 1-5　分布式热电联产相关税收减免政策

政策名称	对象设备			概要
	热力发电机	余热锅炉	燃料电池	
绿色投资减税	○	○	×	返还 30%，对中小企业，还可再追加 7% 返还额度
固定资产税特别措施	○	○	×	最初 3 年，纳税标准按 5/6 算

（3）优惠气价

日本各大燃气公司均设定了适用于分布式热电联产系统的优惠气价。以东京燃气公司为例,具体阐述其优惠气价构成。

一般燃气设备用气价如表 1-6 所示,是由每月固定的基本价格和与用气量关联的单价所构成的两部制气价。根据每月燃气用量有 6 种定价组合,用量越大,基本价格越高,但单价越低,平均燃气价格也越低。

表 1-6 通用燃气价格表

价格表	月使用量/m³	户基本价格/(日元·月⁻¹)	单价/(日元·m⁻³)
A	0～20	745.2	165.78
B	20～80	1 026	151.74
C	80～200	1 198.8	149.58
D	200～500	2 062.8	145.26
E	500～800	6 382.8	136.62
F	>800	12 430.8	129.06

适用于家用分布式热电联产系统(燃气内燃机和燃料电池)的燃气价格如表 1-7 所示。当月使用量超过 20 m³ 时,由于单价的降低使得平均燃气价格低于通用气价,但燃气内燃机(Eco-will)在 5～11 月份不能享受优惠气价。另外,燃料电池系统(Ene-farm)所对应的气价优惠力度明显大于燃气内燃机系统,这再次显现出日本政府对家用燃料电池的推广力度之大。

表 1-7 家用分布式热电联产用燃气价格

类　型	适用月份	价格表	月使用量/m³	户基本价格/(日元·月⁻¹)	单价/(日元·m⁻³)
燃气内燃机	12～4	A	0～20	745.2	165.78
		B	20～80	1 242	140.94
		C	>80	2 192.4	129.06
	5～11	A～F	参照通用气价	参照通用气价	参照通用气价
燃料电池	12～4	A	0～20	745.2	165.78
		B	20～80	1 458	130.14
		C	>80	1 890	124.74
	5～11	A	0～20	745.2	165.78
		B	>20	1 458	130.14

适用于工商业分布式热电联产系统的气价如表 1-8 所示。与表 1-6 和表 1-7 相比,其结构较为复杂,包括月基本价格、流量基本费(取决于当月逐时用量的最大值)、最大需要月基本费(取决于最大月用量)和单价。虽然单价只有通用气价的一半左右,但其基本价格相对较高。另外,热电联产系统容量越大,其单价也越低,但基本价格不变。

表 1-8　工商业用分布式热电联产系统用燃气价格

类型	CGS 容量/kW	户基本价格 /(日元·月$^{-1}$)	月流量基本费 /(日元·m^{-3})	最大需要月基本费 /(日元·m^{-3})	单价 /(日元·m^{-3})
1	25	14 256	432.73	5.95	80.81
2	15～25	14 256	432.73	5.95	82.38
3	3～15	14 256	432.73	5.95	85.90

（4）余电上网

日本经济产业省就分布式热电联产系统的并网与上网出台了一系列政策与技术规范。以此为基础，日本十大电力公司也出台了各自的上网电价，如表 1-9 所示。整体而言，除东京电力价格稍高、北海道电力价格偏低外，其他电力公司推出的上网电价差别较小。同时可以看到，所有电力公司推出的上网电价均显著低于同时段购电电价，这也保证了"分布式热电联产系统发电量自用为主、余电上网"的使用原则。

表 1-9　分布式热电联产系统发电上网电价

电力公司	夏季平日昼间/ (日元·kWh^{-1})	他季平日昼间/ (日元·kWh^{-1})	夜间、休日/ (日元·kWh^{-1})
北海道	3.50	3.50	3.50
东北	7.55	7.55	7.55
东京	12.64	11.45	8.42
中部	8.70	6.50	3.10
北陆	4.33	4.33	4.33
关西	5.09	5.09	5.09
中国地区*	6.93	6.93	6.93
四国	6.80	6.00	3.40
九州	7.50	6.60	3.60
冲绳	8.85	8.85	8.85
平均	7.19	6.68	5.48

注："中国地区"是日本所称的地域名，位于日本本州岛西部。

2. 德国燃气分布式激励政策

德国是欧洲最大的能源市场，构成欧洲大陆支柱的电力和燃气网络。德国传统能源的供应依赖煤炭和核能，发电量大部分依赖煤电和核电。随着能源危机的出现、温室气体减排的压力日益增加，特别是 2011 年东日本"3·11"大地震后，德国的能源方针发生了较大转变。主要是积极发展可再生能源，大力利用低碳能源，减少煤炭的消费和逐步压缩核电（计划 2020 年全部停用德国境内核电站）。在此背景下，德国的燃气分布式热电联产（下称"CHP"）得到长足发展。

德国的 CHP 重点用户是宾馆、医院和商业区域。此外,化工企业使用也比较普遍。而政府办公楼及其他公共建筑一般接入集中供热系统,单独安装 CHP 比较少。德国家庭用电占总用电量的 29%,其中供暖和热水用电占家庭用电的 89%。针对家庭需求,开发了微型 CHP,目前设计了 5 kW 的系统,已经安装了数千个,未来几年,将会有更大发展。德国政府对燃用沼气的 CHP 给予有力支持,至 2007 年,装机容量达到 1 271 MW,共计 3 700 个项目,平均每个项目为 0.34 MW。政府将在 2020 年之前投资 30 000 个项目,总装机容量 2 768 MW。德国燃料电池 CHP 的发展势头强劲,以每年增长 2 250 个的速度发展,预计到 2020 年建成 72 000 个。

德国国内在 CHP 方面的激励政策法规主要有(依照重要性排序):2002 版 CHP 法规、2008 版 CHP 法规、生态环境税收法(Ecotax)、可再生能源法、再生热能法、建筑节能规范、欧盟排放贸易法规等。

(1) 2002 版 CHP 法规

CHP 法规是德国热电联产政策的核心,目的在于通过奖金补贴推动 CHP 的发展和节能减排。2003—2010 年总预算为 45 亿欧元,其中 3.58 亿欧元专门用于燃料电池 CHP。该法规主要有以下几项重要规定:

① 电力销售价格:CHP 装置需强制接入管网运营商的系统(热和电),且必须以正常价格购买。正常价格以设在德国莱比锡的欧洲能源交易所定义的平均基本负载电价为准。

② 电价补贴:对于不同时期、不同规模的 CHP 装置,电价的补贴也有所不同。

③ 管网建设的补贴:CHP 安装在用户现场,降低了电网/管网的建设投资。依据不同的地点位置,电费补贴为 0.4~1.5 欧分/kWh。计算和支付依据德国电网电价规定。

(2) 2008 版 CHP 法规

2008 年 6 月,德国政府批准了新的 CHP 激励法规,并于 2009 年 1 月正式实施。该法规的实施主要是为了发展 CHP 项目以实现 2020 年的目标:CHP 的发电量占总发电量的 25%,基于 1990 年的水平减少 40% 温室气体排放。2008 版法规与 2002 版法规相比主要有以下变化:

① 规定电网/管网运营商优先购买和输送 CHP 的电力;

② 电价补贴政策(表 1-10)延伸到 2007—2016 年之间的改装机组和新安装机组,且机组的容量不限;

③ 业主自己消耗的电力也将享受电价补贴,上网电价的补贴不变;

④ 如果供热管网中超过 65% 的热来自 CHP,热管网的建设费用将得到补贴。项目投资商能够得到 1 欧元/[m(管长)·mm(管径)],最大补贴额为总投资的 20%,或者每个项目补贴 500 万欧元。

(3) 生态环境税收法

CHP 机组满足机组的负载系数>70%(>6 100 h/年),可以免除政府收取的生态环境税。此项政策规定的目的是鼓励用户使用 CHP 机组代替使用燃油、燃气等锅炉。天然气用于 CHP 装置的免税额折合成电价约为 0.55 欧分/kWh。

(4) 再生能源法

再生能源法主要针对可再生能源,特别是小型生物沼气 CHP 项目获益较大。再生能源法规定,保证提供非常有利的上网电价(表 1-11),最高达 19.5 欧分/kWh,这确保了 CHP 机组的盈利和项目的经济性。电力公司经营该类项目时被强制优先并网,优先采购和输送该类项目生产的电能。从 2009 年 1 月开始执行新的再生能源法。新的再生能源法调整了部分费率,提供了 CHP 机组长达 20 年的 3 欧分/kWh 的奖励,以确保业主和投资者长期稳定的收益。

表 1-10　德国电价补贴费率表　　　　　　　　（单位:欧分/kWh）

分　　类	2006 年	2007 年	2008 年	2009 年	2010 年
旧机组(1990 年之前安装)	0.97	—	—	—	—
新安装机组(1990 年之后)	1.23	1.23	0.82	0.56	—
改装机组(2002.4—2005.12)	1.69	1.64	1.64	1.59	1.59
新安装机组(<2 MW,2002 年之后)	2.25	2.25	2.1	2.1	1.94
新安装机组(<50 MW,2002—2008 年)	5.10(投入运行后 10 年)				
燃料电池	5.10(投入运行后 10 年)				

注:仅限于现有 CHP 装置和 2 MW 以下新安装 CHP。

表 1-11　德国现行上网电价

装机容量/kW	上网电价/(欧分·kWh^{-1})			
	基本电价		加上奖励后的电价	
	一般 CHP	燃用沼气的 CHP	一般 CHP	燃用沼气的 CHP
<150	11.5	11.67	19.5	25.67
150~500	9.9	9.9	17.9	21.18
500~5 000	8.9	8.9	16.9	15.25
>5 000	8.4	—	16.4	—
5 000~20 000	—	8.4	—	11.4

(5)可再生热能法

可再生热能法要求新的建筑物必须使用部分可再生能源作为采暖的来源,如太阳能、风能、生物沼气等。如果建筑物的采暖是由基于燃气 CHP 机组的区域热电联产系统或建筑本身 CHP 机组提供,则不受此法的限制,被等同认为满足可再生热能法。

(6)建筑节能规范

建筑节能规范的主要目的是降低初级能源的消耗,从而降低最终能源的消耗。建筑采暖选择的能源依据反映化石燃料含量的初级能耗因子而定级。CHP 能耗因子为 0.7,燃气锅炉能耗因子为 1.3,电加热的能耗因子为 3.0,能耗因子越小,代表初级能源的消耗就越低。另外,建筑节能规范还相应规定了能源的转换和传输标准。

(7)欧盟排放贸易法规

排放贸易法规主要是针对较大功率(规模)的 CHP 排放补贴。该排放补贴具体是指相比单独设置的发电或制热项目,对 CHP 机组排放节省的部分进行补贴。

3. 美国的分布式能源发展状况及激励政策

2015 年,美国各类分布式能源统计如表 1-12 所示。

表 1-12 2015 年美国各类分布式能源装机情况

项目	数量/座	装机容量/MW	平均装机容量/MW
热冷电联产	4 438	82 728	18.64
光伏	420 761	8 452	0.02
能量储存	3～7	1 010	3.29
合计容量	—	92 190	—

到 2009 年年底,全美热电联产机组总装机约 8 500 万 kW,占全美发电机组总装机的 9%,发电量占美国总发电量的 12%。根据美国能源局统计,至 2014 年年底,美国现有不同类型和用途的热电联产装置 4 438 座,合计规模 82.73 GW,近 10 年年均复合增长率约 1%,计划到 2030 年实现分布式能源装机占全美发电机组总装机的 20%,预计约 2.4 亿 kW。热电联产的平均效率约 66%,年平均运行时间约 5 900 h。楼宇分布式能源项目数量远高于区域分布式能源项目,但装机容量基本相同,且大多使用燃气轮机。楼宇分布式能源项目主要是业主自行投资,区域分布式能源项目主要由有政府背景的公司或者专业能源服务公司投资建设。

1978 年,美国颁布联邦《公用事业监管政策法案》,支持扩大热电联供和小型电站联网,大多数州均依据联邦法案制定了各类电站上网标准。分布式能源的奖励标准由各州自行制定,有的州给予采用微型燃气轮机的分布式能源项目补贴 500 美元/kW,采用燃料电池的每 0.5 kW 补助 1 500 美元。

美国政府鼓励发展分布式能源的政策体系比较完备,联邦政府一级,包括能源部、联邦能源监管委员会和环保署,制定法案或条例等鼓励分布式能源发展,环保署通过制定减排方案对各州进行奖励。各州根据具体情况分别制定相应政策和奖励方法,其中,康涅狄格州通过实施提高能效和减少排放给予分布式能源及可再生能源奖励,使康涅狄格州分布式能源得到长足发展。

美国天然气分布式能源扶持政策主要包括以下 4 个方面:

(1) 联邦及地方州政府积极支持天然气分布式能源发展;

(2) 将天然气分布式能源作为控制温室气体排放的最佳选择;

(3) 追求经济利益是驱动分布式能源发展的主要动力,灵活完善的市场管理机制促进天然气分布式能源发展;

(4) 注重分布式能源系统的装备及技术研发。

分布式发电之所以在美国得以发展,其原因有以下几点:

(1) 美国能源资源的分布有利于分布式发电的发展。美国中部以煤电为主,太平洋西部以水电为主,南部滨海以天然气发电为主。由于油气发电的 CO_2 排放量较少,可减轻环境污染,而美国的油气资源丰富,油气管道分布较广,因此,美国分布式发电装置主要以利用油气资源为主,而利用可再生能源的分布式发电站数量较少。

(2) 美国电力供需格局有利于分布式发电的发展。美国电力供需以小范围内平衡为主,且趋向于利用当地电量。由于历史发展原因和出于自身利益的考虑,美国各电力公司负责本地区的电力供应,本地发电和用电一般自我平衡,区域间联网只是为了相互备用、事故支援和调节余缺。美国电力市场开放以后,出于经济利益考虑,各电力公司相互买卖电力,但跨区电力交换比较少,电力输送距离较短。用户也偏向于利用当地电力,以减少中间输送环节的损耗。

(3) 美国的电网政策有利于分布式发电的发展。2001年,美国颁布了《关于分布式发电与电力系统互联的标准草案》(IEEE-P1547/D08),允许分布式发电系统并网运行和向电网售电。美国有半数以上的分布式发电系统与电网连接,部分分布式发电系统在电网供电中断时作为备用。

(4) 美国政府相关政策推动了分布式发电的发展。美国政府在电力行业引入竞争机制,在保障电网稳定运行的同时,积极鼓励用户采用分布式发电形式作为备用电源,积极扶持分布式发电的发展。近几年,受全球气候变化和国际温室气体减排的压力,美国政府更加支持以可再生能源为主的分布式发电,各州为保证并延续传统管理模式下由电力公司管理或资助的公益计划,确立了支持可再生能源项目的方法,一些州还确立了补助方案、竞争性招标程序和面向消费者的融资方案等可再生能源分布式发电政策。

(5) 美国先进的发电技术有利于分布式发电的发展。美国分布式发电技术的基础较好,多项先进技术可用于分布式发电。分布式发电的涡轮技术、燃料电池和涡轮的混合装置等技术具有很大的发展前景。光伏发电、冷热电联产等技术已逐步在居民和商业建筑等领域应用,并可成为新的分布式发电方式。

1.4 我国建筑分布式能源系统发展现状及政策

1.4.1 我国建筑分布式能源系统的应用现状

据不完全统计,截至2015年年底,我国天然气分布式能源项目(单机规模小于或等于50 MW,总装机容量200 MW以下)共计288个,总装机容量超过1 123 MW。其中,已建项目127个,装机容量1 405.5 MW;在建项目69个,装机容量1 603.2 MW;筹建项目92个,装机容量8 114.8 MW。与《关于发展天然气分布式能源的指导意见》中设定的"十二五"期间建设1 000个左右天然气分布式能源项目,并拟建设10个左右各类典型特征的分布式能源示范区域的目标相差甚远。项目建设情况随时间变化趋势如图1-2和图1-3所示。

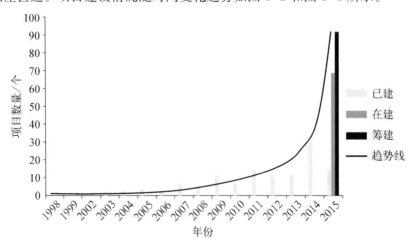

图1-2 我国天然气分布式能源项目建设数量时间分布情况

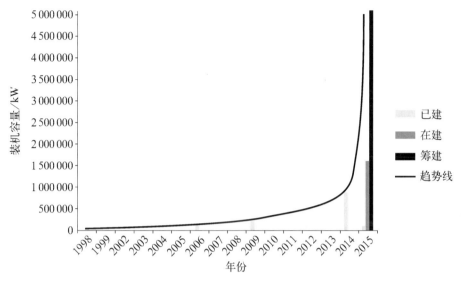

图 1-3 我国天然气分布式能源项目建设装机容量时间分布情况

从图 1-2 和图 1-3 可以看出：①从 1998 年国内第一个天然气分布式能源项目建成开始，到 2014 年天然气分布式能源已建项目共 113 个，装机容量 1 309 697 kW。②2015 年已建项目14 个，装机容量 95 774 kW；在建项目 69 个，装机容量 1 603 174 kW；筹建项目 92 个，装机容量8 114 800 kW。总装机容量 1 123 445 kW，天然气分布式能源的发展趋势出现了明显的拐点。

重点区域天然气分布式能源项目情况见表 1-13。表 1-14 所示为部分省份天然气分布式能源项目情况。

表 1-13 重点区域天然气分布式能源项目情况

项目情况	京津冀鲁	长三角	珠三角	川渝地区	其他地区
项目数量/个	70	99	22	39	58
数量占比/%	24.31	34.38	7.64	13.54	20.14
装机规模/kW	1 346 307	2 609 704	1 725 506	2 768 668	2 673 260
装机占比/%	12.10	23.46	15.51	24.89	24.03

注：京津鲁包括北京、天津、河北、山东、辽宁、山西、内蒙古中部；
　　长三角包括上海、江苏、浙江、安徽；
　　珠三角包括广东、深圳；
　　川渝地区包括四川、重庆。

表 1-14 部分省份天然气分布式能源项目情况

地区	项目数量/个				数量占比/%	总装机容量/kW	装机容量占比·/%
	已建	在建	筹建	合计			
四川	5	9	17	31	10.76	2 541 738	22.85
广东	8	6	8	22	7.64	1 725 506	15.51
江苏	7	5	5	17	5.9	1 430 665	12.86

（续表）

地区	项目数量/个				数量占比/%	总装机容量/kW	装机容量占比/%
	已建	在建	筹建	合计			
陕西	3	2	14	19	6.6	1 199 139	10.78
北京	23	4	5	32	11.11	766 330	6.89
广西	2	1	1	4	1.39	640 300	5.76
天津	5	2	6	13	4.51	505 619	4.55
安徽	2	3	4	9	3.13	505 060	4.54
上海	46	8	3	57	19.79	395 524	3.56
湖南	4	7	5	16	5.56	367 662	3.31
浙江	3	5	8	16	5.56	278 455	2.5
重庆	3	1	4	8	2.78	226 930	2.04
河南	0	2	1	3	1.04	158 000	1.42
海南	0	0	1	1	0.35	80 000	0.72
云南	0	0	1	1	0.35	77 800	0.7
湖北	2	0	3	5	1.74	60 500	0.54
江西	1	0	0	1	0.35	50 926	0.46
河北	2	5	3	10	3.47	50 550	0.45
山东	6	4	1	11	3.82	22 478	0.2
福建	0	1	0	1	0.35	33 200	0.3
吉林	1	1	0	2	0.69	3 189	0.03
黑龙江	1	1	0	2	0.69	1 254	0.01
宁夏	0	1	0	1	0.35	1 200	0.01
内蒙古	0	1	2	3	1.04	930	0.01
辽宁	1	0	0	1	0.35	400	0
香港	1	0	0	1	0.35	60	0
新疆	1	0	0	1	0.35	30	0
合计	127	69	92	288	100	11 123 445	100

自 1998 年黄浦区中心医院第一台燃气分布式能源系统投运以来，上海市陆续建成 29 个燃气分布式能源系统，总装机容量 25 672 kW，其中商业项目 21 个，教学、试验和演示项目 8 个。全部商业项目装机容量为 24 614 kW，2014 年运行的商业项目 13 个，占全部项目的 45%。运行商业项目装机容量为 20 051 kW，占全部装机容量的 78%。上海市各项目装机及投产日期见表 1-15。

表 1-15 上海市分布式能源项目一览表

编号	项目名	容量/kW	品牌	年份	运行现状
1	黄埔中心医院	1 000×1	索拉	1998	停运,设计负荷过大
2	浦东机场	4 000×1	索拉	2000	年运行时间 4 125 h(2010 年)
3	上海舒雅康健休闲中心	168×2	沃尔沃	2002	搬迁导致停运
4	上海理工大学	60×1	凯普斯通	2003	教学实验
5	天庭酒店	357×1	德国 MDE	2004	设计负荷过大,经济性差,停运
6	上海交大紫竹院	30×2	凯普斯通	2004	教学实验
7	闵行区中心医院	350×1	洋马	2004	正常运行,年运行 2 168 h(2010 年)
8	金桥联合发展有限公司	315×1	康明斯	2004	无热负荷,停运
9	华夏宾馆	240×2	卡特彼勒	2005	负荷减少,仅 1 台运行
10	上海英格索兰公司	250×1	英格索兰	2005	仅参观演示
11	奥特斯有限公司	1 160×1	德国 MDE	2006	正常运行,年运行时间 3 456 h(2010 年)
12	上海航天能源有限公司	30×1	凯普斯通	2006	仅参观演示
13	同济大学汽车学院	100×1	特拜克	2008	教学实验
14	同济医院	250×2	英格索兰	2008	设计负荷过大,仅运行 1 台
15	中电投高培中心	250×1	英格索兰	2008	过大,年运行时间 178 h(2010 年)
16	上海市北销售公司	65×1	凯普斯通	2008	负荷仅为装机 1/3,停运
17	中船重工 711 所	323×1	德国 MDE	2008	仅参观演示
		30×1	凯普斯通	2008	仅参观演示
		50×2	齐耀动力	2008	仅参观演示
18	上海电力学院	25×1	洋马	2010	教学实验
		30×1	凯普斯通	2010	教学实验
19	上海齐耀动力有限公司	55×1	齐耀动力	2010	仅参观演示
23	花园饭店	350×1	洋马	2010	正常运行,年运行 4 000 h
24	仁济医院(西院)	350×1	洋马	2010	设计过大,年停运 1 200 h
25	申能集团	200×1	凯普斯通	2011	存在与吸收制冷匹配问题
26	第一人民医院松江分院	65×3	凯普斯通	2011	正常运行,年运行 2000 h(2012 年)
27	华山医院北院	250×1	英格索兰	2012	设计过大,年停运 1 000 h
28	莘庄工业园	60 000×2	燃气-蒸汽联合循环	2012	部分运行
29	上海虹桥商务中心	1 500×4	—	2012	部分运行
30	上海国际旅游度假村	4 035×8	—	2014	部分运行
31	上海中心	1 165×2	—	2015	调试
32	上海前滩	3 450×2	内燃机	2016	施工阶段
		1 800×1	国产燃气轮机	2016	施工阶段

截至 2015 年,运行的商业项目有 13 个,在现行气、电、热(冷)价格及其产品销售体制和现有设备造价、运行维护成本水平下,各项目的运行状况和项目效益参差不齐。运行商业项目采取向单个冷(热)用户供能的楼宇燃气分布式能源供应方式,项目设计基本合理,冷(热)需求大致平衡。若年发电运行小时数高,则运行效益明显;若年发电运行小时数低,供能系统运行时间短,则项目经济效益较低。根据上海分布式能源协会 2010 年的调查数据,被调查的 4 个商业运行项目年发电小时最高为浦东机场的 4 125 h,最低为中电投高培中心的 178 h。具体运行能效和节能量见表 1-16。

表 1-16 上海市商业运行的分布式能源项目运行情况表

序号	项 目	装机容量/kW	年天然气消耗量/m³	年供热量/kJ	年发电量/kWh	年发电小时/h	系统能效/%	年节约标煤量/t
1	浦东机场	1×4 000	6 480 000	9.62×10⁹	16 500 000	4 125	69.08	15.67
2	华夏宾馆	2×240	335 553	3.97×10⁹	1 040 556	2 168	66.19	8.33
3	奥特斯(中国)有限公司	1×1 160	1 093 365	1.57×10¹⁰	4 008 960	3 456	79.24	282.71
4	中电投高培中心	1×250	28 949	7.03×10⁸	44 452.8	178	85.77	3.24

为进一步全面了解商业运行的分布式能源项目运行情况,对部分项目 2010—2014 年投运的运行情况进行了调查,有关情况见表 1-17。

表 1-17 上海市 2010—2014 年投运商业分布式能源项目情况表

序号	项目名称	容量/kW	年天然气消耗量/m³	年供热量/kJ	年发电量/kWh	年发电小时/h	系统能效/%	节约标煤量/t
1	闵行区中心医院	1×350	184 924.3	2.11×10⁹	719 950	2 057	70.6	82
2	花园饭店	1×350	366 522	4.19×10⁹	1 426 950	4 077	70.7	163
3	仁济医院(西院)	1×350	119 207	1.36×10⁹	464 100	1 326	70.6	53
4	第一人民医院松江分院	3×65	205 740	547 800	927 050	4 574	45.1	52

1.4.2 我国建筑分布式能源系统相关政策

国内分布式能源的发展相对国外起步较晚,国内相关政策也是在世界能源结构转变趋势下,参考国外有效政策以及我国基本国情的情况下制定的。总体来说,我国分布式能源的发展与相关政策的制定仍处于探索阶段。

在发展规划方面,早在 2007 年,《能源发展“十一五”规划》首次将分布式供能系统列为重点发展的前沿技术。2013 年,《能源发展“十二五”规划》提出大力发展分布式能源,统筹传统能源、新能源和可再生能源的综合利用,实现分布式能源与集中供能协调发展,并首次对分布式能源发展提出明确的建设目标。2016 年,《能源发展“十三五”规划》提出:坚持集中开发和分散利用并举,高度重视分布式能源发展;加快建设分布式能源项目和天然气调峰电站;优化太阳能开发格局,优先发展分布式光伏发电。到 2020 年,中国分布式天然气发电量和分布式光伏装机容量将分别达到 1 500 万 kW 和 6 000 万 kW。

在产业政策方面,"十二五"时期,以分布式天然气和分布式光伏为代表的分布式能源产业政策密集出台。

2011 年,国家发改委、财政部、住房和城乡建设部(以下简称"住建部")、国家能源局联合发布《关于发展天然气分布式能源的指导意见》,首次提出了天然气分布式能源的发展目标和具体的政策措施。"十二五"期间建设 1 000 个左右天然气分布式能源项目,拟建设 10 个左右各类典型特征的分布式能源示范区域,加强规划指导,健全财税扶持政策,完善并网及上网运行管理体系,发挥示范项目带动作用。

2012 年,国家发改委、财政部、住建部、国家能源局联合发布《关于下达首批国家天然气分布式能源示范项目的通知》,部署了首批国家天然气分布式能源示范项目,中央财政对首批示范项目给予适当支持。

2013 年,国家发改委印发了《分布式发电管理暂行办法》,首次对分布式发电进行了定义,并对分布式发电项目建设、电网接入、运行管理等提出要求。鼓励企业、专业化能源服务公司和包括个人在内的各类电力用户投资、建设、经营分布式发电项目,并对用户给予一定补贴。此外,国家发改委等部门还印发了关于分布式光伏、分散式风电、新能源微电网等一系列政策措施,有关地方政府也发布了相关配套文件。

2014 年 12 月,国家发改委、住建部、国家能源局三部委联合印发《天然气分布式能源示范项目实施细则》,就天然气分布式能源示范项目的申报、评选、实施、验收、后评估以及激励政策等作了一系列比较全面的规定,旨在完善天然气分布式能源示范项目审核、申报等管理程序,推动天然气分布式能源快速、健康、有序发展。

分布式能源从"十一五"期间的一项前沿技术,发展成为能源转型的重要方向,再到现阶段设定具体发展指标,充分体现了政府和能源主管部门对发展分布式能源的重视。分布式能源在我国新型能源系统转型过程中扮演着越来越重要的角色。

自 2011 年 10 月,国家发改委等部门联合发布《关于发展天然气分布式能源的指导意见》,明确了天然气分布式能源的发展目标和具体的政策措施后,我国天然气分布式能源项目装机容量开始不断增长。特别是近年来,国家政策的支持、天然气价格下降趋势,让"高大上"的分布式能源开始"接地气",获得越来越多的关注,全国多地开始推进天然气分布式能源项目。表 1-18 整理了自 2011 年以来我国关于天然气分布式能源发展的主要政策。

表 1-18　我国关于天然气分布式能源发展的主要政策

发布时间	部门	名称	内容
2011. 4. 6	国务院	《关于加快天然气冷热电联供能源发展的建议》	发展天然气冷热电联供能源具有重要意义且条件具备、时机成熟
2011. 10	国家发改委、能源局	《关于发展天然气分布式能源的指导意见》	"十二五"期间建设 1 000 个左右天然气分布式能源项目;到 2020 年,在全国规模以上城市推广使用分布式能源系统,装机规模达到 5 000 万 kW
2012. 12. 1	国家发改委	《天然气利用政策 2012》	天然气分布式能源属于优先类城市燃气

发布时间	部门	名称	内容
2013.11.29	国家电网办	《国家电网公司关于印发分布式电源并网相关意见和规范的通知》	分布式电源发电量可以全部自用或自发自用剩余电量上网,由用户自行选择,用户不足电量由电网提供
2013.7.18	国家发改委、能源局	《分布式发电管理暂行办法》	电网企业负责分布式发电外部接网设施以及由接入引起公共电网改造部分的投资建设,并为分布式发电提供便捷、及时、高效的接入电网服务
2014.10.23	国家发改委、能源局	《关于印发天然气分布式能源示范项目实施细则的通知》	(1) 各省(自治区、直辖市等)要充分考虑天然气分布式能源项目在节能减排方面的优势和特点,优化和简化审核程序,加快审核办理进度,并网申报、审核和批准过程原则上应不超过60个工作日。 (2) 天然气分布式能源项目可向项目所在地有关部门申请冷、热、电的特许经营,允许分布式能源企业在该区域内享受供电、供热、供冷经营权利,与用户分享节能效益
2015.3.15	国务院	《中共中央国务院关于进一步深化电力体制改革的若干意见》	(1) 打响了电力体制改革的枪声。 (2) 该文件并未明确售电主体资质、批准权限等方面的内容
2015.11.30	国家发改委、能源局	《关于有序放开发用电计划的实施意见》	(1) 用户准入范围:允许一定电压等级或容量的用户参与直接交易;允许售电公司参与;允许地方电网和趸售县参与。 (2) 直接交易价格:通过自愿协商、市场竞价等方式自主确定上网电价,按照用户、售电主体接入电网的电压等级支付输配电价(含线损、交叉补贴)、政府性基金等
2015.11.30	国家发改委、能源局	《关于推进售电侧改革的实施意见》	(1) 售电公司分三类:第一类是电网企业的售电公司;第二类是社会资本投资增量配电网,拥有配电网运营权的售电公司;第三类是独立的售电公司,不拥有配电网运营权,不承担保底供电服务。 (2) 同一供电营业区内可以有多个售电公司,但只能有一家公司拥有该配电网经营权,并提供保底供电服务。同一售电公司可在多个供电营业区内售电
2016.7.27	国家能源局	《京津唐电网电力用户与发电企业直接交易暂行规则》	将售电企业列为市场主体之一,同时,进一步明确了售电公司的准入条件,指出要按照市场竞价、平等竞争的原则推进直接交易,为京津冀电力市场开展现货交易做好准备
2016.10.8	国家发改委、能源局	《售电公司准入与退出管理办法》	(1) 售电公司是指提供售电服务或配售电服务的市场主体。售电公司可以采取多种方式通过电力市场购电,包括向发电企业购电、通过集中竞价购电、向其他售电公司购电等,并将所购电量向用户或其他售电公司销售。 (2) 对售电公司准入和退出机制的政策设计,充分体现了差异化、便利化、协同化理念,为促进各类市场主体平等竞争营造了良好环境

(续表)

发布时间	部门	名称	内容
2017.3.8	国家发改委、能源局	《关于有序放开发用电计划的通知》	各地要加快推进电力体制改革,逐步扩大市场化交易电量规模,自文件下发之日起,尽快组织发电企业特别是燃煤发电企业与售电企业、用户及电网企业签订三方发购电协议(合同)。可再生能源调峰机组计划电量按照《可再生能源调峰机组优先发电试行办法》(发改运行〔2016〕1558号)有关要求安排
2017.3.29	国家发改委、能源局	《关于开展分布式发电市场化交易试点的通知》(征求意见稿)	(1) 分布式能源项目委托电网企业代售电,分布式发电选择直接交易模式的,分布式发电项目单位作为售电方,自行选择符合交易条件的电力用户并以配电网企业作为输电服务方签订三方供用电合同。 (2) 分布式售电方上网电量、购方自发自用之外的购电量均由当地电网公司负责计量

国家对分布式光伏发电的补贴标准为 0.42 元/kWh(含税,下同),光伏发电项目自投入运营起执行标杆上网电价或电价补贴标准,期限原则上为 20 年。各省份(自治区、直辖市等)关于光伏发电补贴的主要政策见表 1-19,其他相关政策见表 1-20。

表 1-19　各省份(自治区、直辖市等)关于光伏发电补贴的主要政策

省份(自治区、直辖市等)	政　策
北京市	2015 年 1 月 1 日至 2019 年 12 月 31 日期间,并网发电的分布式光伏发电项目,按照实际发电量给予 0.3 元/kWh(含税)的奖励,连续奖励 5 年
上海市	工、商业用户为 0.25 元/kWh;学校用户为 0.55 元/kWh;个人、养老院等享受优惠电价用户为 0.4 元/kWh
重庆市	在巫山、巫溪、奉节等 3 个县开展试点。 在 20～25 年内每年预计为每户贫困户提供 2 000～3 000 元的现金收入。对建卡贫困户,市级财政扶贫资金补助 8 000 元/户。对项目农户,采取发电量"全额上网",净电量结算方式,按现行的三类资源区光伏电站标杆上网电价 1.00 元/kWh 执行
江苏省	苏州市:2014—2016 年期间建成并网投运的除享受国家和省有关补贴外,再给予项目应用单位或个人 0.1 元/kWh 补贴。暂定补贴期限为三年
	无锡市:鼓励支持城乡居民利用自有产权住宅屋顶安装、使用光伏发电系统,对居民屋顶使用本地产品的分布式发电项目,可按照 2 元/W 的标准给予补贴。 分布式电站:一次性补贴 20 万元/MW;采用合同能源管理模式实施的项目,对实施合同能源管理用能项目的单位和项目投资机构,分别一次性给予每个项目不超过 20 万元和 100 万元的奖励和项目扶持
	镇江市:分布式地方光伏补贴 0.1 元/W
	盐城市:每年认定 20 个工商业分布式项目,按其实际发电量给予 0.1 元/kWh 的市级补贴,单个项目年度发电补贴最高不超过 30 万元
浙江省	杭州市:在国家、省有关补贴的基础上,按其实际发电量由市级财政再给予 0.1 元/kWh 的补贴(自并网发电之月起连续补贴 5 年)

(续表)

省份(自治区、直辖市等)	政　策
浙江省	温州市:2016年年底前建成的分布式项目,工商屋顶电站补贴0.1元/kWh,居民电站补贴0.3元/kWh,补贴期限均为5年。 瑞安市工商业分布式项目大于50 kW的,给予0.3元/kWh补贴,一补五年;给予出租屋顶用于建设分布式电站的厂房所有者0.05元/kWh补贴,连补5年(不享受温州市市级补贴)
	乐清市:分布式光伏发电项目按其年发电量给予0.3元/kWh(含税)的补贴,连补5年(不享受温州市市级补贴)
	湖州市:市区居民屋顶实行光伏发电补贴的,可享受0.18元/kWh补贴,其补贴时限为发电之日起5年(之前并网发电的自该政策执行之日起5年)。对80%以上采用市区生产光伏组件等关键设备的项目,湖州市也将按0.3元/W的标准给予装机补贴,每个项目最高2 000元
	嘉兴市:在2016年1月1日至2017年12月31日期间对房屋业主自投自建的家庭屋顶光伏电站按发电量补贴0.15元/kWh,其他投资者建设补贴0.1元/kWh,以上政策自并网之日起连续补贴3年(每户不大于3 kW)
	绍兴市:光伏发电可享补贴0.72元/kWh 诸暨市:符合上级规定,与取得省、绍兴市发改委光伏发电计划指标的相关企业签订光伏发电项目的,项目建成后,自发电之日起,除享受国家0.42元/kWh、省0.1元/kWh补贴政策外,市财政按其实际发电量再给予0.2元/kWh的补贴,补贴期限为五年。累计相加,一个项目可享受0.72元/kWh的政府补贴
	丽水市:自2014年起到2016年年底,在国家、省规定的补贴基础上,再补贴0.15元/kWh,自发电之日起连续补贴5年
	衢州市:对衢州绿色产业集聚区内的分布式光伏电站项目,按工程造价的3%给予补助(金太阳项目除外)。在衢州绿色产业集聚区开展屋顶光伏发电集中连片开发试点,暂定5年内,对绿色产业集聚区内采购本地光伏产品建设分布式光伏发电的项目,在省定上网电价1.0元/kWh的基础上,给予0.3元/kWh的上网电价补贴,对于已享受国家、省级各类补贴政策的项目,按上述标准折算评估后核定电价补贴,具体办法由市经信委会同相关部门制定实施
	江山市:分布式光伏发电项目建设按装机容量给予0.3元/W的一次性补助;对自发自用电量,在国家和省级补贴的基础上,再给予0.15元/kWh的补贴。有效利用"屋顶资源",鼓励年综合能耗1 000 t标煤以上的企业建设屋顶光伏发电项目,对自身屋顶面积不够,租用周边企业屋顶建设的,按实际使用面积给予一次性10元/m²的补助。对年综合能耗超过5 000 t标煤或万元工业增加值能耗高于1.76 t标煤以上且具备建设屋顶光伏发电条件的新上项目,原则上要利用屋顶配套建设光伏发电项目
	金华市:2018年12月31日前,在市区注册的光伏应用企业,在市区范围内建设的企业分布式光伏发电项目和居民家庭屋顶光伏发电项目,自并网发电之日起,在国家、省补政策基础上按所发电量再分别补0.2元/kWh和0.3元/kWh,连续补贴3年
	台州市:对2016年年底前,建成并网发电的分布式光伏发电项目,在享受国家0.42元/kWh、省0.1元/kWh补贴的基础上,自并网发电之日起实际所发电量由当地政府再补贴0.1元/kWh,连续补贴5年。凡是在市区实施的光伏发电应用项目,同等条件下鼓励采用本市光伏企业生产的光伏产品。已取得中央财政相关补助的项目(如"金太阳"项目)不再享受该政策
	义乌市:实行光伏发电项目财政补贴政策。对于居民用户实施的光伏发电项目,按照装机容量给予一次性补贴2元/W;对于提供场地用于光伏发电项目的企业,按照装机容量给予提供屋顶的企业一次性补贴0.3元/W;对于光伏发电项目的投资企业,按照发电量给予补贴0.1元/kWh,连续补贴3年;光伏发电项目不再享受其他市级财政补助;已享受国家"金太阳""光电建筑一体化"等补助的光伏发电项目不再享受补贴

(续表)

省份(自治区、直辖市等)	政 策
广东省	广州市：2020 年之前建设完成的项目，对于项目建设个人或单位，按照 0.1 元/kWh 的标准补助，补助时间为项目建成投产后连续 10 年。对于建筑物权属人，以建成的项目总装机容量为基础，按 0.2 元/W 的标准确定补助金额。单个项目最高补助金额为 200 万元
	东莞市：对建设分布式光伏发电项目的各类型建筑和构筑物业主，按装机容量 18 万元/MW 进行装机补助，单个项目补助最高不超过 144 万元，补助平均分四个财政年度拨付
	佛山市：2017 年禅城区已建成并通过并网验收的分布式光伏发电项目投资者，符合条件的项目按 20 万元/MW 的标准对投资者进行一次性补助。单个项目补助最高不超过 50 万元
	阳江市：家庭光伏发电补贴及并网申请材料补助标准家庭光伏发电产生的电量，政府给予用户 0.42 元/kWh(含税)的补贴，补贴年限则暂时没有规定。用不完的电量以 0.5 元/kWh(含税)的价格卖给供电部门
	顺德区： 一、奖励 (一)奖励范围。2016—2018 年在我市利用工业、农业、商业、交通站场、学校、医院、居民社区、个人家庭等各类型建筑和构筑物建成的分布式光伏发电应用项目的业主。 (二)奖励标准。工业、农业、商业、交通站场、学校、医院、居民社区等建筑物和构筑物按 2 万元/MW 奖励，单个项目奖励最多不超过 40 万元；个人家庭提供自有建筑和构筑物面积安装单个分布式光伏发电应用项目规模达 1 000 W 及以上的，按 1 元/W 奖励，单个项目奖励最多不超过 2 万元。 二、补助 (一)补助范围。在我市投资建设分布式光伏发电应用项目和地面光伏电站的投资者。 (二)补助标准。对 2016—2018 年间建成且符合相关补助条件的项目，按照实际发电量以 0.15 元/kWh 的标准补助，自项目实现并网发电的次月起连续 3 年进行补助
福建省	龙岩市：龙岩市出台光伏扶贫项目补贴政策贫困户每户补贴 1 万元。对工业园区集中利用厂房屋顶建设装机 500 kW(含)以上光伏发电项目的厂房业主按 300 元/kW 的标准给予补贴，封顶 100 万元。装机容量以项目批文或电网企业并网文件中的容量为准
广西壮族自治区	家庭户装补贴 4 元/W，公共设施补贴 3 元/W，对示范工程项目不限制建设规模，但对补助支持规模设置上限：家庭户装规模 3 kW，公共设施总规模 600 kW
	桂林市：目前对纳入计划的分布式光伏发电按全电量给予财政补贴，补贴标准为 0.42 元/kWh；对自用有余上网的电量，由电网企业按照本地燃煤机组标杆上网电价(0.455 2 元/kWh)收购
安徽省	合肥市(近期新出的补贴政策)： 对 2016 年 1 月 1 日至 2018 年 12 月 31 日期间并网的屋顶分布式发电项目，自项目并网次月起，给予投资人 0.25 元/kWh 补贴，补贴执行期限 15 年。 对装机规模超过 0.1 MW 且建成并网的屋顶光伏电站项目，按装机容量给予屋顶产权人 10 万元/MW 的一次性奖励，单个项目、同一屋顶产权人奖励不超过 100 万元。对使用《合肥市光伏地产品推广目录》中光伏构件产品替代建筑装饰材料、建成光伏建筑一体化项目的，在项目建成并网后，除享受市级度电补贴外，按装机容量一次性给予 1 元/W 的工程补贴，单个项目补贴不超过 100 万元
	亳州市：分布式光伏项目按年发电量给予 0.25 元/kWh 财政补贴，补贴时限为 10 年
	马鞍山市：新建光伏发电项目，且全部使用马鞍山市企业生产的组件，按其年发电量给予项目运营企业 0.25 元/kWh 补贴

(续表)

省份(自治区、直辖市等)	政　策
湖北省	2015 年年底前建成并网发电的项目,根据其上网电量,分布式光伏发电项目补贴 0.25 元/kWh,光伏电站项目补贴 0.1 元/kWh。以上补贴标准均含 17%增值税,电价补贴来源纳入销售电价疏导。2016 年至 2020 年并网发电的项目,电价补贴标准根据补贴资金筹措和项目开发成本等情况另行确定。电价补贴时间暂定 5 年,5 年后视情况再行确定补贴政策
	黄石市:建设分布式光伏发电电价标准。我市在国家补贴 0.42 元/kWh 的基础上,再补贴 0.1 元/kWh
	宜昌市:针对分布式光伏项目,宜昌市另行补贴 0.25 元/kWh
	随州市:持全市分布式光伏发电项目并网接入。分布式光伏发电项目免收系统备用容量费;在并网申请受理、接入系统方案制订、合同和协议签署、并网验收和并网调试全过程服务中,不收取任何费用
	荆门市:补贴标准为 0.25 元/kWh,补贴期限 5 年
山西省	太原市:对来并投资或扩大生产规模的光伏企业,优先安排土地指标和必备配套服务设施用地。对实际完成投资额 5 000 万元以下、5 000 万元～1 亿元和 1 亿元以上的,给予一定固定资产投资补助或奖励
	晋城市:2015—2020 年期间建设完成的农村分布式光伏项目给予 3 元/W 的一次性建设安装补贴,同时补贴 0.2 元/kWh
陕西省	省级补贴:2015—2017 年建设的分布式光伏项目,省级财政资金按照 1 元/W 的标准,给予一次性投资补助
	商洛市: 对在商洛市注册并全部使用市内企业生产的电池板、组件的发电企业,除享受省有关补贴外,市财政再按发电量给分布式光伏补贴 0.05 元/kWh。商南县价格政策:一是县供电分公司按照 1 元/kWh 的上网标杆电价全额收购分布式光伏发电量;二是县供电分公司对分布式发电系统自用有余上网的电量,按照我省燃煤机组标杆上网电价收购(目前 0.389 4 元/kWh),国家进行全电量补贴 0.42 元/kWh。 市级分布式光伏电站补贴 0.02 元/kWh,县级财政补贴 0.03 元/kWh。补贴时间从电站建成投产算起,时限暂定 15 年,补贴资金来源于光伏发电企业缴纳税金的县级留成部分
	西安市:给予分布式光伏项目 1 元/W 的一次性装机补助(2015—2017 年,即 3 年 200 MW 规模)
河北省	分布式光伏发电实行国家 0.2 元/kWh 的补贴政策;对 2017 年年底前投产的光伏电站补贴 0.1 元/kWh,自投产之日起执行 3 年
	廊坊市:对于在党政机关办公楼、学校、医院、图书馆、博物馆、体育场馆等公益性建筑上安装光伏发电系统,以及采用光伏电源的公益性景观照明、路灯、信号灯等,所需资金优先纳入本级财政预算。对分布式光伏发电建筑一体化项目免征城市配套费
湖南省	湖南分布式光伏省补贴 0.2 元/kWh,要求使用省内生产的组件和逆变器
	长沙市:在长沙注册企业投资新建并于 2014 年至 2020 年期间建成并网发电的分布式发电系统,长沙市给予 0.1 元/kWh 补贴,补贴期为 5 年
山东省	经查仅极少部分项目能获得额外补贴,资格评定较烦琐,具体情况请当地咨询
吉林省	光伏发电项目所发电量,实行按照电量补贴的政策,补贴标准在国家规定的基础上,省再补贴 0.15 元/kWh

(续表)

省份(自治区、直辖市等)	政 策
海南省	项目投产满 1 年后开始补助,在国家补助标准(0.42 元/kWh)基础上补贴 0.25 元/kWh,以项目上一年度所发电量为基础计算补助金额
江西省	上饶市:人民政府颁发新政,鼓励光伏发电应用,并对屋顶光伏发电项目补贴 0.15 元/kWh,补贴暂定 5 年
	赣州市上犹县:户用型分布式光伏发电项目并网方式分全部上网与部分上网两种方式。全部上网电价可达 1.075 元/kWh(国家补贴 0.42 元/kWh,省补贴 0.2 元/kWh,电网企业收购价 0.455 元/kWh);部分上网电价可达 1.22 元/kWh
	萍乡市: 在国家和省级补贴外,我市给予建成的光伏发电应用项目以下优惠政策(实施办法另行制定):一是将年度实际利用分布式光伏电量超过总用电量 50%、生产过程中不产生碳排放的工业企业,认定为低碳企业,准许其享受低碳企业有关优惠政策;二是用电企业利用分布式光伏发电的电量不计入企业节能目标责任考核指标。 备注:实行的是优惠政策
	新余市:在 2017 年 12 月 31 日之前建成并网的分布式光伏发电项目,在国家、省补贴的基础上,按 0.1 元/kWh 的标准给予补贴,连续补贴 6 年。同时对 2014 年 1 月 1 日以后实施的"万家屋顶"项目,另再给予 1 元/W 的一次性建设补贴
台湾地区	屏东县:1 kW 补助新台币 5 000 元,最高 30 万元新台币

表 1-20　其他相关政策

发布时间	部门	名称	内 容
2010.4.2	国务院	《关于加快推行合同能源管理促进节能服务产业发展意见》	在加强税收征管的前提下,对合同能源管理行业实施一系列优惠扶持政策,为分布式能源以"合同能源管理"模式运行提供了机遇
2014.12.2	国家发改委	《关于开展政府和社会资本合作的指导意见》	各地可根据当地实际及项目特点,通过授予特许经营权、政府补贴或购买服务等措施,灵活运用 BOT,BOO,BOOT 等多种模式,切实提高项目运作效率。各省区市发展改革委要认真做好 PPP 项目的统筹规划、综合协调等工作,及时建立 PPP 项目库,按月对项目进展情况进行调度汇总,积极推动 PPP 项目顺利实施
2015.7	国务院	《关于积极推进"互联网+"行动的指导意见》	意见提出"互联网+"智慧能源。通过互联网促进能源系统扁平化,推进能源生产与消费模式革命,提高能源利用效率,推动节能减排。并在以下几处提到了分布式能源:加强分布式能源网络建设,提高再生能源占比,促进能源利用结构优化;突出分布式发电、储能、智能微网、主动配电网等关键技术;实现分布式电源的及时有效接入,逐步建成开放共享的能源网络等
2016.4	国家工商总局	《国家工商总局关于公用企业限制竞争和垄断行为突出问题的公告》	在全国范围内开展集中整治包括供气在内的公用企业限制竞争和垄断行为专项执法行动,对强制交易、滥收费用、搭售商品、附加不合理交易条件等不法行为进行查处

第2章　建筑冷热电负荷计算

2.1　概述

与传统的集中式空调和供热系统相比,建筑分布式能源系统的冷热电负荷计算,尤其是全年逐时动态负荷对系统的配置和运行影响更大。因此,建筑冷热电负荷及其变化的准确分析和确定,是正确选择建筑分布式能源系统设计方案、确保投产后降低能耗和经济运行的主要依据以及规划设计成功的前提和保障。

为此,本章以获得较准确的冷、热、电逐时负荷为目标,简要介绍了各类建筑的冷、热、电、热水负荷指标,详细探讨了利用计算机软件进行负荷模拟的方法和利用日本建筑三联供设计中推荐的分摊比例法,预测各类建筑动态负荷,并分析了影响公共建筑空调和采暖负荷的主要因素。以上海某办公建筑为研究对象,比较了计算机模拟方法、分摊比例法与实测数据的误差,并给出了辅助实际建筑分布式能源项目各类负荷预测方法的使用建议。

2.2　负荷指标法

建筑能耗负荷是指建筑物使用过程中消耗的各种能源,包括采暖、空调、通风、照明、电气、动力、热水等。建筑能耗与建筑功能、建筑形式、气候条件、用能习惯等许多因素有关,因此,建筑能耗的精确预测非常困难。

对于新建的或规划中的建筑会在设计初期采用复合指标法对建筑物的各项负荷进行估算。负荷指标法是指建筑单位面积的设计负荷,虽然其在准确性方面存在不足,但在方案设计或初步设计阶段缺乏建筑物的详细资料时,可采用指标法进行必要的负荷估算。这种方法计算简易,是国内经常采用的方法。下面简单介绍我国现行标准中电力、采暖、空调、生活热水等负荷指标。

2.2.1　电力负荷指标

电负荷主要是由建筑物内各种用电设备所形成的。电负荷的大小与建筑物内各种用电设备的额定功率、设备的实际耗电及使用时间直接相关。建筑内常见的用电设备包括照明、办公设备、动力运输设备以及空调设备等。在方案设计阶段,为确定系统的动力装置形式和容量,通常采用指标法对建筑的电力负荷进行估算。表 2-1 列出了各类建筑的单位建筑面积用电指标。

表 2-1　各类建筑物的单位建筑面积用电指标

建筑类别		用电指标/(W·m^{-2})	变压器容量指标/(VA·m^{-2})
公寓		30~50	40~70
办公楼		30~70	50~100
商业建筑	一般	40~80	60~120
	大中型	60~120	90~180
体育场、馆		40~70	60~100
剧场		50~80	80~120
医院		30~70	50~100
高等院校		20~40	30~60
中小学		12~20	20~30
展览馆、博物馆		50~80	80~120
演播室		250~500	500~800
汽车库(机械停车库)		8~15(17~23)	12~34(25~35)

注：当空调冷水机组采用直燃机(或吸收式制冷机)时,用电指标一般比采用电动压缩机制冷机时的用电指标降低25~35 VA/m^2。表中所列用电指标的上限值是按空调冷水机组采用电动压缩机组时的数值。

2.2.2　采暖负荷指标

采暖热负荷主要包括围护结构的耗热量和门窗缝隙冷风渗透的耗热量,是采暖设计的基本依据,直接影响到采暖系统方案的选择、供暖管道的设计和设备的选型,并且关系到供暖系统的使用和经济效果。在建筑分布式能源系统的规划或初步设计阶段,往往还没有建筑物的设计图纸,无法详细计算建筑物采暖热负荷,通常可以采用表 2-2 进行估算。

表 2-2　各类建筑采暖热指标推荐值

建筑物类别	采暖热指标推荐值/(W·m^{-2})	
	未采取节能措施	采取节能措施
住宅	58~64	40~45
旅店	60~70	50~60
办公楼、学校	60~80	50~70
商店	65~80	55~70
食堂、餐厅	115~140	100~130
医院、幼儿园	65~80	55~70
影剧院、展览馆	95~115	80~105
大礼堂、体育馆	115~165	100~150

注：1. 建筑总面积大,围护结构绝热性能好,窗户面积较小时,采用较小指标,反之采用较大指标。

2. 热指标中已包括约 5% 的管网热损失在内。

2.2.3 空调负荷指标

空调负荷指标是指折算到建筑物中每平方米空调面积所需的制冷或制热系统的负荷值。在方案设计或初步设计阶段可采用热负荷和冷负荷指标进行必要的估算,这是确定建筑分布式能源系统设备容量和空调系统送风量的依据。表2-3列出了国内部分建筑空调冷热指标推荐值。

表2-3　各类建筑单位面积空调负荷冷热指标推荐值

建筑物类别	热指标/(W·m⁻²)	冷指标/(W·m⁻²)
办公楼	80~100	80~110
医院	90~120	70~100
旅馆、宾馆	90~120	80~110
商店、展览馆	100~120	125~180
影剧院	115~140	150~200
体育馆	130~190	140~200

注：寒冷地区热指标取较小值,冷指标取较大值;严寒地区热指标取较大值,冷指标取较小值。

2.2.4 建筑热水指标

对于生活热水负荷的计算,常规的方法是根据设计规范,包括《城镇供热管网设计规范》(CJJ 34—2010)、《民用建筑节水设计及标准》(GB 50555—2010)等进行指标法估算,如根据水温、卫生设备完善程度、热水供应时间、当地气候条件、生活习惯和水资源情况综合确定生活热水用水定额,以及各类建筑生活热水量与给水量的比例关系,以计算生活热水使用量。下面简单介绍《城镇供热管网设计规范》(CJJ 34—2010)中采用的生活热水计算方法。表2-4列出了各类建筑的热水使用定额。

表2-4　建筑热水使用定额

建筑物名称		最高日用水定额	单位/L	使用时间/h
住宅	有自备热水供应和沐浴设备	40~80	每人每日	24
	有集中热水供应和沐浴设备	60~100	每人每日	24
宾馆客房	旅客	120~160	每床位每日	24
	员工	40~50	每人每日	24
医院住院部	设公用盥洗室	60~100	每床位每日	24
	设公用盥洗室、淋浴室	70~130	每床位每日	
	设单独卫生间	110~200	每床位每日	
疗养院、休养所住院部		100~160	每床位每日	24
养老院		50~70	每床位每日	24
公共浴室(沐浴、浴盆)		60~80	每顾客每次	12
办公楼		5~10	每人每班	8
体育场(运动员淋浴)		17~26	每人每次	4

注：1. 热水温度按60℃计算。
　　2. 数据来源：《建筑给水排水设计规范》(GB 50015—2003)(2009年版)。

设计小时耗热量的计算应符合下列要求：

(1) 设有集中热水供应系统的居住小区的设计小时耗热量应按下列规定计算：

① 当居住小区内配套公共设施的最大用水时段与住宅的最大用水时段一致时,应按二者的设计小时耗热量叠加计算；

② 当居住小区配套公共设施的最大用水时段与住宅的最大用水时段不一致时,应按住宅的设计小时耗热量加配套公共设施的平均小时耗热量叠加计算。

(2) 全日供应热水的宿舍、住宅、别墅、酒店式公寓、招待所、培训中心、旅馆、宾馆的客房、医院住院部、养老院、幼儿园、托儿所、办公楼的集中热水供应系统的设计小时耗热量应按下式计算：

$$Q_h = K_h \frac{mq_r C(t_r - t_1)\rho_r}{T} \tag{2-1}$$

式中　Q_h——设计小时耗热量(kJ/h)；

　　　m——用水计算单位数(人数或床位数)；

　　　q_r——热水用水定额[L/(人·d)或 L/(床·d)]；

　　　C——水的比热,$C = 4.187$[kJ/(kg·℃)]；

　　　t_r——热水温度(℃)；

　　　t_1——冷水温度(℃)；

　　　ρ_r——热水密度(kg/L)；

　　　T——每日使用时间(h)；

　　　K_h——小时变化系数,具体取值见表 2-5。

表 2-5　热水小时变化系数值

类　　别	热水用水定额 /[L·(人或床·d)$^{-1}$]	使用人(床)数	K_h
住宅	60～100	100～6 000	4.8～2.75
别墅	70～110	100～6 000	4.21～2.47
酒店式公寓	80～100	150～1 200	4～2.58
宿舍	70～100	150～1 200	4.8～3.2
招待所培训中心、普通旅馆	25～50 40～60 50～80 60～100	150～1 200	3.84～3
宾馆	120～160	150～1 200	3.33～2.60
医院、疗养院	60～110 70～130 110～200 100～160	50～1 000	3.63～2.56
幼儿园、托儿所	20～40	50～1 000	4.8～3.2
养老院	70～110	50～1 000	3.2～2.74

2.2.5 负荷指标法的缺陷

负荷指标法是目前各类设计中最常用的方法,该方法可以快速地估算出建筑电、冷、热和热水峰值负荷,但是该方法在建筑分布式能源系统的设计规划中仍存在明显的问题,主要包括以下两个方面:

(1)估算总负荷偏大,导致主机设备、管道输送系统、末端设备偏大,由此会带来投资增加和节能环保性较差等问题。一方面,随着我国建筑节能力度的加大,各省市区陆续推出了公共建筑及居住建筑的节能设计标准,这一标准值远远低于估算的指标值。另一方面,单位建筑面积能耗指标随着建筑规模、形式、功能和地区的不同有很大差别,简单按建筑面积取值过于粗糙。一般而言,建筑规模越大,单位能耗指标应该越低,尤其是在大面积的高层建筑中,各部分空调及设备的使用情况差异较大,同时使用系数较小。

(2)估算负荷不能反映出不同建筑类型负荷的逐时变化特点,不能反映热电冷负荷间的相互作用与联系。分布式能源系统用户的负荷随季节和时段变化明显,而分布式能源系统机组的选取,通常采取以满足冷热电基本负荷为机组容量的设计原则,分布式能源系统配置与建筑电负荷之间存在一定的相互影响关系。因此,单位面积的指标法不能给出各个不同时段机组的具体运行策略,不能对系统进行全年逐时的技术经济模拟分析,难以与实际系统进行容量匹配,严重影响了系统的高效、可靠、经济运行。

2.3 负荷动态计算

2.3.1 动态负荷计算要求

前文所述的负荷指标法在建筑分布式能源系统设计时,可作为初步规划的参考,但与实际负荷特性的变化存在较大偏差,不满足系统和设备详细配置、系统评价的要求。因此,在设计时需要根据建筑的结构、功能和环境特点进行冷热电等负荷的动态计算,以获得更准确的建筑能耗情况,匹配用户侧的需求。

在《全国民用建筑工程设计技术措施节能专篇(2007)——暖通空调·动力》中对于冷、热负荷的确定,应符合下列要求:

(1)生产、生活冷、热负荷,应按用途、使用设备和使用热参数核实最大、平均和最小的冷、热负荷,再乘以同时使用系数后,得到总冷、热负荷,并绘制典型日(一日或数日)的逐时冷、热负荷曲线和年冷、热负荷曲线。

(2)采暖、空调冷、热负荷,根据各类建筑使用功能、使用参数、系统配置和运行特点,参照当地节能建筑能耗指标等要求,核实小时最大、平均和最小冷、热负荷,再乘以同时使用系数后,得到采暖、空调总冷、热负荷,并绘制典型日(一日或数日)的逐时冷、热负荷曲线和年冷、热负荷曲线。

(3)设计冷、热负荷,应为生产、生活冷、热负荷及采暖、空调冷、热负荷之和,并根据具体工程项目的使用特点和具体条件,确定同时使用系数和管网损失。

(4)根据冷热电联供的设计冷、热负荷绘制供冷期、供热期、过渡期典型日(一日或数日)的逐时冷、热负荷曲线和年冷、热负荷曲线。

对于电负荷的确定,应符合下列要求:

(1) 应认真核实热电联供分布式能源系统服务区域的电力负荷并按各类电力负荷的使用要求、日用电时间,供冷期、供暖期、过渡期电力负荷状况,绘制典型日(一日或数日)逐时电力负荷曲线和年电力负荷曲线。

(2) 新建工程项目采用冷热电联供时,应根据各类用电设备的使用要求、电力负荷、同时使用系数和在供冷期、供暖期、过渡期电力负荷及其变化情况等,绘制供冷期、供暖期、过渡期典型日逐时电力负荷曲线。若有可能,可参照相似建筑或建筑群的实际电力负荷状况进行绘制。

(3) 在已建工程项目进行冷热电联供技术改造时,应根据该项目在最近 1～2 年的供冷期、供暖期、过渡期典型日(一日或数日)的逐时实际电力负荷数据和各个月份电力负荷数据,绘制各时期典型日逐时电力负荷曲线,年电力负荷曲线。

在《燃气冷热电三联供工程技术规程》(CJJ 145—2010)中对于建筑冷、热、电负荷的预测作出了规定:

(1) 对既有建筑进行联供系统设计时,应调查实际冷、热、电负荷数据,并应根据实测运行数据绘制不同季节典型日逐时负荷曲线和年负荷曲线。

(2) 对新建建筑或不能获得实测运行数据的既有建筑进行联供系统设计时,应根据本建筑设计负荷资料,参考相似建筑实测数据进行估算,并应绘制不同季节典型日逐时负荷曲线和年负荷曲线。

(3) 绘制不同季节典型日逐时负荷曲线时,应根据各项负荷的种类、性质以及蓄热(冷)容量分别逐时叠加。

(4) 进行联供系统技术经济分析时,应根据逐时负荷曲线计算联供系统全年供冷量、供热量、供电量。

《民用建筑供暖通风与空气调节设计规范》(GB 50736—2012)中已将"应对空气调节区进行逐项逐时的冷负荷计算"作为强制性条文。

因此,绘制不同季节典型日逐时冷、热、电曲线,是为了确定分布式能源系统中发电设备容量和由余热提供的冷、热负荷,通过逐时负荷分析,在系统配置选型时使发电余热能尽量全部利用。利用年负荷曲线,可以计算全年分布式能源系统发电及余热的利用情况,对分布式能源系统运行进行经济预测。在技术经济比较的基础上,才可确定分布式能源系统是否具有实施的必要性和可行性。

2.3.2 软件模拟法

2.3.2.1 模拟软件的功能

软件模拟方法是以能耗模拟软件为平台,根据典型年气象参数、详细的建筑信息以及设计参数,通过计算机模拟仿真的方法计算该建筑的逐时负荷,作为建筑负荷的预测值。

对于新建建筑,应用能耗模拟软件可以获得该建筑全年各项逐时负荷,通过分析逐时负荷的动态特性,可以得到系统的峰值负荷和负荷的季节变化、日间变化以及逐时变化,进而可以获得不同比率的部分负荷下系统运行时间。根据这种负荷特性,可以设计更加合理的系统方案,选择合适容量的设备,使其符合相关的标准和规范,进行经济性分析比较等。对于既有建筑,通过建筑能耗的模拟和分析,计算基准能耗和节能改造方案的能耗节省和费用节省等,确定优化运行策略,从而提高能源利用率,达到节能的目的。

2.3.2.2 软件模拟计算方法

1. 动态电负荷计算原理

分布式冷热电联产系统的核心发电设备为微型或小型燃气轮机、内燃机等动力设备,不仅本身造价相当可观,而且还附带一系列问题,例如排烟、消防、减振、降噪等。因此,对其容量的计算就成了重要问题,以便在保证对重要负荷供电的基础上,合理确定发电机组容量、节省工程造价、减少处理其他技术问题的难度。电负荷的确定对机组容量、台数、电热比参数及运行方式的选择有重要影响,对于孤网运行(与大电网完全独立)的系统尤其是这样。对于部分依靠电网的系统,常常采用以冷热定电的设计原则,此时电负荷的重要性虽不及孤网情况,但为保证系统的高效、经济运行,选择系统发电机组容量时也必须考虑负荷的动态情况,当然也要考虑冷热负荷的动态情况。

电负荷主要由不同类型建筑物或不同建筑功能房间内各种用电设备所形成。电负荷的大小与建筑物内各种用电设备的安装功率、设备的实际耗电使用性能及作息时间直接相关。建筑物内常见的用电设备包括照明、空调设备、常用电器、动力运输及其他等。

照明:包括各种功能房间照明(如办公室、客房、商店等)、楼梯过道照明、立面照明、安全和疏散诱导照明等,其安装功率主要取决于建筑类型和房间功能,不同的建筑类型和房间功能有不同的照明安装功率指标,而各设备耗电使用性能主要与使用的照明设备性能相关,作息时间由房间功能所决定。

空调设备:包括冷热源、冷冻泵、冷却泵、冷却塔、采暖泵、风机盘管、空调箱、新风机组等,各设备安装功率及运行主要取决于建筑物冷热负荷。在冷、热、电分布式能源系统的配置设计中,分布式能源系统一般只承担建筑基本冷、热、电负荷,分布式能源系统配置与建筑电负荷之间存在一定的相互影响关系,因而,空调设备的最终电耗一般须在分布式能源系统配置模拟计算中迭代求解。在计算最初的空调耗电负荷时,可先不包括冷热源电耗。

常用电器:主要指各功能房间内所使用的电器设备,如办公室内的电脑、打印机等。电器设备种类及其安装功率可由房间功能决定,对应不同的功能房间,各设备种类及相应的安装功率不同。

动力运输:主要指电梯,如客梯、货梯、消防电梯、观景电梯、自动扶梯等。电梯功耗主要受楼层高度、上下电梯人数、运行时间等因素的影响。

其他:包括各种生活水泵、消防、排烟、安全监控及线路损耗等,生活水泵安装功率及作息时间主要由供给人数及建筑类型决定。

由于建筑类型或房间功能基本决定了其用电设备的种类、相应设备的安装功率及作息时间等,因而,对于某一确定建筑类型,可用逐时电负荷因子来反映该建筑类型电负荷的逐时变化特性。电负荷计算的原理如图2-1所示。另外,这里需要指出的是,由于分布式能源系统热(冷)输出会影响到常规空调方式的冷热输出,进而影响到冷热源的耗电情况,而冷热源的耗电又会影响到建筑的电负荷,并进而影响分布式能源系统的配置优化,因而建筑最终逐时电负荷需要在系统配置优化的过程中不断迭代确定。

用电设备电耗计算公式如下:

$$E_{i(\tau)} = \frac{\sum_{n} l_{i,n} \cdot f_{i,n}(\tau) \cdot S_{i,n}(\tau) \cdot N_{i,n}(\tau)}{\eta_{i,n}} \tag{2-2}$$

式中　$E(\tau)$——逐时电负荷(W)；

　　　i,n——i 为建筑功能区域内的设备类型，n 为不同的建筑功能区域；

　　　l——利用系数(安装系数)，设备最大实耗功率与安装功率之比；

　　　$f(\tau)$——功耗系数，每小时的平均实耗功率与最大实耗功率之比；

　　　$S(\tau)$——同时使用系数，反映设备同时投入的相对量；

　　　N——设备的安装功率(W)；

　　　η——用电设备的额定功率与输入容量之比。

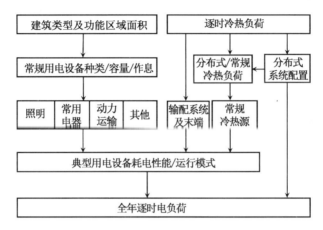

图 2-1　电负荷计算原理图

从上述电负荷计算公式可知，某用电设备的逐时电耗计算，关键在于确定该用电设备的安装功率、功耗系数及同时使用系数。在建筑的规划阶段，这三项可基于同类型建筑的统计调研数据进行设置。在建筑的设计阶段，则需考虑实际建筑具体的设计要求，对电负荷计算模型进行充实修正，以更真实的数据预测该实际建筑的逐时电负荷。

2. 动态冷热负荷计算原理

在负荷计算模拟中，首先要考虑墙体传热的计算方法。目前计算墙体传热过程的主要方法有反应系数法、传递函数法、有限差分法等。

1967 年，Stephenson 和 Vitals 提出了反应系数法，墙体反应系数序列被定义为墙体对单位等腰温度三角波输入的等时间序列的热流输出值，它能够描述墙体对室外温度扰量的动态响应过程。通过三角波的叠加逼近室外空气综合温度的变化，从而可以得到墙体热力系统对任意室外扰量的响应。用反应系数法计算墙体非稳定传热的收敛速度较慢，特别是对于重型墙体。为了保证室内得热计算的精确性，反应系数通常要取到 50 项以上，这就造成计算不方便并占用大量的存储空间，计算速度较慢。

传递函数法是由反应系数法发展而来的。1971 年，Stephenson 提出 Z 传递函数法。与反应系数法一样，传递函数法也可以描述墙体的动态热特性，但所需要的系数项比反应系数项少得多，使计算时间和计算机所需的存储空间大大减少。ASHRAE 基础手册已包含具有代表性的常用墙体和屋顶结构传热 Z 传递系数的数据库，在已知室外气象参数条件下，调用数据库并对传递函数值进行简单修正就可以近似计算出因外围护结构非稳定传热引起的室内逐时得热量温度和导热热流。

有限差分法是将一个墙体传热模型从时间和空间两个维度离散为差分方程，然后以初始条件为出发点,按时间逐层推进,从而得出最终解。有限差分法可以求解线性和非线性系统,当时间步长和墙体导热过程空间步长选择合理时能够取得较高的精度;可以处理多维传热情况,因而常用于分析热桥对墙体动态传热过程的影响。但这种方法为了保证解的收敛和精度需要划分过多的节点;为了计算出最终的结果,需要求出每一个时间步长的整个空间温度分布;当边界条件改变时,必须重新计算所有的参数。因此,在负荷计算和能耗模拟中,这种方法并不是很理想的方法。

由于负荷不同于得热,在围护结构传热过程计算结束之后,从得热到负荷的计算方法也分为多种,主要有热平衡法(heat balance method)、加权系数法(weighting factor method)和热网络法(thermal-network method)等,前两种方法较为常用。

(1) 热平衡法

热平衡法根据热力学第一定律建立建筑外表面、建筑体、建筑内表面和室内空气的热平衡方程,通过联立求解室内瞬时负荷。图 2-2 所示为热平衡法原理图。热平衡法假设房间的空气是充分混合的,因此温度为均一,而且房间的各个表面也具有均一的表面温度和长短波辐射,表面的辐射为散射,墙体导热为一维过程。热平衡法的假设条件较少,但求解过程较复杂,计算机耗时较多。因为热平衡法可以将辐射源作为房间的一个表面,故可以用来模拟辐射供冷或供热系统,对其建立热平衡方程并求解。

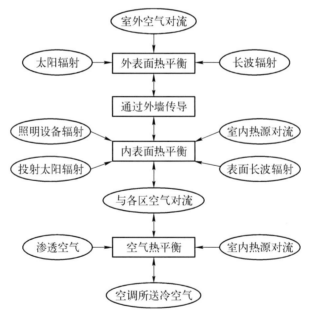

图 2-2 热平衡法原理图

由于热平衡法详细描述了房间热传递过程,通过能量守恒方程来计算瞬时负荷,因此也可以用于冷辐射顶板或辐射供热系统的模拟计算,把这些辐射源当作室内的一个表面,列出相应的热平衡方程与其他内表面的热平衡方程联立求解,可以准确计算辐射对室内热环境的影响。

(2) 加权系数法

加权系数法是介于忽略建筑体蓄热特性的稳态计算方法和动态热平衡方法之间的一个折

中方法。这种方法首先在输入建筑几何模型、天气参数和内部负荷后计算出在某一给定的房间温度下的得热,然后在已知空调系统的特性参数之后由房间得热计算房间温度和除热量。这种方法是由 Z 传递函数法推导得来,有两组权系数:得热权系数和空气温度权系数。得热权系数是用来表示得热转化为负荷的关系,由总的得热量中对流部分与辐射部分的比例以及辐射得热量在各个表面的分配比例决定;空气温度权系数是用来表示房间温度与负荷之间的关系。

加权系数法有两个假设:

一是模拟的传热过程为线性。这个假设非常有必要,因为这样可以分别计算不同建筑构件的得热,然后相加得到总得热。因此,某些非线性的过程如辐射和自然对流就必须假设为线性过程。

二是影响权系数的系统参数均为定值,与时间无关。这个假设的必要性在于可以使得整个模拟过程仅采用一组权系数。

这两点假设在一定程度上削弱了模拟结果的准确性,尤其是在主要的房间传热过程中随时间变化的情况。加权系数法中采用综合辐射对流换热系数作为房间内表面的换热系数,并假设该系数保持不变。但在实际房间中,某个表面的辐射换热量取决于其他各个表面的温度,而不是房间温度,综合辐射或对流换热系数并不是一个常数。在这种情况下,只能采用平均值来确定权系数。这也是加权系数法不能准确计算辐射供冷供热系统的原因。

(3) 热网络法

热网络法是将建筑系统分解为一个由很多节点构成的网络,节点之间的连接是能量的交换。热网络法可以看作更为精确的热平衡法。热平衡法中房间空气只是一个节点,而热网络法中可以是多个节点;热平衡法中每个传热部件(墙、屋顶、地板等)只能有一个外表面节点和一个内表面节点,热网络法则可以有多个节点;热平衡法对照明的模拟较为简单,热网络法则对光源、灯具和整流器分别进行详细模拟。但是热网络法在计算节点温度和节点之间的传热(包括导热、对流和辐射)时还是基于热平衡法。

在三种方法中,热网络法是最为灵活和最为准确的方法,然而,这也意味着它需要最多的计算机耗时,并且使用者需要投入更多的时间和努力来实现它的灵活性。

目前,已经研制开发了很多的能耗模拟软件,如 DOE-2, DeST, EnergyPlus, TRNSYS, ESP-r, PKPM, BLAST, HOT2XP 等。由于各个软件的开发时间和开发单位不同,开发侧重点不同,在对建筑进行能耗模拟时采用的方法和原理不尽相同,表 2-6 总结了几种常用能耗模拟软件的特点。

表 2-6　常用能耗模拟软件特点

软件名称	DOE-2	DeST	EnergyPlus	TRNSYS	ESP-r	PKPM
开发时间	1979 年	2004 年	2001 年	1998 年	1970 年	2004 年
开发单位	美国劳伦斯伯克利国家实验室	中国清华大学	美国能源部和劳伦斯伯克利国家实验室	美国威斯康星大学太阳能实验室、德国太阳能研究中心等	英国 Strath-clyde 大学能耗模拟研究所	中国建筑科学研究院软件所

（续表）

计算内核	独立核心	独立核心	独立核心	独立核心	独立核心	第三方软件，核心为DOE-2
围护结构得热	反应系数法	状态空间法	传递函数法	传递函数法	有限体积法	反应系数法
负荷计算	加权系数法	加权系数法	热平衡法	热平衡法	热网络法	加权系数法
建筑模型	按建筑实际外形建模	按建筑实际外形建模	按建筑实际外形建模	按窗墙屋顶朝向建模	按建筑实际外形建模	按建筑实际外形建模
气象数据	TMY/TRY/CTZ/WYEC/CD144/1440/9685	单独的气象数据，可转成TMY	EPW/IWEC	TMY/TRY/CTZ/WYEC	IWEC/EPW	TMY/TRY/CTZ/WYEC/CD144/1440/9685

3. 软件模拟的步骤

图 2-3 所示为利用软件进行能耗模拟的流程，下文将以 EnergyPlus 为平台说明负荷模拟的基本步骤。

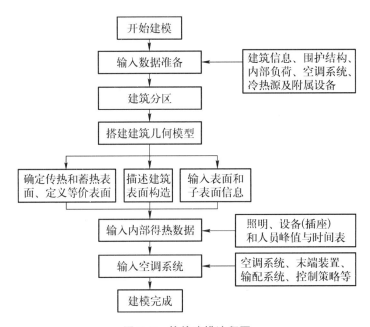

图 2-3 软件建模流程图

步骤一：输入数据准备

在创建输入文件前，首先要完成以下数据资料的准备：

（1）建筑所在城市的位置和设计气象资料；

（2）建筑围护结构信息和数据，包括外墙、内墙、隔墙、地板、天花板、房顶、窗和门；

（3）建筑使用信息，包括每个区域的照明、设备（包括电、气等设备）和人数；

（4）建筑内每个区域的温度控制策略；

（5）空调系统运行信息和具体时间表；

（6）冷热源设备的运行信息，包括锅炉、制冷机等。

本案例的建筑为上海某大型建筑设计院,总建筑面积为 69 700 m^2,图 2-4 为该办公建筑示意图。建筑以设计办公主要功能,其他相关功能为辅,包括公共空间、展厅、学术报告厅、会议室、咖啡厅、图书室、餐厅、零售部等。一层功能空间局部自由,使人流自由进入,一直到达开放庭院,垂直交通结合庭院布置,表达出场所之间的互动性,加强空间的相互渗透。二层至五层主要是大空间办公区域以及分布在各层的独立高级办公室。

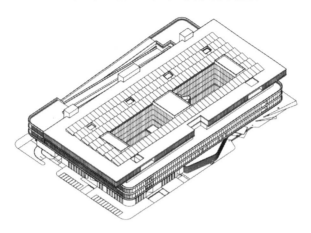

图 2-4　某办公建筑示意图

在 EnergyPlus 中,气象文件(. epw)的资源取自超过 2 100 个地点的气象资料: 1 042 个在美国,71 个在加拿大,其他超过 1 000 个地点分布在全球其他国家。全部气象资料由世界气象组织(World Meteorological Organization)监测和提供。中国区域的气象参数资源主要为中国标准气象数据(Chinese Standard Weather Data,CSWD)和中国典型年气象数据(Chinese Typical Year Weather,CTYW)。其中,CSWD 的 270 组气象文件中包含全年设计数据、典型年数据以及极端天气数据(温度和太阳辐射)。CTYW 的 57 组气象数据基于美国国家气候数据中心(U. S. National Climatic Data Center)1982 年到 1997 年的气象记录。图 2-5 显示了该项目所在地的全年室外干湿球温度、风速、风向、太阳高度角和方位角、大气压力等气象参数。

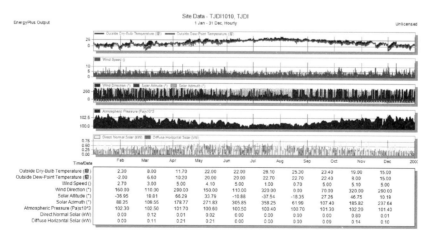

图 2-5　项目所在地气象资料

步骤二：对建筑进行分区

系统分区是模型建立初期阶段的基础，后期模拟所需要的输入参数均建立在该基础上。模型分区在一定程度上决定了模型的准确程度。从另外一个角度来看，非常详细的建筑区域分区能够提高模型的准确性，但相对于模型带来的建模时间、计算时间以及每个分区的热平衡计算迭代等问题却得不偿失。因此，如何做到模型分区的简化并能够保证模型的准确性是尤为重要的建模技巧。模型分区的详细程度还取决于模型的应用，例如建筑设计方案分析、能耗标准的达标分析、绿色建筑评价系统节能措施的分析等。

既有建筑模型的分区则有它特殊的一面，其原则是如何能够充分利用建筑信息以及空调系统进行分区。在本案例中，以一层为例，根据每一个空调末端的送风区域进行分区，保证每一个空调系统分区的模拟准确性。图 2-6 所示为办公楼建筑一层的平面布置图和分区图。

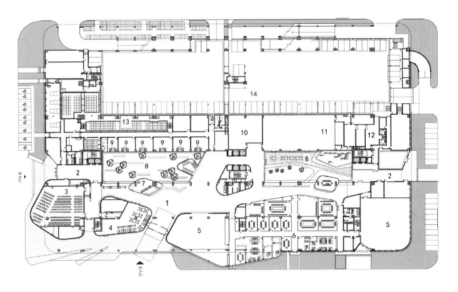

1—门厅；2—次门厅；3—报告厅；4—咖啡厅；5—展厅；6—会议室；7—接待区；8—内院；
9—办公区；10—活动室；11—餐厅；12—厨房；13—档案馆；14—车库

（a）平面图

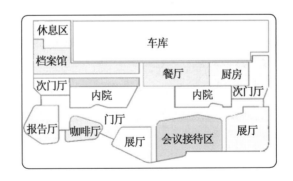

（b）分区图

图 2-6　办公楼建筑一层示意图

36

步骤三：搭建建筑几何模型

分区完成后，可在建筑略图上画出热区，表面尺寸也可在略图中表示，以方便搭建模型。建筑几何模型的搭建包括以下几步：

（1）确定传热和蓄热表面，定义等价表面，即在不显著影响模型完整性的前提下定义尽可能少的表面。

（2）描述围护结构。围护结构主要由三种构件组成：非透明围护结构（外墙、屋顶、地面、地下外墙）、透明围护结构（外窗、玻璃幕墙）和内部隔断。在输入时可选择简化输入或详细输入两种方式中的一种。前者是直接输入整个构件的基本热工参数，并不输入组成构件的各种材料的特性。采用这种输入方式将使围护结构不具有蓄热特性。因此，简化输入方法对轻型围护结构如内墙等是比较合适的。而详细输入法则更为准确，即详细输入组成围护结构的各种材料的特性，再用这些材料组合成围护结构，这样建立的模型能够较准确地模拟建筑构件的蓄热特性，计算围护结构得热的延迟和衰减。该案例中所用到的部分围护结构热工参数见表2-7。

表 2-7　部分围护结构热工参数表

围护结构	导热系数/$[\text{W} \cdot (\text{m} \cdot \text{℃})^{-1}]$	围护结构	导热系数/$[\text{W} \cdot (\text{m} \cdot \text{℃})^{-1}]$
外墙	1	楼板	2.465
内墙	1.639	房顶	0.601

注：窗墙面积比为 0.6，外窗（幕墙）传热系数为 $2 \text{ W}/(\text{m}^2 \cdot \text{K})$。

（3）输入表面和子表面信息。在输入建筑的几何外形和表面信息时，可以在不破坏模型完整性的前提下进行合理的简化。从建筑热工分析，只有表面面积、朝向和倾斜角度三个因素对建筑表面传热是有影响的。因此在输入时，并不要求完全按照建筑的实际几何外形进行输入，而只需保证各个表面具有与实际建筑相同的面积、倾斜角度和方位角，各个表面被合理分配到不同的热区中。如图2-7所示的案例中，实际建筑的某些曲面被简化为多个平面，一些过于复杂的细节也做了适当的简化。

步骤四：输入热区内部得热数据

人员、灯光、设备负荷共同组成了热区的得热。在建筑能耗模拟软件中，得热负荷用设计负荷或峰值负荷及其相应的时间表来表示。照明峰值负荷包括光源和整流器的功率，也包括应急照明的功率。插座和设备负荷是非规律负荷，包括计算机、复印机、服务器、厨房用电设备等的功率。峰值人数指热区里的最多人数。峰值负荷可以用总值或者密度（W/m²，人/m²）输入，也可根据设计值设定。在没有设计值时，可以根据相关的规范（如《公共建筑节能标准》、ASHRAF90.1、ASHRAE62.1等）来进行设定。但按设计值输入的峰值负荷（尤其是插座和设备负荷）可能会过高，从而造成模拟不准确。为了避免过高的输入值，可以实测或根据铭牌值估算，使输入更准确。内部负荷时间表为逐时的照明、设备和人员负荷与峰值负荷之比，包括每日、每周、每月、每年的时间表。《公共建筑节能标准》和 ASHRAE90.1 等规范给出了典型的时间表，建模时可以采用。当然，实际建筑的内部负荷时间表具有随机性和不规律性，如想更准确地建模，需要对其进行现场调研，尤其是对既有建筑。

在本案例中，各个分区的室内设计参数，参考空调负荷计算书和《公共建筑节能设计标准》，分别对冬夏季设计温度、相对湿度、人员密度、照明密度、设备功率和新风供应量进行设

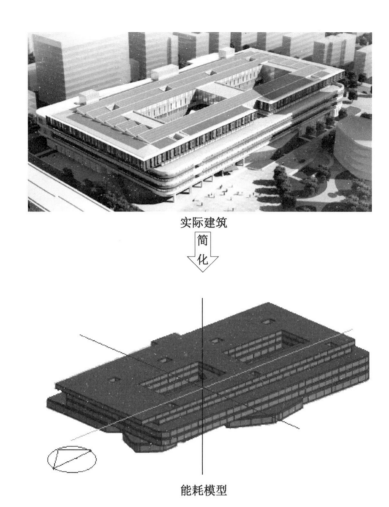

实际建筑

简化

能耗模型

图 2-7 建筑表面输入的简化

置,并确定影响气密性的渗透系数和机械通风率等参数。具体参数设置见表 2-8。

表 2-8 室内设计参数

房间名称	夏季设计 温度/℃	冬季设计 温度/℃	设备功率 /(W·m^{-2})	人员密度 /(人·m^{-2})	照明密度 /(W·m^{-2})	新风量 /[m³·(h·人)$^{-1}$]
走廊	28	16	0	0.05	11	—
大厅	26	18	0	0.3	11	10
办公室	26	20	25	0.125	12	30
会议室	26	18	13	0.25	16	30
餐厅	26	20	13	0.25	12	30
设备间	23	20	300	0.05	11	总风量的 5%
图档室	24	20	20	0.1	12	总风量的 5%
报告厅	26	20	13	0.25	16	30

步骤五：输入空调系统

空调系统是建模中最困难的部分,需要建模者具备足够的空调知识,对空调系统的结构和设备有足够的了解。有些模拟软件不能模拟一些新的空调系统,尤其是分布式能源的空调系统中较为先进的部分建模过程较为复杂,建模者还需做一些近似处理。

在本案例中,根据设计范围,对一层办公室、门厅、餐厅、展厅、二至五层大空间办公室、工作室等设置空调系统。对晒图室、厕所、变配电房、水泵房等要求通风的房间设置机械通风系统,对大空间办公等需排烟的场所做排烟设计。

具体空调系统设计如下:一层采用热泵机组产生的冷热水供冷或供热,门厅、展厅、餐厅等区域,末端采用全空气低速风管系统,集中回风,办公室等末端采用风机盘管系统,新风系统冷热源由风冷热泵机组承担;一层晒图室等需加班的房间预留直接蒸发式变冷媒系统,商店、咖啡厅采用直接蒸发式变冷媒系统,新风系统采用全热交换器。一层报告厅采用座椅送风系统,与装修配合采用吊顶回风。二至五层的办公室、设计室、会议室、讨论室等辅助用房均采用直接蒸发式变冷媒流量空调系统加热回收型全新风空调复合机组或冷凝排风热回收型全新风一体化空调机,气流组织为顶送顶回。

按照以上步骤,便完成整个建筑模型建立的全部过程,根据建立的结构模型和热工模型,输入各项设计参数、运行模式和系统形式,利用 EnergyPlus 中 Simulation 模块进行模拟,可得到该典型办公建筑在上海地区气候条件下全年 8 760 h 的逐时负荷。

2.3.3　分摊比例法

1. 分摊比例法的原理

在方案设计初期,通常只能确定建筑基本信息,如建筑的使用功能和相应面积等,根本无法取得详细图纸及资料,此时依靠软件模拟法无法进行建模和模拟。统计模型预测的方法可以在建筑规划或设计前期为设计者提供建筑各项负荷预测的数据。

统计模型预测方法以历史数据为基础,是基于历史数据的外推法,利用统计学等相关技术手段对数据进行科学分析,建立负荷预测模型。此类方法主要有回归分析法、时间序列法、人工神经网络法、支持向量机法、灰色理论法等以及各种方法的综合利用。利用统计模型进行建筑负荷预测的特点是以建筑能耗审计数据作为基础,采用一定的数学方法分析数据内在规律,得到负荷预测模型,预测未来的建筑冷负荷。

基于统计模型预测的方法,日本株式会社空调与卫生工学会统计了大量数据,获得不同建筑采暖、空调、电力和生活热水全年总负荷、各类负荷月分摊比例及小时分摊比例,从而计算各类负荷逐时逐月变化规律。下面介绍《城市天然气三联供系统规划、设计和评价》中采用的分摊比例法。

2. 分摊比例法的步骤

分摊比例法的计算流程如图 2-8 所示。

首先,对研究对象建筑使用功能进行分析,按照不同功能区域确定面积范围;其次,对该建筑同区域内同类建筑的实测能耗状况进行调查研究,得到参考能耗数据(单位面积平均值);最后,根据日本三联产设计手册中的相关数据,利用小时能源负荷分摊比例的方法,对逐时冷、热、电负荷进行模拟计算。

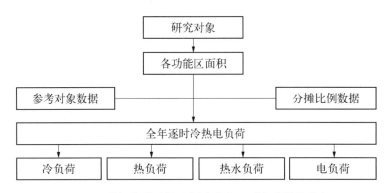

图 2-8　能源负荷分摊比例法全年逐时负荷计算流程

表 2-9—表 2-15 列出了各类建筑在使用分摊比例法时所用及的数据,数据来源为《城市天然气三联供系统规划、设计和评价》(株式会社,空调与卫生工学会)。

表 2-9　各种建筑的最大电力负荷和最大热负荷

建筑类型			办公楼(标准型)	医院	宾馆	商场	体育设施	住宅
电力负荷		W/m²	50	50	50	70	70	30
热负荷	生活热水	W/m²	16.3	46.5	116.3	23.3	814	18.6
		kcal/(m²·h)	14	40	100	20	700	16
	采暖	W/m²	58.1	95.3	77.9	93.0	122.1	34.9
		kcal/(m²·h)	50	82	67	80	105	30
	制冷	W/m²	104.7	104.7	87.2	139.5	122.1	46.5
		kcal/(m²·h)	90	90	75	120	105	40

表 2-10　各种建筑的年总电力负荷和年总热负荷

建筑类型			办公楼(标准型)	医院	宾馆	商场	体育设施	住宅
电力负荷		kWh/(m²·年)	156	170	200	226	250	21
热负荷	生活热水	kWh/(m²·年)	2.6	93.0	93.0	26.7	1 017.4	34.9
		Mcal/(m²·年)	2.2	80	80.0	23	875	30
	采暖	kWh/(m²·年)	36.0	86.0	93.0	40.7	94.2	23.3
		Mcal/(m²·年)	31	74	80	35	81	20
	制冷	kWh/(m²·年)	81.4	93.0	116.3	145.3	94.2	9.3
		Mcal/(m²·年)	70	80	100	125	81	8

表 2-11(a)　宾馆类建筑月分摊比例(%)

月份	1	2	3	4	5	6	7	8	9	10	11	12	合计
电力负荷	7.5	6.5	6.8	7.0	8.1	8.2	9.5	10.4	9.9	9.4	8.6	8.1	100
热负荷 热水	10.16	10.07	9.51	8.65	7.78	7.33	7.33	6.23	7.02	7.57	8.71	9.64	100
热负荷 采暖	20.54	17.87	14.41	12.48	3.07	0	0	0	0	0	12.77	18.86	100
热负荷 制冷	1.00	0.91	3.11	3.89	7.56	14.06	21.42	24.77	14.96	5.18	2.14	1.00	100
季节区分	冬季			中间		夏季				中间		冬季	

表 2-11(b)　宾馆类建筑小时分摊比例(%)

负荷	电力			热水	采暖		制冷		
季节区分	夏季	冬季	中间	全年	冬季	中间	夏季	冬季	中间
0	2.81	2.08	2.67	2.37	3.05	5.35	2.34	0	0.29
1	2.55	2.74	2.45	1.43	3.43	3.21	1.80	0	0.29
2	2.41	2.31	2.32	0.64	3.81	2.67	1.71	0	0.29
3	2.41	2.36	2.27	0.38	3.43	2.41	1.53	0	0.29
4	2.38	2.19	2.40	0.73	3.05	2.41	1.44	0	0.29
5	2.53	2.29	2.51	2.35	3.05	2.67	1.35	0	0.29
6	3.14	3.07	3.15	4.64	3.24	3.21	1.80	0	0.29
7	3.58	3.56	3.77	4.53	4.19	4.28	1.98	0	0.34
8	4.00	3.79	4.12	3.97	5.71	4.28	2.71	0	0.86
9	4.79	4.31	4.67	3.80	4.95	3.48	3.52	4.95	4.87
10	5.17	4.84	4.98	4.51	5.14	4.55	3.61	4.95	4.58
11	5.31	5.38	5.20	3.25	4.95	4.55	3.61	7.43	8.59
12	5.55	5.34	5.23	3.59	4.95	5.35	7.13	9.89	8.59
13	5.45	5.44	5.27	4.08	5.14	5.88	7.22	8.90	9.43
14	5.24	5.47	5.27	3.80	4.95	6.42	8.68	8.42	6.87
15	5.31	5.46	5.36	3.95	6.10	5.88	6.49	5.94	5.73
16	5.24	5.89	5.32	4.23	7.24	6.42	6.58	6.44	6.01
17	5.31	6.04	5.50	4.68	6.86	6.92	6.67	5.94	6.01
18	5.28	5.64	5.46	5.36	6.10	6.42	6.94	5.94	5.73
19	5.07	5.36	5.32	7.48	5.33	5.35	7.03	6.44	6.59
20	4.63	4.87	4.94	8.57	1.52	0.27	6.85	7.43	6.59
21	4.33	4.22	4.39	8.96	1.14	0	4.51	8.42	8.59
22	4.37	3.90	4.41	7.74	0	2.67	2.34	8.91	8.59
23	3.14	2.85	3.02	4.96	2.67	5.35	2.16	0	0
合计	100	100	100	100	100	100	100	100	100

表 2-12(a)　医院类建筑月分摊比例(%)

月份	1	2	3	4	5	6	7	8	9	10	11	12	合计
电力负荷	7.94	7.41	8.11	7.64	7.79	8.45	9.33	10.06	8.85	8.41	8.15	7.86	100
热负荷 热水	9.51	9.98	10.05	9.85	8.09	7.88	7.13	5.54	5.76	7.87	8.19	10.15	100
热负荷 采暖	27.50	21.2	19.92	2.67	0	0	0	0	0	0	8.64	20.07	100
热负荷 制冷	0	0	0	0	2.53	5.85	19.35	45.83	21.95	4.49	0	0	100
季节区分	冬季			中间		夏季				中间	冬季		

表 2-12(b)　医院类建筑小时分摊比例(%)

负荷	电力			生活热水			采暖		制冷	
季节区分	夏季	冬季	中间	夏季	冬季	中间	冬季	中间	夏季	中间
0	2.19	2.04	2.04	0.46	0.58	0.49	0.2	0	1.60	2.7
1	2.09	1.97	1.98	0.33	0.45	0.36	0.3	0	1.6	2.6
2	2.04	1.91	1.89	0.26	0.35	0.29	0.3	0	1.5	2.5
3	2.00	1.91	1.89	0.26	0.29	0.29	0.3	0	1.5	2.5
4	2.06	1.86	1.85	0.56	0.48	0.55	0.3	0	1.5	2.4
5	2.15	2.06	2.02	1.34	1.45	1.40	5.1	7.2	3.4	3.4
6	3.02	3.17	2.92	2.20	0.97	2.25	4.7	8.1	2.6	2.5
7	4.32	4.31	4.31	3.21	0.39	3.32	4.7	7.3	2.8	2.6
8	5.43	5.44	5.56	7.18	7.58	7.06	10.3	10.5	6.4	4.3
9	5.94	6.07	6.18	9.17	9.39	9.05	8.3	7.2	6.3	5.0
10	6.07	6.20	6.28	9.92	10.07	9.71	7.5	6.8	6.6	5.3
11	6.05	6.18	6.27	7.90	8.10	7.55	6.9	6.0	6.8	5.8
12	5.90	5.96	6.09	8.62	8.90	8.50	6.4	5.3	6.9	6.3
13	5.94	6.01	6.09	9.40	9.52	9.34	5.2	5.1	6.1	6.1
14	6.06	6.09	6.18	8.36	8.71	8.59	5.0	4.8	6.1	6.2
15	5.92	6.05	6.07	6.32	6.87	6.41	4.8	4.3	6.3	6.4
16	5.70	5.88	5.83	5.14	5.65	5.11	4.9	4.0	6.3	6.1
17	5.23	5.38	5.30	5.67	5.77	5.47	5.0	3.9	6.2	6.1
18	4.94	5.03	4.97	5.18	4.97	5.05	5.0	3.6	5.8	5.4
19	4.70	4.75	4.66	4.00	3.90	4.04	3.5	3.3	3.2	3.4
20	4.15	4.01	4.11	2.06	2.23	2.21	3.5	3.6	3.1	3.3
21	3.08	3.08	2.92	1.05	1.29	1.14	3.6	3.7	3.0	3.2
22	2.60	2.47	2.44	0.72	1.03	0.88	4.0	5.3	2.8	3.1
23	2.42	2.17	2.15	0.69	1.06	0.94	0.2	0	1.6	2.8
合计	100	100	100	100	100	100	100	100	100	100

表 2-13(a)　商场类建筑月分摊比例(%)

月份	1	2	3	4	5	6	7	8	9	10	11	12	合计
电力负荷	7.10	7.10	7.67	7.90	8.96	9.33	9.42	8.91	9.48	8.74	7.49	7.90	100
热负荷 热水	7.66	8.02	9.18	9.07	7.83	7.26	7.99	7.84	8.12	7.62	9.06	10.35	100
热负荷 采暖	31.81	29.63	15.87	0	0	0	0	0	0	0	0	21.69	100
热负荷 制冷	0	1.21	2.83	4.05	8.91	12.63	19.27	20.83	13.68	10.93	3.64	2.02	100
季节区分	冬季			夏季							冬季		

表 2-13(b)　商场类建筑小时分摊比例(%)

负荷	电力		热水	采暖	制冷
季节区分	夏季	冬季	夏季	冬季	中间
时刻 0	0.1	0.1	0	0	0
1	0.1	0.1	0	0	0
2	0.1	0.1	0	0	0
3	0.1	0.1	0	0	0
4	0.1	0.1	0	0	0
5	0.1	0.1	0	0	0
6	0.3	0.4	0	0	0
7	1.0	1.4	0	0	0
8	6.39	5.4	1.25	16.9	7.90
9	9.09	8.9	9.17	12.8	7.3
10	8.89	8.9	10.10	10.3	8.3
11	8.89	8.9	2.50	9.4	8.7
12	8.89	8.9	8.41	7.5	10.0
13	9.09	9.0	17.15	6.9	10.2
14	9.30	9.1	17.12	5.6	11.2
15	9.29	9.1	5.36	5.4	11.2
16	9.19	9.0	3.67	7.3	9.6
17	8.89	8.8	10.54	8.8	8.0
18	7.89	8.4	13.54	9.1	7.6
19	1.80	2.5	1.19	0	0
20	0.20	0.3	0	0	0
21	0.10	0.2	0	0	0
22	0.10	0.1	0	0	0
23	0.10	0.1	0	0	0
合计	100	100	100	100	100

表 2-14(a) 办公楼(标准型)类建筑月分摊比例(%)

月份	1	2	3	4	5	6	7	8	9	10	11	12	合计
电力负荷	7.15	7.43	8.15	7.90	8.03	8.95	10.07	9.87	8.89	8.66	7.22	7.68	100
热负荷 热水	13.79	17.24	13.79	10.34	6.90	3.45	3.45	3.45	3.45	6.9	6.9	10.34	100
热负荷 采暖	25.93	22.79	17.66	4.27	0	0	0	0	0	0	7.98	21.37	100
热负荷 制冷	0	0	0	0	3.92	15.67	27.63	30.72	19.79	2.27	0	0	100
季节区分	冬季				中间		夏季				中间	冬季	

表 2-14(b) 办公楼(标准型)类建筑小时分摊比例(%)

负荷	电力			生活热水			采暖		制冷	
季节区分	夏季	冬季	中间	夏季	冬季	中间	冬季	中间	夏季	中间
0	0.82	0.84	0.85	0	0	0	0	0	0	0
1	0.73	0.76	0.78	0	0	0	0	0	0	0
2	0.69	0.69	0.71	0	0	0	0	0	0	0
3	0.69	0.69	0.76	0	0	0	0	0	0	0
4	0.69	0.67	0.71	0	0	0	0	0	0	0
5	0.69	0.69	0.73	0	0	5.21	0	0	0	0
6	0.88	0.94	0.95	3.79	1.97	0.26	0	0	0	0
7	1.86	1.70	1.78	4.55	0.33	3.91	0.30	0	1.79	0.40
8	5.61	5.67	5.48	6.06	1.64	5.21	16.99	14.76	9.57	11.78
9	7.32	7.40	7.31	4.55	6.57	4.43	12.29	13.65	9.17	13.37
10	7.64	7.57	7.62	11.36	5.75	11.98	8.09	7.48	8.97	11.19
11	7.66	7.64	7.72	13.64	14.78	10.68	10.29	8.39	9.27	11.88
12	7.71	7.57	7.70	15.13	12.48	19.78	10.49	12.44	9.37	10.40
13	7.78	7.65	7.80	11.36	27.09	5.47	10.29	13.04	9.27	11.68
14	7.82	7.65	7.89	7.58	8.70	6.51	8.39	12.84	8.97	11.78
15	7.75	7.62	7.84	4.55	4.43	5.47	8.19	12.54	10.69	11.19
16	7.68	7.62	7.80	6.06	4.27	5.99	9.09	3.44	8.97	3.86
17	6.63	6.61	6.60	3.79	4.27	5.47	5.59	1.42	9.27	1.68
18	5.50	5.43	5.21	4.55	3.78	5.73	0	0	3.89	0.50
19	4.81	4.71	4.58	3.03	3.94	2.60	0	0	0.40	0
20	3.52	3.82	3.56	0	0	1.30	0	0	0.40	0.30
21	2.65	2.98	2.68	0	0	0	0	0	0	0
22	1.88	2.07	1.92	0	0	0	0	0	0	0
23	0.99	1.01	1.02	0	0	0	0	0	0	0
合计	100	100	100	100	100	100	100	100	100	100

表 2-15(a)　体育设施类建筑月分摊比例(%)

月份	1	2	3	4	5	6	7	8	9	10	11	12	合计
电力负荷	7.9	7.42	7.84	7.75	8.73	7.92	9.58	9.61	8.95	8.52	7.75	8.03	100
热负荷　热水	11.20	12.56	11.68	10.86	7.81	6.56	6.69	4.40	4.45	7.16	7.72	8.91	100
采暖	17.08	20.42	17.72	5.54	5.16	4.38	3.74	1.02	2.13	3.52	4.64	14.65	100
制冷	0	0	0	2.04	7.76	12.47	19.47	27.09	18.19	10.31	2.67	0	100
季节区分	冬季			夏季							冬季		

表 2-15(b)　体育设施类建筑小时分摊比例(%)

负荷		电力		热水	采暖	制冷
季节区分		夏季	冬季	夏季	冬季	中间
时刻	0	0.6	0	0	0	0
	1	0.6	0	0	0	0
	2	0.6	0	0	0	0
	3	0.6	0	0	0	0
	4	0.6	0	0	0	0
	5	0.6	0	0	0	0
	6	2.71	3.65	0	1.95	0.69
	7	5.72	7.07	4.8	7.74	6.25
	8	5.72	6.61	6.84	6.74	6.25
	9	5.57	5.80	6.63	6.49	6.25
	10	5.57	4.93	6.39	6.49	6.12
	11	5.72	2.81	4.4	6.74	6.12
	12	5.87	1.77	3.78	6.23	6.12
	13	5.94	3.16	4.60	5.97	6.25
	14	6.02	3.51	4.80	5.97	6.32
	15	5.94	4.35	5.31	5.84	6.39
	16	5.87	6.93	6.84	5.84	6.54
	17	6.02	6.09	6.33	5.71	6.54
	18	6.26	6.61	6.63	5.97	6.40
	19	6.47	7.80	7.35	6.23	6.25
	20	6.47	8.32	7.65	5.97	6.39
	21	6.02	8.65	7.87	6.23	6.39
	22	3.76	8.49	7.75	3.89	4.17
	23	0.75	3.45	2.03	0	0.56
合计		100	100	100	100	100

在建筑分布式能源系统的优化设计中,考虑到各类建筑实际运行时各类负荷的变化规律,通常将各类负荷的运行模式分成工作日(A)、节假日(B)、周末日(C)三类,表 2-16 列出了办公建筑各类负荷三种运行模式的天数,表 2-17 表示某年中某一天 A,B,C 分布情况,表 2-18 表示各类负荷分别在 A,B,C 三种模式下的分摊情况。

表 2-16 办公建筑运行模式分类

负荷原单位	电力 /kWh	空调 /Mcal	采暖 /Mcal	生活热水 /Mcal	其他 /Mcal	—			
年总负荷/(kWh·m⁻²)	156	70	31	2.2	0				
年尖峰负荷/(kWh·m⁻²)	0.05	0.09	0.05	0.014	0				

各月	期间	电力	制冷	采暖	生活热水	其他	天 数			
							A	B	C	合计
1 月	暖房期	7.15	0	25.93	13.79	0	19	4	8	31
2 月	暖房期	7.43	0	22.79	17.24	0	20	3	5	28
3 月	暖房期	8.15	0	17.66	13.79	0	22	4	5	31
4 月	中间期	7.90	0	4.27	10.34	0	20	5	5	30
5 月	中间期	8.03	3.92	0	6.90	0	20	4	7	31
6 月	冷房期	8.95	15.67	0	3.45	0	22	4	4	30
7 月	冷房期	10.07	27.63	0	3.45	0	20	5	6	31
8 月	冷房期	9.87	30.72	0	3.45	0	23	4	4	31
9 月	冷房期	8.89	19.79	0	3.45	0	20	4	6	30
10 月	中间期	8.66	2.27	0	6.90	0	21	4	6	31
11 月	中间期	7.22	0.00	7.98	6.90	0	20	4	6	30
12 月	暖房期	7.68	0.00	21.37	10.34	0	21	4	6	31
合　计		100.00	100.00	100.00	100.00	0	248	49	68	365
空调采暖时间段		A	B	C		—				
夏季		7~20	7~20	7~20						
冬季		7~20	7~20	7~20						
中间		7~20	7~20	7~20						

表 2-17 某一年运行模式分类

1月

日	一	二	三	四	五	六
1	2	3	4	5	6	7
C	C	C	A	A	A	B
8	9	10	11	12	13	14
C	C	A	A	A	A	B
15	16	17	18	19	20	21
C	A	A	A	A	A	B
22	23	24	25	26	27	28
C	A	A	A	A	A	B
29	30	31				
C	A	A				

2月

日	一	二	三	四	五	六
			1	2	3	4
			A	A	A	B
5	6	7	8	9	10	11
C	A	A	A	A	A	C
12	13	14	15	16	17	18
C	A	A	A	A	A	B
19	20	21	22	23	24	25
C	A	A	A	A	A	B
26	27	28				
C	A	A				

3月

日	一	二	三	四	五	六
			1	2	3	4
			A	A	A	B
5	6	7	8	9	10	11
C	A	A	A	A	A	B
12	13	14	15	16	17	18
C	A	A	A	A	A	B
19	20	21	22	23	24	25
C	C	A	A	A	A	B
26	27	28	29	30	31	
C	A	A	A	A	A	

4月

日	一	二	三	四	五	六
						1
						B
2	3	4	5	6	7	8
C	A	A	A	A	A	B
9	10	11	12	13	14	15
C	A	A	A	A	A	B
16	17	18	19	20	21	22
C	A	A	A	A	A	B
23	24	25	26	27	28	29
C	A	A	A	A	A	B
30						
C						

5月

日	一	二	三	四	五	六
	1	2	3	4	5	6
	A	A	C	C	C	B
7	8	9	10	11	12	13
C	A	A	A	A	A	B
14	15	16	17	18	19	20
C	A	A	A	A	A	B
21	22	23	24	25	26	27
C	A	A	A	A	A	B
28	29	30	31			
C	A	A	A			

6月

日	一	二	三	四	五	六
				1	2	3
				A	A	B
4	5	6	7	8	9	10
C	A	A	A	A	A	B
11	12	13	14	15	16	17
C	A	A	A	A	A	B
18	19	20	21	22	23	24
C	A	A	A	A	A	B
25	26	27	28	29	30	
C	A	A	A	A	A	

7月

日	一	二	三	四	五	六
						1
						B
2	3	4	5	6	7	8
C	A	A	A	A	A	B
9	10	11	12	13	14	15
C	A	A	A	A	A	B
16	17	18	19	20	21	22
C	A	A	A	C	A	B
23	24	25	26	27	28	29
C	A	A	A	A	A	B
30	31					
C	A					

8月

日	一	二	三	四	五	六
		1	2	3	4	5
		A	A	A	A	B
6	7	8	9	10	11	12
C	A	A	A	A	A	B
13	14	15	16	17	18	19
C	A	A	A	A	A	B
20	21	22	23	24	25	26
C	A	A	A	A	A	B
27	28	29	30	31		
C	A	A	A	A		

9月

日	一	二	三	四	五	六
					1	2
					A	B
3	4	5	6	7	8	9
C	A	A	A	A	A	B
10	11	12	13	14	15	16
C	A	A	A	A	C	B
17	18	19	20	21	22	23
C	A	A	A	A	A	C
24	25	26	27	28	29	30
C	A	A	A	A	A	B

10月

日	一	二	三	四	五	六
1	2	3	4	5	6	7
C	A	A	A	A	A	B
8	9	10	11	12	13	14
C	C	A	A	A	A	B
15	16	17	18	19	20	21
C	A	A	A	A	A	B
22	23	24	25	26	27	28
C	A	A	A	A	A	B
29	30	31				
C	A	A				

11月

日	一	二	三	四	五	六
			1	2	3	4
			A	A	C	B
5	6	7	8	9	10	11
C	A	A	A	A	A	B
12	13	14	15	16	17	18
C	A	A	A	A	A	B
19	20	21	22	23	24	25
C	A	A	A	C	A	B
26	27	28	29	30		
C	A	A	A	A		

12月

日	一	二	三	四	五	六
					1	2
					A	B
3	4	5	6	7	8	9
C	A	A	A	A	A	B
10	11	12	13	14	15	16
C	A	A	A	A	A	B
17	18	19	20	21	22	23
C	A	A	A	A	A	C
24	25	26	27	28	29	30
C	A	A	A	A	A	B
31						
C						

表 2-18 不同运行模式分摊比例(%)

		小时分摊比例	0	1	2	3	4	5	6	7	8	9	10	11	12	13	14	15	16	17	18	19	20	21	22	23	合计
电力	夏季	A	0.82	0.73	0.69	0.69	0.69	0.69	0.88	1.86	5.61	7.32	7.64	7.66	7.71	7.78	7.82	7.75	7.68	6.63	5.50	4.81	3.52	2.65	1.88	0.99	100.00
		B	0.61	0.54	0.51	0.51	0.51	0.51	0.66	1.39	4.18	5.45	5.69	5.71	5.74	5.80	5.83	5.77	5.72	4.94	4.10	3.58	2.62	1.97	1.40	0.74	74.51
		C	0.37	0.33	0.31	0.31	0.31	0.31	0.40	0.85	2.56	3.34	3.48	3.49	3.51	3.55	3.56	3.53	3.50	3.02	2.51	2.19	1.60	1.21	0.86	0.45	45.59
	冬季	A	0.84	0.76	0.69	0.67	0.69	0.69	0.94	1.70	5.67	7.40	7.57	7.64	7.57	7.65	7.65	7.62	7.62	6.61	5.43	4.71	3.82	2.98	2.07	1.01	100.00
		B	0.62	0.56	0.51	0.49	0.51	0.51	0.69	1.25	4.17	5.44	5.57	5.62	5.57	5.63	5.63	5.60	5.60	4.86	3.99	3.46	2.81	2.19	1.52	0.74	73.54
		C	0.38	0.34	0.31	0.30	0.31	0.31	0.43	0.77	2.57	3.35	3.43	3.46	3.43	3.47	3.47	3.45	3.45	3.00	2.46	2.13	1.73	1.35	0.94	0.46	45.33
	中间	A	0.85	0.78	0.71	0.71	0.73	0.76	0.95	1.78	5.48	7.31	7.62	7.72	7.70	7.80	7.89	7.84	7.80	6.60	5.21	4.58	3.56	2.68	1.92	1.02	100.00
		B	0.60	0.55	0.50	0.50	0.51	0.53	0.67	1.25	3.84	5.12	5.34	5.41	5.40	5.47	5.53	5.49	5.47	4.63	3.65	3.21	2.50	1.88	1.35	0.71	70.09
		C	0.36	0.33	0.30	0.30	0.31	0.32	0.41	0.76	2.34	3.12	3.26	3.30	3.29	3.33	3.37	3.35	3.33	2.82	2.23	1.96	1.52	1.15	0.82	0.44	42.73
制冷	夏季	A	0.00	0.00	0.00	0.00	0.00	0.00	0.00	1.79	9.57	9.17	8.97	9.27	9.37	9.27	8.97	10.69	8.97	9.27	3.89	0.40	0.40	0.00	0.00	0.00	100.01
		B	0.00	0.00	0.00	0.00	0.00	0.00	0.00	1.33	7.13	6.83	6.68	6.91	6.98	6.91	6.68	7.97	6.68	6.91	2.90	0.30	0.30	0.00	0.00	0.00	70.09
		C	0.00	0.00	0.00	0.00	0.00	0.00	0.00	0.82	4.36	4.18	4.09	4.23	4.27	4.23	4.09	4.87	4.09	4.23	1.77	0.18	0.18	0.00	0.00	0.00	42.73
	采暖	A	0.00	0.00	0.00	0.00	0.00	0.00	0.00	0.00	0.00	0.00	0.00	0.00	0.00	0.00	0.00	0.00	0.00	0.00	0.00	0.00	0.00	0.00	0.00	0.00	0.00
		B	0.00	0.00	0.00	0.00	0.00	0.00	0.00	0.00	0.00	0.00	0.00	0.00	0.00	0.00	0.00	0.00	0.00	0.00	0.00	0.00	0.00	0.00	0.00	0.00	0.00
		C	0.00	0.00	0.00	0.00	0.00	0.00	0.00	0.00	0.00	0.00	0.00	0.00	0.00	0.00	0.00	0.00	0.00	0.00	0.00	0.00	0.00	0.00	0.00	0.00	0.00
	中间	A	0.00	0.00	0.00	0.00	0.00	0.00	0.00	0.40	11.78	13.37	11.19	11.88	10.40	11.68	11.78	11.19	3.86	1.68	0.50	0.40	0.30	0.00	0.00	0.00	100.00
		B	0.00	0.00	0.00	0.00	0.00	0.00	0.00	0.28	8.26	9.37	7.84	8.33	7.29	8.19	8.26	7.84	2.71	1.18	0.35	0.30	0.21	0.00	0.00	0.00	70.09
		C	0.00	0.00	0.00	0.00	0.00	0.00	0.00	0.17	5.03	5.71	4.78	5.08	4.44	4.99	5.03	4.78	1.65	0.72	0.21	0.18	0.13	0.00	0.00	0.00	42.73
采暖	夏季	A	0.00	0.00	0.00	0.00	0.00	0.00	0.00	0.00	0.00	0.00	0.00	0.00	0.00	0.00	0.00	0.00	0.00	0.00	0.00	0.00	0.00	0.00	0.00	0.00	0.00
		B	0.00	0.00	0.00	0.00	0.00	0.00	0.00	0.00	0.00	0.00	0.00	0.00	0.00	0.00	0.00	0.00	0.00	0.00	0.00	0.00	0.00	0.00	0.00	0.00	0.00
		C	0.00	0.00	0.00	0.00	0.00	0.00	0.00	0.00	0.00	0.00	0.00	0.00	0.00	0.00	0.00	0.00	0.00	0.00	0.00	0.00	0.00	0.00	0.00	0.00	0.00
	冬季	A	0.00	0.00	0.00	0.00	0.00	0.00	0.00	0.30	16.99	12.29	8.09	10.29	10.49	10.29	8.39	8.19	9.09	5.59	0.00	0.00	0.00	0.00	0.00	0.00	100.00
		B	0.00	0.00	0.00	0.00	0.00	0.00	0.00	0.22	12.49	9.04	5.95	7.57	7.71	7.57	6.17	6.02	6.68	4.11	0.00	0.00	0.00	0.00	0.00	0.00	73.54
		C	0.00	0.00	0.00	0.00	0.00	0.00	0.00	0.14	7.70	5.57	3.67	4.66	4.75	4.66	3.80	3.71	4.12	2.53	0.00	0.00	0.00	0.00	0.00	0.00	45.33
	中间	A	0.00	0.00	0.00	0.00	0.00	0.00	0.00	0.33	14.76	13.65	7.48	8.39	12.44	13.04	12.84	12.54	3.44	1.42	0.00	0.00	0.00	0.00	0.00	0.00	100.00
		B	0.00	0.00	0.00	0.00	0.00	0.00	0.00	0.24	10.34	9.57	5.24	5.88	8.72	9.14	9.00	8.79	2.41	1.00	0.00	0.00	0.00	0.00	0.00	0.00	70.09
		C	0.00	0.00	0.00	0.00	0.00	0.00	0.00	0.15	6.31	5.83	3.20	3.58	5.32	5.57	5.49	5.36	1.47	0.61	0.00	0.00	0.00	0.00	0.00	0.00	42.73
热水	夏季	A	0.00	0.00	0.00	0.00	0.00	0.00	3.79	3.91	6.06	4.55	11.36	13.64	15.13	11.36	7.58	4.55	6.06	3.79	4.55	3.03	0.00	0.00	0.00	0.00	100.00
		B	0.00	0.00	0.00	0.00	0.00	0.00	2.82	2.74	4.52	3.39	8.46	10.16	11.27	8.46	5.65	3.39	4.52	2.82	3.39	2.26	0.00	0.00	0.00	0.00	74.51
		C	0.00	0.00	0.00	0.00	0.00	0.00	1.73	1.67	2.76	2.07	5.18	6.22	6.90	5.18	3.46	2.07	2.76	1.73	2.07	1.38	0.00	0.00	0.00	0.00	45.59
	冬季	A	0.00	0.00	0.00	0.00	0.00	0.00	1.97	0.00	1.64	6.57	5.75	14.78	12.48	27.09	8.70	4.43	4.27	4.27	3.78	3.94	0.00	0.00	0.00	0.00	100.00
		B	0.00	0.00	0.00	0.00	0.00	0.00	1.45	0.00	1.21	4.83	4.23	10.87	9.18	19.92	6.40	3.26	3.14	3.14	2.78	2.90	0.00	0.00	0.00	0.00	73.54
		C	0.00	0.00	0.00	0.00	0.00	0.00	0.89	0.00	0.74	2.98	2.61	6.70	5.66	12.28	3.94	2.01	1.94	1.94	1.71	1.79	0.00	0.00	0.00	0.00	45.33
	中间	A	0.00	0.00	0.00	0.00	0.00	5.21	0.26	0.00	5.21	4.43	11.98	10.68	19.78	5.47	6.51	5.47	5.99	5.47	5.73	2.60	1.30	0.00	0.00	0.00	100.00
		B	0.00	0.00	0.00	0.00	0.00	3.65	0.18	0.00	3.65	3.10	8.40	7.49	13.86	3.83	4.56	3.83	4.20	3.83	4.02	1.82	0.91	0.00	0.00	0.00	70.09
		C	0.00	0.00	0.00	0.00	0.00	2.23	0.11	0.00	2.23	1.89	5.12	4.56	8.45	2.34	2.78	2.34	2.56	2.34	2.45	1.11	0.56	0.00	0.00	0.00	42.73

2.4 不同动态负荷计算方法结果对比分析

2.4.1 软件模拟法计算负荷结果

EnergyPlus 是一款针对建筑能耗动态模拟的软件,它可以应用在设计过程中,通过提供性能数据来优化设计和能耗评估。EnergyPlus 采用传递函数法来计算墙体传热,采用热平衡法来计算冷、热负荷。软件中包括了气象数据,可利用逐时气象数据计算模拟建筑物在实际条件下的能耗运作情况。模拟结果可以显示为年、月、日、小时,甚至每分钟的时间步长,可以输出建筑能耗、室内空气温度、平均辐射温度、实效温度及湿度、室内舒适度、通过建筑物围护结构的传热量、供热和制冷负荷的模拟结果。

图 2-9 所示为某办公建筑全年 8 760 h 的冷、热负荷。由于上海属于亚热带海洋性季风气候,主要气候特征是春天温暖,夏天炎热,秋天凉爽,冬天阴冷,全年雨量适中,季节分配比较平均。全年温和湿润,四季分明。因此,由图中可以看出,冷负荷持续时间较长,从 5 月开始就有明显的冷负荷,在 7 月和 8 月炎热的夏季达到峰值。全年热负荷主要集中在 12 月到次年 3 月,而在过渡季节几乎没有热负荷需求。

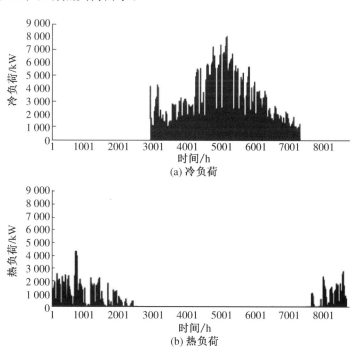

图 2-9 全年逐时空调冷、热负荷分布

夏季典型设计日的逐时空调冷负荷如图 2-10 所示。由该图可见,该办公建筑最大空调冷负荷出现在 16:00,最小冷负荷出现在 1:00 到 8:00 之间,凌晨由于用户的大量减少,仅维持值班区域的负荷需要,冷负荷达到谷值;从 9:00 开始至正午,冷负荷逐渐增大,正午午休时空调冷负荷有短暂的减少,而下午正常上班后负荷恢复高峰值。该变化规律与办公建筑作息规律相符,夜间负荷仅占白天峰值负荷的 15% 左右,而白天负荷平均且稳定。

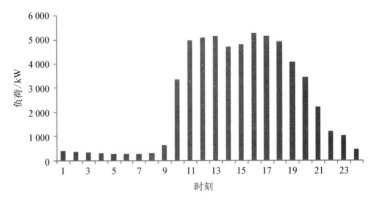

图 2-10　夏季典型设计日逐时空调冷负荷

过渡季节典型设计日的逐时空调冷负荷如图 2-11 所示。该办公建筑在过渡季节中最大空调冷负荷为夏季最大负荷的 1/3 左右,出现在午后到傍晚,从 21:00 开始逐渐减小,凌晨几乎没有冷负荷。

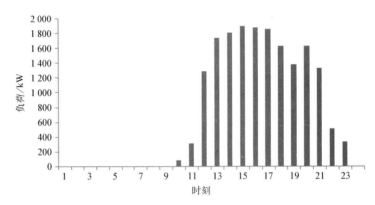

图 2-11　过渡季典型设计日逐时空调冷负荷

将各个月份典型设计日的逐时空调负荷汇总于图 2-12 中,可以看出空调冷负荷最大值出现在 7 月和 8 月,负荷峰值出现在 7 月。而过渡季节空调冷负荷相对较低,且集中在白天工作时段,5 月和 10 月的冷负荷低于 6 月和 9 月,负荷逐时变化规律基本相同,主要集中在白天上班时间段内。

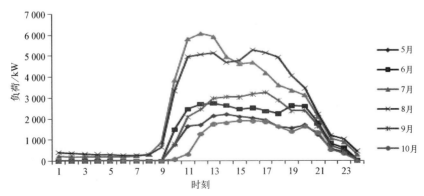

图 2-12　供冷季节各月份典型设计日逐时冷负荷

该规律同样可以从图 2-13 供冷季节逐月冷负荷合计中得到,可以看出空调冷负荷最大值出现在 7 月,8 月稍低于 7 月,但也属于炎热的夏季,冷负荷也很大。过渡季节的冷负荷明显小于夏季。

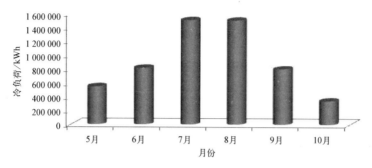

图 2-13　供冷季节逐月冷负荷合计

冬季典型设计日的逐时空调热负荷如图 2-14 所示,该办公建筑冬季最大空调热负荷出现在正午 11:00,在 15:00 达到白天的谷值,这是由于下午气温升高,以及人员在室率的增大。

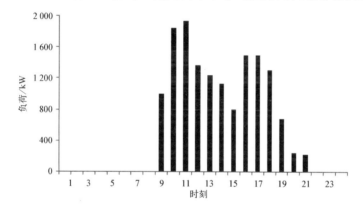

图 2-14　冬季典型设计日逐时空调热负荷

将各个月份典型设计日的逐时空调热负荷汇总于图 2-15 中,可以看出空调热负荷最大值出现在 2 月,也是上海最寒冷的月份。而过渡季节空调热负荷几乎没有,12 月和 1 月的冷负荷较也较大,负荷逐时变化规律基本相同。同样的规律也可以从图 2-16 中看出,1 月累计热负荷最大,12 月、2 月和 3 月也有数量可观的热负荷,而 11 月和 4 月几乎已没有空调热负荷。

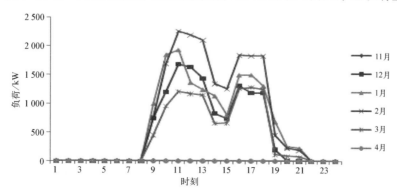

图 2-15　供热季节各月份典型设计日逐时热负荷

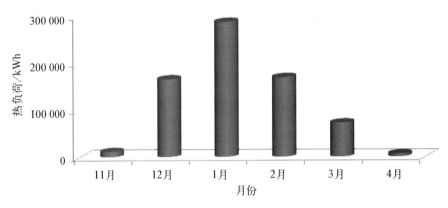

图 2-16　供热季节逐月热负荷合计

2.4.2　分摊比例法计算负荷结果

根据 2.3.3 节所述的逐时能源负荷分摊比例法,计算该办公建筑全年逐时冷热电负荷。虽然目前国内基础能耗数据不完善,但该建筑功能单一,为典型的办公建筑,能耗指标参考同地区某大厦办公区域能源消费统计数据。参考建筑办公区域的各月能源消费情况见表 2-19,小时能源消费分摊比例见表 2-20。

表 2-19　参考建筑办公区域各月能源消费统计　　　　　（单位：MJ/m²）

月份	电力	供冷	供热	热水
1	36.34	0.00	10.79	15.26
2	33.33	0.00	12.19	18.50
3	35.47	0.00	5.78	8.44
4	42.84	19.26	0.96	18.38
5	42.72	23.63	0.00	11.55
6	54.46	45.12	0.00	11.91
7	59.39	55.80	0.00	8.68
8	61.63	62.05	0.00	9.11
9	55.61	37.43	0.00	9.00
10	46.69	37.64	0.00	8.81
11	46.66	18.65	6.50	15.22
12	41.43	0.00	6.66	16.18
总计	556.56	299.58	42.88	151.04

表 2-20　参考建筑办公区域小时能源消费分摊比例

时刻	冬季(12月至3月)				夏季(6月至9月)				过渡季节(4,5,10,11月)			
	冷	热	热水	电	冷	热	热水	电	冷	热	热水	电
1	0	0	0	0.76	0	0	0	0.73	0	0	0	0.78
2	0	0	0	0.69	0	0	0	0.69	0	0	0	0.71
3	0	0	0	0.69	0	0	0	0.69	0	0	0	0.76
4	0	0	0	0.67	0	0	0	0.69	0	0	0	0.71
5	0	0	0	0.69	0	0	0	0.69	0	0	5.21	0.73
6	0	0	1.97	0.94	0	0	3.79	0.88	0	0	0.26	0.95
7	0	0.3	0.33	1.7	1.79	0	4.55	1.86	0.4	0	3.91	1.78
8	0	16.99	1.64	5.67	9.57	0	6.06	5.61	11.78	14.76	5.21	5.48
9	0	12.29	6.57	7.4	9.17	0	4.55	7.32	13.37	13.65	4.43	7.31
10	0	8.09	5.75	7.57	8.97	0	11.36	7.64	11.19	7.48	11.98	7.62
11	0	10.29	14.78	7.64	9.27	0	13.64	7.66	11.88	8.39	10.68	7.72
12	0	10.49	12.48	7.57	9.37	0	15.13	7.71	10.4	12.44	19.78	7.7
13	0	10.29	27.09	7.65	9.37	0	11.36	7.78	11.68	13.04	5.47	7.8
14	0	8.39	8.7	7.65	8.97	0	7.58	7.82	11.78	12.84	6.51	7.89
15	0	8.19	4.43	7.62	10.69	0	4.55	7.75	11.19	12.54	5.47	7.84
16	0	9.09	4.27	7.62	8.97	0	6.06	7.68	3.85	3.44	5.99	7.8
17	0	5.59	4.27	6.61	9.27	0	3.79	6.63	1.68	1.42	5.47	6.6
18	0	0	3.78	5.43	3.89	0	4.55	5.5	0.5	0	5.73	5.21
19	0	0	3.94	4.71	0.4	0	3.03	4.81	0	0	2.6	4.58
20	0	0	0	3.82	0.4	0	0	3.52	0.3	0	1.3	3.56
21	0	0	0	2.98	0	0	0	2.65	0	0	0	2.68
22	0	0	0	2.07	0	0	0	1.88	0	0	0	1.92
23	0	0	0	1.01	0	0	0	0.99	0	0	0	1.02
24	0	0	0	0.84	0	0	0	0.82	0	0	0	0.85

由表 2-19 可知,参考的办公建筑全年逐月电负荷和热水能耗较为平均和稳定,电耗的峰值出现在 8 月,属于全年最炎热的夏季,指标值为 61.63 MJ/m²,最小值为 33.33 MJ/m²,出现在 2 月;热水能耗随着季节变化明显,最大值出现在 2 月,为 18.5 MJ/m²,其他冬季月份的热水能耗也相对较大,7 月、8 月、9 月和 10 月的热水用量为全年低值。此外,冷热能耗高峰指标值分别为 62.05 MJ/m² 和 12.19 MJ/m²,逐月变化规律符合办公建筑的特性,季节、假期和用户使用情况等因素都会对其产生影响。

按照每个月的具体天数(2 月以 28 天计)将参考建筑的逐月指标换算成逐日指标值,并利用表 2-20 中分摊比例数据折算出研究对象建筑的全年逐时冷、热、电负荷。利用逐时负荷分摊比例法计算出目标建筑全年 8 760 h 的逐时冷、热、电以及热水负荷,将负荷值降序排列,负荷特性可见图 2-17。

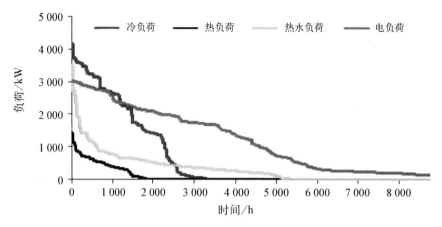

图 2-17 分摊比例法计算全年逐时负荷结果

图 2-18 所示为典型设计日 24 h 内的逐时冷负荷,从图中可以看出,冷负荷最高的三个月是 6 月、7 月和 8 月,三条曲线变化规律相似,8 月为全年冷负荷最高的月份,上海地区的冷负荷需求时间较长,从 4 月到 10 月都有相当数量的冷负荷需求。另外,根据办公建筑的特性,供冷季节的每日负荷开始时间为 7:00,全天负荷稳定,峰值出现在 15:00,并从 17:00 开始,随着办公人员下班,人数递减,负荷降低至谷值。

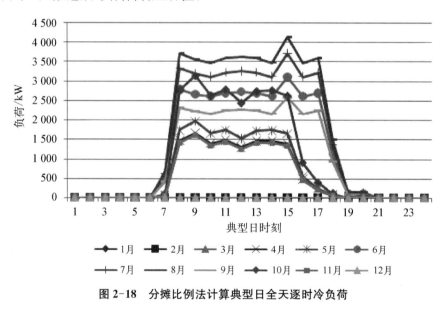

图 2-18 分摊比例法计算典型日全天逐时冷负荷

图 2-19 所示为典型设计日 24 h 内的逐时热负荷,从图中可以看出,热负荷最高的时间是冬季的 12 月、1 月和 2 月,三条曲线变化规律相似,2 月为全年热负荷最高的月份,上海冬季较为寒冷,从 11 月到 3 月都有相当数量的热负荷需求。另外,供热季节的每日热负荷开始时间为 7:00,并在 8:00 达到峰值,正午过后热负荷逐渐下降,直到 18:00,办公人员工作结束,人数递减,负荷降至谷值。

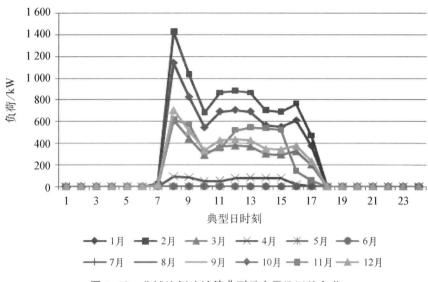

图 2-19　分摊比例法计算典型日全天逐时热负荷

图 2-20 所示为典型设计日 24 h 内的逐时热水负荷,热水负荷最高的时间是冬季的 12 月、1 月和 2 月,但全年各个月份的日变化趋势并未表现出很强的规律性,但各月典型设计日热水负荷峰值都出现在 11:00 至 14:00,该时段也是办公人员的中午休息时间和餐饮时间,热水负荷相应较大。

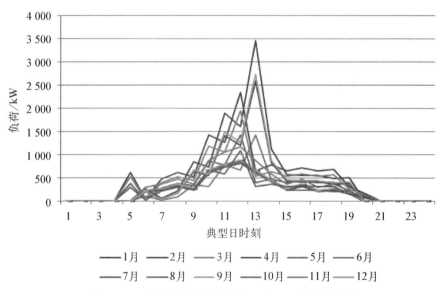

图 2-20　分摊比例法计算典型日全天逐时热水负荷

图 2-21 所示为典型设计日 24 小时内的逐时电负荷,由于研究对象功能性单一,电负荷在全年都表现出极强的规律性:夏季用电量大于过渡季节用电量,而冬季的用电量相对较低,这是由于夏季的空调系统电耗较大,包括风机、水泵等辅助设备用电,而过渡季节仅维持建筑物的基本功能需要,如照明系统和动力系统,用电量较为平稳。对于全天用电变化规律,白天从

7:00 开始,电负荷逐渐增加,从 9:00 至 16:00 的工作时段,电负荷非常平稳无波动,全年峰值约为 3 000 kW,谷值约为 1 600 kW。而从下班时段到夜间,电负荷逐渐降低全维持系统运行的基础值,这一规律符合办公建筑的功能特点。

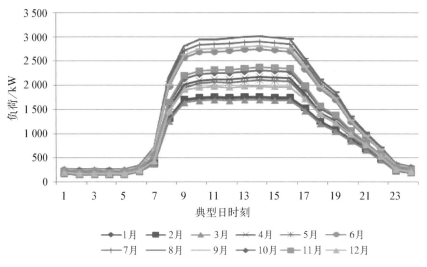

图 2-21 分摊比例法计算典型日全天逐时电负荷

2.4.3 不同动态负荷计算方法比较

本节主要讨论计算机软件模拟、分摊比例法获得的负荷与实测数据的误差。该实测系统主要用于建筑设施能耗的计量、数据分析、数据统计、节能分析以及节能指标管理。

实测系统由计量表具、数据采集及转换装置(网关)、数据传输网络、数据中转站、数据服务器、管理软件组成。系统基于互联网技术,采用 BS 软件构架。

实测系统以 15 min/次的频率采集智能电表有功电量,具备能耗数据实时采集和通信、远程传输、自动分类统计、数据分析、指标对比、图表显示、报表管理、数据储存、数据上传等功能。

研究对象自 2012 年 5 月起进行能耗实时监测,本机选取各月典型日全天 24 h 的逐时电耗作为比较对象,实时电耗值为该办公建筑四个低压变压器记录数据之和。以 1 月 15 日 321♯ 变压器实测数据为例,电流、电压、有效功率和用电量如表 2-21 所示。

表 2-21 变压器 1 月 15 日实测数据

时刻	电流/A			电压/kV			有效功率/kW	电度/kWh	用电量/kWh
	A 相	B 相	C 相	AB 相	BC 相	CA 相			
01:00	189.6	198.6	168.6	231.0	231.5	231.4	124.2	3 141 037.5	120.8
02:00	139.2	131.4	104.4	231.7	231.9	231.8	83.4	3 141 137.5	100.0
03:00	144.0	147.6	117.6	232.9	232.9	232.8	92.6	3 141 225.5	88.0
04:00	147.0	157.8	109.8	232.6	232.9	232.8	93.8	3 141 313.5	88.3
05:00	150.0	157.2	125.4	232.2	232.5	232.5	97.5	3 141 407.5	93.8
06:00	132.0	133.2	97.2	231.0	231.0	231.3	81.0	3 141 499.5	91.5

（续表）

时刻	电流/A			电压/kV			有效功率/kW	电度/kWh	用电量/kWh
	A 相	B 相	C 相	AB 相	BC 相	CA 相			
07:00	205.2	187.8	169.8	228.0	228.3	228.3	121.8	3 141 583.5	84.8
08:00	492.6	493.8	483.6	227.5	227.7	227.7	318.7	3 141 867.5	283.5
09:00	540.0	544.8	532.8	231.0	231.2	231.6	351.7	3 142 216.5	349.0
10:00	702.6	696.6	679.8	230.9	231.1	231.7	454.6	3 142 639.3	423.0
11:00	640.2	636.0	606.0	230.2	230.5	231.0	410.8	3 143 070.5	431.3
12:00	615.0	612.6	592.8	230.9	231.4	231.7	401.2	3 143 470.3	399.8
13:00	565.2	556.2	558.6	231.5	231.7	232.1	371.1	3 143 859.8	389.5
14:00	560.4	558.0	532.8	232.6	232.7	233.1	362.8	3 144 241.3	381.5
15:00	559.8	556.8	538.8	233.2	233.7	233.9	365.3	3 144 614.3	373.0
16:00	536.4	542.4	522.6	234.5	234.8	235.1	354.5	3 144 972.5	358.3
17:00	517.2	513.6	488.4	234.0	234.2	234.6	336.7	3 145 321.3	348.8
18:00	512.4	510.0	493.2	233.2	233.3	233.6	334.0	3 145 666.0	344.8
19:00	364.8	367.8	340.2	235.5	235.5	235.8	242.9	3 145 905.5	239.5
20:00	210.6	199.8	178.8	235.8	235.6	236.3	130.4	3 146 083.0	177.5
21:00	231.0	228.0	198.6	231.0	231.1	231.7	144.5	3 146 242.3	159.3
22:00	202.8	198.0	174.0	232.7	233.1	233.4	127.3	3 146 388.8	146.5
23:00	210.6	211.8	184.2	233.4	233.4	233.7	136.0	3 146 519.8	131.0
24:00	230.4	237.6	211.8	230.6	230.9	230.8	150.3	3 146 662.5	142.8
总用电量									5 745.8

经过计算，各月典型设计日逐时实测电耗如表 2-22 所示。

表 2-22　各月典型设计日逐时实测电耗数据　　　　（单位：kW）

时刻	5 月	6 月	7 月	8 月	9 月	10 月	11 月	12 月	1 月
01:00	264.6	420.0	452.1	517.8	310.6	294.3	448.5	396.3	500.1
02:00	270.4	395.3	457.0	501.3	330.1	290.5	451.5	403.8	462.0
03:00	265.3	370.8	441.3	475.3	313.8	289.3	379.5	371.5	448.3
04:00	256.6	356.6	439.0	441.0	311.4	283.8	350.5	368.3	447.7
05:00	235.5	335.0	372.9	398.9	272.6	265.8	337.5	333.5	445.3
06:00	235.0	360.9	382.7	435.8	282.5	272.0	341.3	340.3	491.6
07:00	231.3	414.3	481.0	524.2	328.7	279.8	339.5	388.8	537.9
08:00	278.0	567.1	728.5	782.8	390.8	506.5	394.0	589.3	1 065.5
09:00	413.6	1 264.2	1 455.5	1 936.3	774.4	538.8	877.8	1 624.3	1 553.3

(续表)

时刻	5月	6月	7月	8月	9月	10月	11月	12月	1月
10:00	507.4	1 565.8	1 784.5	2 630.1	987.0	804.0	1 061.0	1 959.6	1 869.8
11:00	549.3	1 517.1	1 878.9	2 608.1	1 104.9	833.3	1 033.5	1 932.1	1 972.6
12:00	427.4	1 601.1	1 832.3	2 449.2	1 139.0	888.5	944.5	1 799.6	1 794.1
13:00	418.3	1 605.8	1 787.5	2 415.4	1 089.9	911.5	967.8	1 797.8	1 800.0
14:00	454.1	1 587.4	1 750.0	2 355.1	1 087.5	971.0	931.0	1 819.8	1 736.3
15:00	563.4	1 541.5	1 793.9	2 389.3	1 116.1	937.0	1 002.3	1 822.8	1 713.1
16:00	736.6	1 497.3	1 785.3	2 198.0	1 104.2	937.0	1 072.3	1 816.0	1 718.1
17:00	794.5	1 446.5	1 755.8	1 889.3	1 128.4	942.5	1 204.3	1 933.8	1 815.6
18:00	735.9	1 347.8	1 579.6	1 806.8	1 060.6	852.8	1 103.3	1 755.3	1 695.8
19:00	665.6	1 045.3	1 283.0	1 407.8	866.1	727.3	903.3	1 317.0	1 333.1
20:00	588.3	853.0	1 060.3	1 214.0	699.5	606.3	747.0	1 120.8	1 038.6
21:00	545.0	790.1	968.0	1 140.3	625.1	531.8	696.3	1 053.5	922.9
22:00	508.1	739.4	932.3	1 121.5	582.8	485.8	639.5	1 015.8	874.1
23:00	415.9	642.4	767.1	948.0	501.6	449.3	588.8	938.8	820.1
24:00	402.3	558.9	643.6	836.3	435.3	428.8	560.3	878.6	824.6

将软件模拟与分摊比例法所计算出的冷热负荷值折算成电负荷,并将结果与实测电耗进行比较。选取夏季典型设计日、冬季典型设计日以及过渡季节典型设计日的 24 小时数据为例,如图 2-22、图 2-23 和图 2-24 所示。

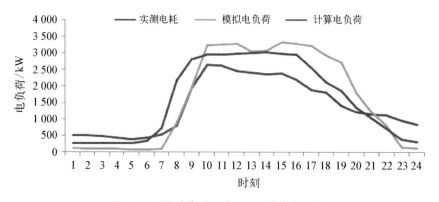

图 2-22 夏季典型设计日逐时电负荷比较

从图 2-22 夏季典型设计日逐时电负荷比较可以看出,实测电耗、软件模拟电负荷和分摊比例法计算电负荷逐时变化规律相近,夜间用电较低且平稳,从 7:00 用电量开始增加,预测结果日间负荷较为平均,实测电耗在 10:00 达到峰值后逐渐降低。实测电耗、软件模拟电负荷和分摊比例法计算电负荷的峰值分别为 2 630.05 kW、3 333.51 kW 和 3 010.12 kW,峰值出现的时间分别为 10:00,15:00 和 14:00。其中,模拟电负荷中,由于模拟软件时间日程表的设置,夜间无用电量,与实测电耗有一定差异。

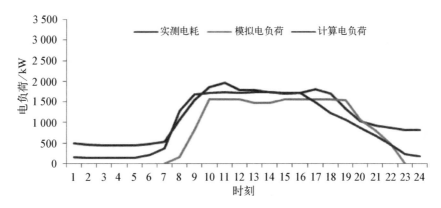

图 2-23　冬季典型设计日逐时电负荷比较

从图 2-23 冬季典型设计日逐时电负荷比较可以看出,实测电耗、软件模拟电负荷和分摊比例法计算电负荷逐时变化规律与夏季类似,全天呈相近的趋势,实测电耗与分摊比例法计算电负荷在日间吻合度较高,考虑到加班时间,实测电耗在 20:00 至 24:00 仍保有一定的电量,24:00 后用电较低且平稳。实测电耗、软件模拟电负荷和分摊比例法计算电负荷的峰值分别为 1 972.6 kW,2 173.52 kW 和 1 736.1 kW,峰值出现的时间分别为 11:00,10:00 和 13:00。软件模拟结果仍出现夜间负荷为零的情况,运行时间表需要进一步调整。

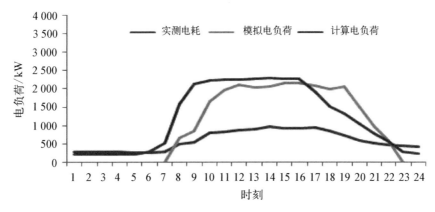

图 2-24　过渡季典型设计日逐时电负荷比较

从图 2-24 过渡季节典型设计日逐时电负荷比较可以看出,实测电耗、软件模拟电负荷和分摊比例法计算电负荷逐时变化规律差异明显,实测电耗约为预测电负荷的一半左右,白天并未有明显的用电量增加,趋势平稳,而两种电负荷计算结果类似。考虑到由于数据不足,实际建筑中过渡季节加入了预测的光伏发电量,实测电耗与预测负荷出现了较大的差距。

根据调研,上海市 21 栋办公建筑的年电耗量指标平均值为 123.08 kWh/m²,实测电耗全年单位面积指标值为 137.41 kWh/m²,从表 2-23 可以看出,软件模拟方法和分摊比例法对全年单位面积电耗指标的预测分别与实测数据相差 -22.65% 和 12.51%。由此可知,分摊比例法从各个季节典型设计日的逐时电负荷预测和全年的电耗指标预测都与实际情况相近,而软件模拟法由于对建筑每天实际使用情况的预测准确性不足,工况设置简单,软件对运行时间表的设置与实际情况有所差别等原因,在电负荷的预测上有一定偏差。

表 2-23　年电耗量负荷指标值比较

指标	单位	实测电耗	调研电耗	软件模拟法	分摊比例法
年电负荷指标	kWh/m²	137.41	123.08	106.28	154.6
相差百分比	%	—	−10.43	−22.65	12.51

图 2-25 所示为实测电耗与分摊比例法预测电负荷逐月比较,从图中可以看出,全年逐月电负荷的预测中,分摊比例法计算结果在冬季和过渡季与实测数值是相当吻合的,但在夏季 6 月至 9 月,分摊比例法计算电负荷相对偏高,这是因为分摊比例法假设该月全部日期为建筑运行日,并未考虑到双休日与节假日建筑使用率低的情况,尤其在炎热的夏季,人员数量和使用时间的变化对总用电量有相当大的影响,但总体上,综合考虑到分摊比例法对建筑物电负荷预测的优势,在分布式能源系统负荷预测中用分摊比例法计算电负荷是可行的。

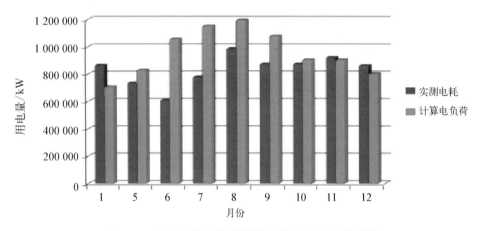

图 2-25　实测电耗与分摊比例法预测电负荷逐月比较

2.4.4　动态负荷计算方法的使用建议

软件模拟法是以各种能耗模拟软件为平台进行各项负荷预测的,因此,模拟结果是否准确,首先取决于计算原理。各个软件使用的计算核心不同,围护结构传热和空间传热的计算方法不尽相同,在建模过程中对模型的简化程度也略有差异,使得使用不同软件对同一建筑进行负荷模拟时结果存在差异。另外,负荷模拟的准确性更多地取决于建模者对相关专业知识的掌握程度、对建筑能耗模拟的理解程度以及建立模型的方法与经验。

除此之外,在采用现有的建筑能耗模拟软件对建筑及其系统的实际运行能耗进行模拟时,一项非常重要的工作是用实际的建筑资料和历史能耗数据对计算机模型进行校验,没有经过校验的计算机模拟是无法对建筑能耗进行准确预测的,也就无法在该计算机模型上进行进一步的研究工作。虽然建筑能耗模拟需要详细的设计图纸和土建资料,建模周期时间长且过程相对复杂,使用不便,但是建筑负荷的软件模拟法仍是被设计人员、工程师、研究人员所认可的最重要的负荷模拟的方式,建筑能耗模拟的范围也越来越广泛,随着计算方法的不断优化,能耗模拟的准确度也会越来越高,效率也会随之增加。

分摊比例法相对于软件模拟法的最大优势是简化了负荷模拟的步骤,计算简单、周期短。

同时分摊比例法可以在建筑规划和设计初期建筑的详细资料还未完成时使用。此外,根据分摊比例法模拟的结果与实测数据的比较,分摊比例法在动态电负荷的预测上具有一定的准确性,且可以计算热水的动态负荷,这也是相比软件模拟的另一优势。

但分摊比例法的基本原理是统计模型的预测方法,该方法需要大量的建筑逐时负荷数据作为基础,而审计部门一般是统计能耗总量,很难获得逐时的动态数据。此外,不同建筑的使用功能并不完全相同,而在分摊比例法中需要的是某类型建筑的负荷预测,这也就对数据的代表性提出了要求。因此,将分摊比例法应用于建筑分布式能源系统规划阶段负荷预测的前提是做好建筑能耗审计工作,积累足够的能耗数据作为分析预测模型的基础。在对冷热负荷的预测上,分摊比例法并未考虑个体建筑结构(如层高)和功能性(如不同形式的办公室)的特殊性和复杂性,准确度不及软件模拟法。

综上分析,对于新建建筑,软件模拟法和分摊比例法均可在设计初期使用,分摊比例法更为简单快捷,且可以预测动态的电负荷和热水负荷。对于既有建筑,建议使用软件模拟法进行能耗预测,可以较为准确地计算建筑的冷热负荷,同时可以结合分摊比例法进行电负荷和热水负荷的动态预测。总之,在对建筑的各项负荷进行计算时,软件模拟法和分摊比例法各有优缺点,应按需使用。

第3章 系统形式与设备

3.1 概述

到目前为止,按节能水平和技术先进性,建筑分布式能源系统的发展大致可以分为三代:第一代,是传统的热电联产,即热电厂模式。煤或天然气等单一燃料输入,热和电输出,单一中心能源站,发电机规模一般在 300 MW 以下,电力上网,蒸汽或高温水输送,输送半径 10～20 km,系统"靠近用户"。第二代,是楼宇或区域的冷热电三联供模式。清洁燃料天然气输入,冷、热、电等多种形式能源输出,单一中心能源站,发电机规模一般在 50 MW 以下,电力并网或上网,热水和冷水输送,由于供冷需要,输送半径一般须控制在 1 km,系统"接近用户"。第三代,是深度集成的分布式能源系统。多种能源复合供能,可再生能源和清洁能源发电,冷、热、电等多种形式能源输出,充分利用高、中、低不同温段的热量,使能源的梯级利用程度大幅提升。

因此,建筑分布式能源系统因一次能源或系统配置的不同,有多种类型,主要有燃气热电联产或冷热电联供、含可再生能源(风能、太阳能、生物质能等)的热电联产或冷热电联供、燃料电池分布式能源系统等。本章主要论述建筑分布式能源系统的分类和典型流程,着重介绍燃气轮机、燃气内燃机、余热锅炉和吸收式制冷机等设备。

3.2 系统简介

3.2.1 系统分类

建筑分布式能源可以采用多种供能技术,根据其发电与供能原理,大致可以分为两大类型:第一类是包括光伏发电、生物能发电、小型风力和水力发电等在内的小规模可再生能源技术;第二类是以内燃机、燃气轮机、微燃机、斯特林机、燃料电池等为原动机的热电联产或冷热电三联供技术。上述两类技术从"开源"和"节流"两个角度形成了分布式能源的技术支撑,彼此既相互独立,又优势互补。

在"节能优先"的宏观能源战略导引下,综合考虑供能可靠性等因素,可实现能源梯级利用的冷热电联供技术是当前国内外天然气分布式能源应用的主要形式。分布式能源系统是基于能源的综合梯级利用原则进行系统集成优化整合,综合考虑输入系统的能量合理利用和整体系统的能量合理安排与流程优化组合,以同时实现冷、热、电等多功能目标联供。图 3-1 为建筑分布式能源系统原理示意图。

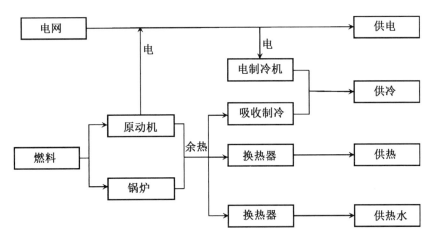

图 3-1　建筑分布式能源系统原理示意图

分布式能源系统的种类繁多,相应的分类方法也有很多,例如:

按能源利用形式分类,有化石能源、可再生能源以及这两种能源有机结合的分布式能源系统等。

按动力系统类型分类,有燃气轮机、内燃机、燃料电池分布式能源系统等。

按系统规模分类,有楼宇型、区域型和产业型分布式能源系统等。

分布式能源系统可同时输出电和多种不同温度的冷量与热量,这些输出可简单地归结为电、热、冷三种。相应地整个分布式能源系统可大致划分为三个子系统:动力子系统、供热子系统和制冷子系统。在系统的各项输出中,电的品位明显高于冷和热。动力子系统通常处于分布式能源系统的上游,其排放的热量被下游其他子系统进行回收和梯级利用。

虽然可以根据不同的方式对分布式能源系统进行分类,但由于分布式能源系统所采用的动力子系统对整个系统性能具有举足轻重的影响,故通常按动力子系统类型进行分类。

(1) 燃气轮机分布式能源系统。目前,燃气轮机的排烟温度在 $450 \sim 650 ℃$,按中温段和低温段热量利用形式的不同,该类系统又可分为两种:燃气轮机(简单循环、回热循环、注蒸汽循环等)分布式能源系统和燃气-蒸汽联合循环分布式能源系统。不过,由于建筑用户所需的冷水温度通常与环境温度比较接近,远距离输送冷水比较困难。因此,大规模的燃气轮机分布式能源系统应用较少,主要还是小型燃气轮机分布式能源系统。燃气轮机的功率范围从几千瓦到几十兆瓦,可应用于各种容量规模的分布式能源系统。不过,通常 20 MW 以下容量的机组在分布式能源系统领域使用得较为广泛。

(2) 内燃机分布式能源系统。内燃机的排烟温度在 $400 \sim 550 ℃$,它的发电效率略高于燃气轮机。但由于排烟温度较低,由它驱动的分布式能源系统对尾部热量的利用不及燃气轮机系统,使得内燃机分布式能源系统的功输出较多,而冷、热输出较少。内燃机的功率范围比较宽,从几百瓦到几千千瓦。但是,大型内燃机体积庞大,振动、噪声也较大,与其他热机竞争时处于劣势,应用较少,得到应用的主要为中小型内燃机组。

(3) 斯特林(Stirling)机分布式能源系统。这种形式的分布式能源系统的布置与以内燃机为动力子系统的分布式能源系统类似。斯特林机的排烟温度比内燃机更高,便于排烟的回收利用。但它的冷却水温度较内燃机的缸套水低,并且冷却水带走的热量在全部输入能量中所占的份额较大。目前,斯特林机技术在我国发展不够成熟,该分布式能源系统仍有待深入研究。

(4) 燃料电池分布式能源系统。电在分布式能源系统中得到应用的主要是高温燃料电池。高温燃料电池的循环工作温度较高,输出电的同时尾部排烟温度可以达到600~1 000℃。目前高温燃料电池的发电效率已比传统热机高,它在未来的分布式能源领域具有广阔的发展空间。

目前,上述几种动力系统都已得到应用或正在被研究和关注,其中燃气轮机和内燃机已得到广泛应用。

3.2.2 典型流程

由于原动机形式的不同,其排热也具有不同的形式和温度,如微燃机以排烟余热为主,而内燃机有排烟和热水两种形式。热利用的一个重要原则就是热量的"物尽其用"和梯级利用,因此应根据不同的温度水平采用相应的利用方式。

根据能量的梯级利用原则,在余热的利用方面一般采用如下方式:温度在150℃以上的余热可用于驱动双效吸收式制冷机制冷,或者通过余热锅炉生产蒸汽,蒸汽驱动汽轮机组发电(燃气-蒸汽联合循环),然后再利用汽轮机的抽汽供热;温度在80℃以上的余热可作为单效吸收式制冷机的驱动能源;温度在60℃以上的余热可直接用于供热(采暖或生活热水),或作为除湿机的驱动能源;60℃以下的余热可利用热泵技术回收后用于供热,如采用热泵技术将天然气烟气冷凝热回收供热。

下面对不同原动机组成的分布式能源系统典型形式作简单介绍。

1. 燃气轮机分布式能源系统流程

燃气轮机是以机器内部燃料燃烧释放出的热量直接加热空气,形成的高温、高压燃气进入涡轮膨胀做功,从而将热能转换成机械功的一种热力机械。燃气轮机发电后的余热只有排烟一种形式,排烟温度在250~550℃之间,氧的体积分数为14%~18%。因而其余热利用系统较简单,根据余热回收装置的不同,燃气轮机构成的分布式能源系统可分为蒸汽型、热水型、烟气型和燃气蒸汽联合型等多种。

在蒸汽型分布式能源系统中,通过余热锅炉回收透平排烟的余热,用以产生蒸汽。夏季可利用蒸汽驱动蒸汽型溴化锂吸收式机组制冷;冬季,蒸汽可直接供热或驱动吸收式热泵,进一步提高分布式能源系统的节能效益。此时,余热锅炉出口排烟温度通常在170℃以上。燃气轮机分布式能源系统一般使用天然气作燃料,而天然气作为一种含硫量极低的清洁燃料,价格相对较高,因此无论是从能源利用角度,还是从经济性角度出发,将170℃的烟气直接排向外界环境会造成很大浪费。故通常还在系统尾部多布置一级换热器,以进一步回收烟气余热,用于生产高温热水。这相当于余热锅炉被布置成两级,第一级用于产生蒸汽,第二级用于产生高温热水。冬季热水可用于供暖或者提供生活热水,夏季则可用于提供生活热水或驱动吸收式除湿设备、驱动单效吸收式制冷机组。为了提高系统的负荷应变能力,还可在余热锅炉上增加补燃设备,在动力部分停运或其余热不能满足供热、制冷所需负荷时,补燃可提供额外热源。虽然以水为工作介质的余热锅炉系统需要给水净化处理和水回收利用设备,投资成本相对较大,但以蒸汽作热媒,系统实现相对容易,蓄热也比较方便。因此,目前这种形式应用比较广泛。图3-2为蒸汽型燃气轮机分布式能源系统流程图。

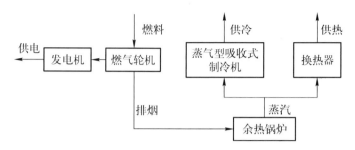

图 3-2　蒸汽型燃气轮机分布式能源系统流程图

热水型燃气轮机分布式能源系统流程见图 3-3。燃气轮机的高温排烟进入排烟换热器产生热水,热水驱动吸收式制冷机用于供冷,进入热水换热器用于供热。还可以将热水引入储热水槽制成生活热水,或者供溶液除湿新风处理机处理新风,亦可在系统中添加热水锅炉弥补产热不足和调节热负荷。

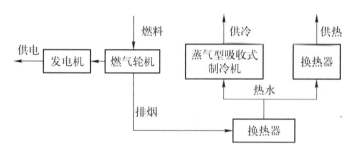

图 3-3　热水型燃气轮机分布式能源系统流程图

烟气型分布式能源系统与蒸汽型分布式能源系统不同之处在于,排烟中的余热是直接通过烟气型溴化锂吸收式机组回收利用的,没有余热锅炉这一中间环节。由于不需要配备余热锅炉及相关辅助系统,烟气型分布式能源系统的布置相对简单,而且溴化锂机组可以同时提供冷、热负荷,或在不同时段分别提供这两种负荷以满足用户需要。当燃气轮机停止运行或供热、制冷子系统所需热量不够时,可通过向溴化锂机组补燃来提供额外的驱动热量。受溴化锂机组高压发生器工作状态的限制,溴化锂机组出口烟气温度一般不低于170℃。与蒸汽型分布式能源系统类似,可考虑在溴化锂机组后面增加一级换热器,但系统的成本也将增加。设计工况时,烟气型分布式能源系统与蒸汽型分布式能源系统的性能基本相同,变工况时系统性能稍有差异。烟气型分布式能源系统的余热利用相对困难一些。而且,冬季采用溴化锂机组供暖会影响其使用寿命。图 3-4 为烟气型燃气轮机分布式能源系统流程图。

图 3-4　烟气型燃气轮机分布式能源系统流程图

在区域或大规模建筑群的燃气轮机分布式能源系统中,燃气轮机的容量较大,因此可以采用更高效的系统形式。为了进一步提高系统的发电效率,可以采用燃气-蒸汽联合循环的形式,系统流程见图3-5。燃气轮机的排烟进入余热锅炉产生蒸汽,再将蒸汽引入汽轮机中发电,汽轮机的抽汽再用于供热或通过吸收式制冷机供冷。另外,为了冷热负荷的调峰也可在系统中添置蒸汽锅炉。

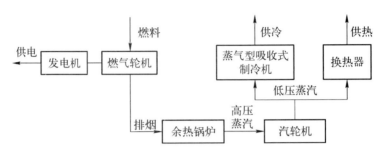

图3-5 燃气-蒸汽联合型燃气轮机分布式能源系统流程图

图3-6为一种燃气轮机分布式能源系统实际流程图。燃气轮机驱动发电机供电,排烟进入蒸汽型余热锅炉,以蒸汽形式回收燃烧废气的热量。蒸汽夏季用于驱动吸收式制冷机制冷,冬季通过换热器产生热水供暖。余热锅炉加入燃气补燃,补充余热的不足。

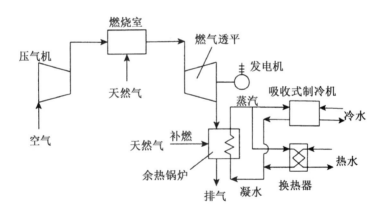

图3-6 一种燃气轮机分布式能源系统实际流程图

2. 内燃机分布式能源系统流程

当分布式能源系统的动力子系统采用内燃机时,燃料先在内燃机的气缸中燃烧产生高温、高压气体,气体膨胀对外输出的动力被转换成电。此外,燃机排出350~450℃的烟气余热用于供热或制冷。相对于燃气轮机,内燃机的排烟温度较低,受节点温差限制,不适于生产蒸汽。因此,内燃机主要与烟气型吸收式机组配套使用。采用烟气型机组时,为了改善制冷系统的性能并增强分布式能源系统的负荷应变能力,通常在烟气型机组中增设补燃设备。为了改善能源利用效果,也可以考虑在烟气型机组的尾部增加一级换热器,回收170℃以下的热量用于生产热水。此外,为了使内燃机可以正常连续工作,需要用缸套水对内燃机的内部部件进行循环冷却。缸套水的出口温度通常不高于90℃,随缸套水排出的余热量占输入燃料能量的30%~40%。这部分余热温度较低,可用于直接供热,也可用于驱动吸收式除湿设备或单效吸收式制冷机组。

烟气型内燃机分布式能源系统流程布置如图 3-7 所示,与用于分布式能源系统的燃气轮机不同,内燃机分布式能源系统的缸套水携带余热比较大,而且这部分热量温度偏低。内燃机排烟温度也比燃气轮机的烟气温度低。另外,相对于燃气轮机,内燃机的发电效率较高,内燃机分布式能源系统的电输出比例较高,冷电比(或热电比)通常为 1.0~1.5。由于双效吸收式制冷系统对驱动热源温度的要求比直接供热高,故内燃机系统侧重于供热。此外,内燃机的燃烧温度较高,氮氧化物排放比燃气轮机多,故多应用于对环保要求不是很高的场合。不过相对于燃气轮机,内燃机的价格比较便宜,发电效率较高,因此应用也比较广泛。

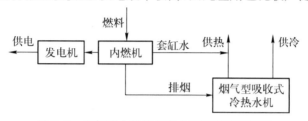

图 3-7　烟气型内燃机分布式能源系统流程图

实际应用时应根据机组功率、用户需求等实际情况合理选择流程。图 3-8 所示为一实际应用的燃气内燃机分布式能源系统流程图。内燃机冷却水通过换热器生产热水,用于提供采暖和生活热水,多余热量通过散热器排放到环境中,以保证内燃机的充分冷却;内燃机排烟进入吸收式冷热水机生产冷、热水,用于夏季空调、冬季采暖和生活热水。

3. 斯特林机分布式能源系统流程

使用斯特林机时,燃料在发动机外部燃烧,产生的热量用于加热一个封闭腔内的气体使其升温升压,这些气体流到封闭腔的另一端冷却收缩后再返回,如此不断地循环往复,从而对外

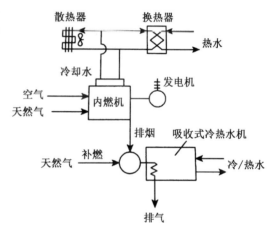

图 3-8　内燃机分布式能源系统实际流程图

输出功。同时,燃烧产物中的余热可回收用于制冷或供热。斯特林机自身正常运行时需要消耗大量的冷却水,冷却水带走的热量可用于供热或除湿。斯特林机分布式能源系统与内燃机分布式能源系统的布置形式有些相似,不同之处在于斯特林机是一种外部加热的闭式循环发动机。与内燃机相比,斯特林机的排烟温度更高,回收利用时更为便利,但它的冷却水温度较内燃机的缸套水低,同时冷却水带走的热量在全部输入能量中所占份额较大。图 3-9 为斯特林机烟气型吸收式分布式能源系统流程图。

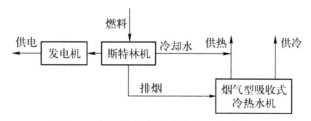

图 3-9　斯特林机分布式能源系统流程图

斯特林机具有热功转换效率较高、污染物排放率较低、噪声低、运转特性好、振动较小、工作可靠和维修费用较少等优点。由于采用外燃方式,斯特林机允许使用不同的热源和燃料,可以使用各种劣质燃料,并且太阳能、生物质等可再生能源也可得到利用。但斯特林机结构比较复杂,制造工艺要求高,加工费用较高,目前仍处于发展阶段,工业化生产尚需时日。

4. 燃料电池分布式能源系统流程

燃料电池是在等温过程中直接将富氢燃料和氧化剂中化学能通过电化学反应方式转化为电能的发电装置。

目前燃料电池的发电效率为40%~60%,有近一半的化学能转换成了热能,这些热能的回收利用可以提高燃料利用率,另外,为了保证电池工作温度的稳定,也必须将这些废热及时排出。燃料电池所产生的余热非常清洁,而且高温燃料电池的余热温度很高,因此可利用价值非常高。一般而言,中低温燃料电池大都在回热系统中将废热直接回收生产热水或蒸汽,而高温燃料电池则可以与其他发电装置如蒸汽涡轮机发电系统组成复合发电循环,以提高发电效率和燃料利用率。回收的余热可用于采暖、制冷、除湿和生产生活热水。以燃料电池为热源的分布式能源系统的基本构成及流程如图3-10所示。

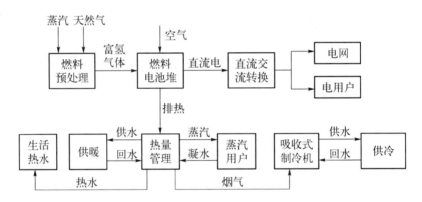

图 3-10　燃料电池分布式能源系统的基本构成及流程图

根据电解质的性质,可将燃料电池划分为碱性燃料电池(Alkaline Fuel Cell,AFC)、磷酸燃料电池(Phosphorous Acid Fuel Cell,PAFC)、固体高分子型燃料电池(Polymer Electrolyte Fuel Cell,PEFC)、熔融碳酸盐燃料电池(Molten Carbonate Fuel Cell,MCFC)、固体氧化物燃料电池(Solid Oxide Fuel Cell,SOFC)、质子交换膜燃料电池(Proton Exchange Membrane Fuel Cell,PEMFC)等种类。当前,在世界燃料电池市场,小型的家用燃料电池系统发展迅速。根据分析,适用于家庭用户的燃料电池只有PEFC和SOFC两类。

(1) PEFC型家用燃料电池

PEFC型家用燃料电池主要由空气供给装置、脱硫器、改质器、燃料电池反应堆、交直流逆变器、热交换器、热水储罐和备用热水器等几大部分组成。燃料通过脱硫器、改质器提取氢并与空气中的氧在反应堆发生化学反应,产生电,并与电网并联,供应家庭电力需求,同时回收余热。PEFC反应温度要求较低,只需100℃左右,但反应过程需要使用铂等昂贵贵金属作催化剂。因此,PEFC型家用燃料电池改质过程必须严格把控,否则生成的一氧化碳会损伤催化剂,导致一氧化碳中毒。PEFC型家用燃料电池发电过程中产生的余热可将200 L的水加热至 60℃,基本满足家庭的热力需求。

（2）SOFC 型家用燃料电池

SOFC 型家用燃料电池是一种新型家用微型热电联产技术,SOFC 型家用燃料电池与 PEFC 型家用燃料电池结构基本相同,但由于采用固体氧化物陶瓷为电解质,反应温度要求高（达 1 000℃）,因此无需使用昂贵的催化剂,成本缩减,且由于不使用催化剂,改质要求降低,使得燃料中的一氧化碳也能参与反应,发电效率提高。但由于反应温度要求高,启动时间也相应加长（130 min）。因此,一直以来,此系统被认为不适合家庭使用。以前对此系统的研究多侧重于 100 kW 及 10 kW 级中大型商用燃料电池热电联产。近年来,经过大量研究,SOFC 型家用燃料电池的启动温度已由原来的 1 000℃降低到 700℃,并成功应用于家庭中。图 3-11 为家用燃料电池分布式能源流程示意图。

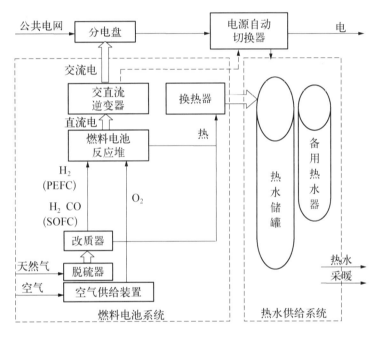

图 3-11　家用燃料电池分布式能源流程示意图

表 3-1 所示为两种家用燃料电池的技术特性。

表 3-1　两种家用燃料电池的技术特性

系统类型	PEFC 型家用燃料电池	SOFC 型家用燃料电池
功率/W	700～1 000	700
发电效率/LHV	37.0%	45.0%
总效率/LHV	87.0%	87.0%
一次能源削减量	约33%	
CO_2 削减率	45.0%	43.0%
燃料	煤油、天然气、液化石油气	液化石油气、城市煤气、甲烷、天然气

(续表)

系统类型	PEFC 型家用燃料电池	SOFC 型家用燃料电池
储水槽容量	200 L/60℃	90 L/75℃
噪声/dB	38	
优点	噪声及振动小,可随时启停	发电效率最高,小型化,可利用燃料种类多
缺点	价格昂贵	反应温度高,启动时间长,不能随时启停
适用家庭	耗电较多	

燃料电池之所以受世人瞩目,是因为它具有其他能量发生装置不可比拟的优越性,主要表现在效率、安全可靠性、良好的环境效益、良好的操作性能、模块化、安装时间短、占地面积小等方面。燃料电池有许多优点,人们对其将成为未来主要能源持肯定态度。但就目前来看,燃料电池仍有很多不足之处,使其尚不能进入大规模的商业化应用。主要表现在市场价格昂贵、维护困难、燃料供应短缺、技术尚未成熟等方面。

3.2.3 主要设备简介

1. 原动机

对于以天然气为主的常规分布式能源系统,其常用的原动机一般有燃气轮机、内燃机等。应用于建筑的燃气轮机一般是小型或微型的。表 3-2 列出了适用于分布式能源系统的常见原动机技术。

表 3-2 几种原动机技术比较

指 标	中小型 燃气轮机	微型 燃气轮机	内燃机	燃料电池
技术状态	商业应用	商用早期	商业应用	研究状态
燃料	气体燃料、油	气体燃料、油	气体燃料、油	氢、天然气、丙烷
规模/MW	0.5~50	0.025~0.25	0.05~5	0.2~2
热回收形式	热水、低压、 高压蒸汽	热水、低压蒸汽	热水、低压蒸汽	热水、低压、 高压蒸汽
输出热量/($MJ \cdot kWh^{-1}$)	3.6~12.7	4.2~15.8	1.1~5.3	0.5~3.9
可用热量温度/℃	260~593	204~343	93~450	60~1 000
发电效率/% (基于燃料低位发热量)	25~45(小型) 40~60(大型)	14~30	25~45	40~70
初装费用/($元 \cdot kW^{-1}$)	5 500~7 500	4 000~20 000	2 000~6 000	>25 000
运行费用/($元 \cdot kWh^{-1}$)	0.02~0.07	0.04~0.15	0.03~0.12	0.02~0.12
启动时间	10 min~1 h	60 s	10 s	3~8 h
燃料压力/kPa(表压)	828~3 448	276~690	6.9~310	3.4~310
NO_x 排放/($kg \cdot MWh^{-1}$)	0.14~0.91	0.18~0.91	0.18~4.5	<0.023
占地面积/($m^2 \cdot kW^{-1}$)	0.002~0.005 7	0.014~0.139	0.020~0.029	0.056~0.372

2. 余热利用设备

常用的供热用途的余热利用设备有水-水换热器以及余热型吸收式制冷机组等。不同的原动机配不同的余热设备。燃气轮机一般配置蒸汽余热锅炉。小型或微型燃气轮机排烟温度一般在 300~500℃。燃气轮机排烟中含氧量较高,余热锅炉可以根据需要设置补燃装置,以提高余热锅炉出口蒸汽的参数,供特殊需求使用。这是燃气轮机余热利用的一个重要特点。内燃机缸套冷却水和润滑油冷却水部分一般配置水-水换热器,而尾部烟气可配置余汽锅炉,也可配置热水器产生高温热水。其中,缸套冷却水和润滑油冷却水可分为两个热水系统,分别产生不同温度的热水。

用于供冷用途的余热利用设备主要有溴化锂吸收式机组,可分为烟气型、蒸汽型、热水型和直燃型。烟气型吸收式制冷机直接用燃气轮机或内燃机排出的烟气制冷,不需要余热锅炉或换热器;蒸汽型和热水型吸收式制冷机是以余热锅炉或水-水换热器产生的蒸汽或热水作为动力制冷,一般蒸汽型吸收式制冷机效率较高,制热能效比为 1.0~1.2。热水型吸收式制冷机效率较低,制热能效比为 0.7~0.9。直燃型机组可直接利用燃气。

3. 储能系统

以天然气等常规能源为燃料的分布式供能系统一般都采用热电联产或冷热电三联供。为了充分利用一次能源,应尽可能将产生的电能和热能同时供出,因此,需求侧的用电和用热平衡至关重要。如果需求侧用电和用热不平衡,也就意味着有一部分能量将浪费。由于分布式供能系统对应的用户对象单一,在同一时段满足电、热需求完全平衡非常困难,增设储能设备可有效地解决这一问题。储能方式有两种,一种是储电(或向电网输电),另一种是储热。

电池储能技术能有效地实现削峰填谷,平滑输出功率,平衡电力负荷,改善电能质量,提高供电可靠性。这在很大程度上解决了分布式能源系统发电过程中出现的波动性和随机性,保证了发电的连续性和稳定性,增加了发电的经济效益和使用价值。

空调蓄冷方式主要分为显热蓄冷和潜热蓄冷两种。其中,显热蓄冷主要是指水蓄冷,水蓄冷的主要形式有分层式、隔膜式、空槽式和迷宫式等;而空调用潜热蓄冷主要有冰蓄冷和其他相变材料蓄冷两种形式。冰蓄冷主要有冰盘式、冰晶式、封装式和完全冻结式等。

以上所述的设备中,原动机布置在主厂房内(或露天),余热利用设备露天布置,其余设备均布置在冷热源站内或附近。

3.3　燃气轮机

3.3.1　工作原理

燃气轮机是一种以连续流动的气体作为工质、把热能转换为机械功的旋转式动力机械。燃气轮机主要包括压气机、燃烧室和燃气透平三大部件,如图 3-12 所示。

压气机从外界大气环境吸入空气,并经过轴流式压气机逐级压缩使之增压,同时空气温度也相应提高;压缩空气被压送到燃烧室与喷入的燃料混合燃烧生成高温、高压的燃气;然后再进入透平中膨胀做功,推动透平带动压气机和外负荷转子一起高速旋转,实现了气体或液体燃料的化学能部分转化为机械功,并输出电功。从透平中排出的废气排至大气自然放热。这样,

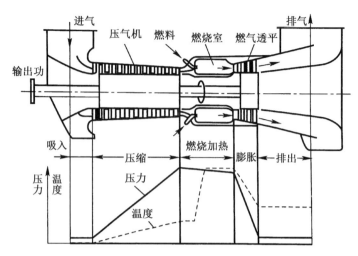

图 3-12 燃气轮机工作原理图

燃气轮机就把燃料的化学能转化为热能，又把部分热能转变成机械能。通常在燃气轮机中，压气机是由燃气透平膨胀做功来带动的，它是透平的负载。

燃气轮机用于发电的原理如下：

（1）简单循环发电：由燃气轮机和发电机独立组成的循环系统，也称为开式循环。其优点是装机快、启停灵活，多用于电网调峰和交通、工业动力系统。

（2）前置循环热电联产或发电：由燃气轮机及发电机与余热锅炉共同组成的循环系统，它将燃气轮机排出的高温烟气通过余热锅炉回收，转换为蒸汽或热水加以利用。主要用于热电联产，也有将余热锅炉的蒸汽回注入燃气轮机提高燃气轮机出力和效率。前置循环热电联产时的总效率一般超过 80%。为提高供热的灵活性，大多前置循环热电联产机组采用余热锅炉补燃技术，补燃时的总效率超过 90%。

（3）联合循环发电或热电联产：燃气轮机及发电机与余热锅炉、汽轮机或供热式汽轮机（抽汽式或背压式）共同组成的循环系统，它将燃气轮机排出的高温烟气通过余热锅炉回收转换为蒸汽，再将蒸汽注入汽轮机发电，或将部分发电做功后的乏汽用于供热。形式有燃气轮机、汽轮机同轴推动一台发电机的单轴联合循环，也有燃气轮机、汽轮机各自推动各自发电机的多轴联合循环。

3.3.2 运行特性

燃气轮机的运行特性和工作区间如下：

$$P_{GT} = \alpha_{GT} E_{GT} + b_{GT} \tag{3-1}$$

$$Q_{GT} = p_{GT} E_{GT} + q_{GT} \tag{3-2}$$

$$P_{GT\_max} = P_{GTO\_max} \cdot \left(1 - c_{GT} \cdot \frac{t - t_0 + |\, t - t_0\,|}{2}\right) \tag{3-3}$$

$$P_{GT\_min} \leqslant P_{GT} \leqslant P_{GT\_max} \tag{3-4}$$

式中　$t-t_0$——环境温度发生变化时,对燃气轮机的工作特性进行修正;

　　　P_{GT}——燃气轮机发电出力(kW);

　　　E_{GT}——输入燃气轮机的燃料热值(kW);

　　　Q_{GT}——燃气轮机排出烟气中可利用热值(kW);

　　　t——燃气轮机工作环境温度(℃);

　　　t_0——燃气轮机设计工况温度,15℃;

　　　P_{GT_max}——燃气轮机满负荷发电量(kW);

　　　P_{GT_min}——燃气轮机最小发电量(kW);

　　　P_{GTO_max}——设计工况下燃气轮机满负荷发电量(kW)。

其他系数随不同规模的燃气轮机容量而变化,如表 3-3 所示。

表 3-3　燃气轮机性能参数

发电容量/kW	发电量与燃料流量关系		烟气余热与燃料流量关系		温度影响
	α_{GT}	b_{GT}	P_{GT}	q_{GT}	c_{GT}
800	0.293	-193.4	0.596	-1.4	0.006 9
1 210	0.349	-488.3	0.578	-441.3	0.007 1
2 040	0.355	-797.4	0.562	-917.6	0.006 8
3 515	0.376	$-1 153.6$	0.550	$-1 245.3$	0.006 6
4 600	0.380	$-1 312.1$	0.565	$-1 740.5$	0.007 5
5 200	0.425	$-1 944.5$	0.563	2 036.5	0.007 1

不同发电容量下燃气轮机的热点效率如图 3-13 所示。

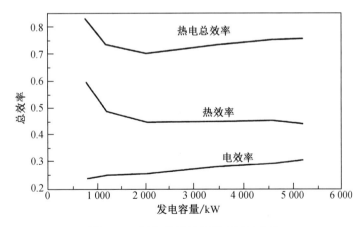

图 3-13　燃气轮机效率随容量的变化

下面以凯普斯通公司生产的 C30 燃气轮机为研究对象,分析燃气轮机变工况特性。C30 热力循环过程为布雷顿回热型,燃气轮机主要由压气机、回热室、燃烧室、透平机、发电机组成。机组相关参数见表 3-4。

表 3-4　C30 技术参数

技术参数		技术参数	
机组型号	30R-FD4-B000	启动电源	网电/蓄电池
额定转速	96 000 r/min	燃料种类	天然气
额定功率(满负荷)	28 kW	进气压力	2～103 kPa
输出电压、频率	400～480 VAC，50 Hz	耗热量	403 MJ/h
额定发电效率	25%±2%	NO_2(15%O_2)排放	<35 ppm@15%O_2
额定排气流量	0.31 kg/s	噪声	65 dB(10 m)
额定排气温度	275℃	外形尺寸(长×宽×高)	1 524 mm×762 mm×1 956 mm
烟气最大允许运行背压	<8 kPa	质量	578 kg

C30 燃气轮机额定转速 96 000 r/min，标准设计工况最大出力 30 kW，标准设计进气工况下(15℃，60%RH，101.3 kPa)燃机出力、发电效率、烟气质量流量及温度随进气温度变化如图 3-14 所示。从图 3-14 中可以看出环境温度超过额定工况时，微型燃气轮机出力随环境温度升高而降低，燃机发电效率则一直随环境温度升高而降低。主要燃气轮机作为恒定体积流量的设备，进气温度升高，密度减小，压气机吸入质量流量减低，机组做功能力随之下降。

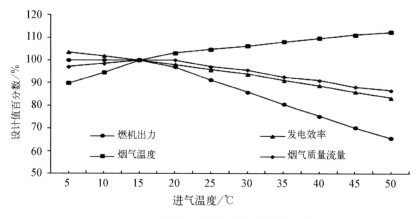

图 3-14　环境温度对燃气轮机性能的影响

实验测试工况发现燃机进气温度与环境温度之间存在一定偏差，燃机实际进气温度一般高出环境温度 3～3.5℃，主要原因为实验过程中燃机散热对进气会起到一定加热作用。图 3-15 观察发现，燃机进气温度超过 18℃时，燃机输出功率随进气温度升高而降低，进气温度升高 1℃，燃机出力约降低 0.47 kW，即燃机出力降低与进气环境温度关系约为 1.57%/℃。夏季实测微燃机进气工况最大值达到 38.50℃，燃机出力值为 18.71 kW，相对额定出力值降低 35.5%。测试工况设定燃机满载运行，转速在 96 200～96 300 r/min 之间波动。实验测试的燃机出力低于样本的燃机出力，分析主要影响因素：实验进气压力为 98.7～99.4 kPa，低于样本测试标准工况点压力 101.03 kPa，相应燃气透平膨胀比及气体质量流量减小，燃机出力降低;样本测试使用天然气热值高于实验实测所用天然气热值,相应燃机出力降低。

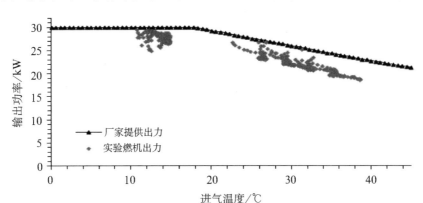

图 3-15   燃气轮机性能随进气温度的变化

图 3-16 显示了进气温度发生改变对排气温度和烟气流量的影响。从图中可以发现,由于进气温度的升高,排气温度也随之有所上升。进气温度 5℃ 和 40℃ 的排气温度差可达 30℃,所以为了保证余热利用换热器或换热部件的工作,应尽量使进气温度在标准状态下运行。由于进气温度和排气温度的变化以及由此引起的天然气量的变化,烟气流量随着温度的升高,首先存在一个增加的趋势,此后烟气流量呈下降趋势。燃气最大流量为 0.31 kg/s,在 40℃ 的进气温度的情况下,烟气流量为 0.28 kg/s。

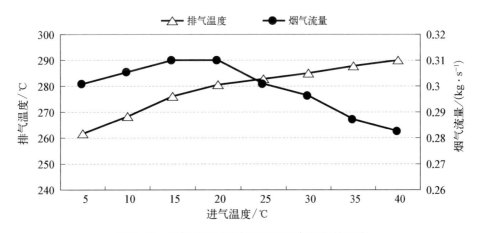

图 3-16   进气温度对排气温度和烟气流量的影响

排气温度和烟气流量的改变都将影响到烟气余热量。图 3-17 显示了进气温度对烟气余热量的影响。从图中可以看出,烟气余热量的变化趋势与烟气流量基本相同,随着进气温度的升高,呈现先增加后降低的变化。在 5~40℃ 的进气温度的范围内,烟气余热量的最大值和最小值之间存在 10% 的浮动。烟气余热量的变化必将对后续的余热利用系统的效率、余热利用量等产生直接的影响。

通常情况下,燃气轮机在部分负荷运行下,其发电效率会有所降低。图 3-18 所示为输出功率从 2~28 kW 满负荷运行下的发电效率。从图中可以得出,在发电输出功率为 18 kW 以上时,即 65% 负荷以上,基本上可以保证额定的发电效率在 25% 以上;在 12 kW 的输出功率,

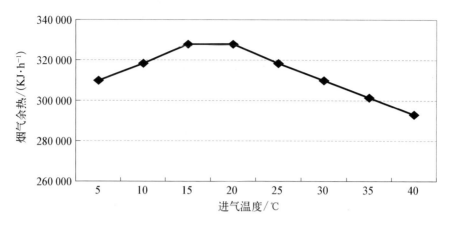

图 3-17　进气温度对烟气余热量的影响

43％负荷时,也可以保证 22.8％的较高的发电效率;输出功率 7 kW 时,25％负荷时,发电效率约为 19.8％;而当输出功率仅为 2 kW 时,发电效率仅为 13.6％。在低于 45％负荷的情况下,发电效率的降低幅度比较大。因此尽量避免燃气轮机在过低的部分负荷下运行。

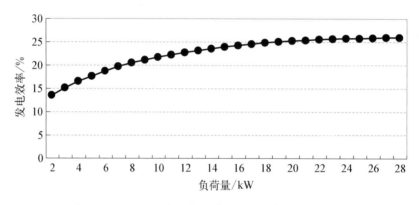

图 3-18　部分负荷情况下的发电效率

图 3-19 显示了在部分负荷运行下,燃料热量的变化。随着输出功率的增大,所需要的天然气燃料增多。尽管输出功率由 2 kW 增加到 28 kW,变为原来的 14 倍,但是燃料热量增加

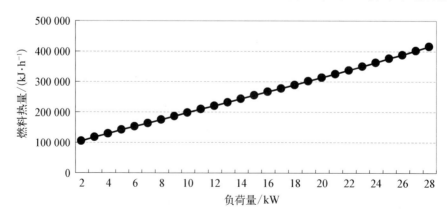

图 3-19　部分负荷情况下的燃料热量

了 3.94 倍。这主要是由于随着输出功率,即负荷的增大,发电效率得到了提升,所需要的输入能量与之不匹配。

部分负荷下运行时的排气温度和烟气流量的变化趋势见图 3-20。由图可见,排气温度和烟气流量都呈增大的趋势。这是由于随输出功率的增加,天然气燃料的消耗量、进气量等的增大而造成的。在 2 kW 负荷时,排气温度仅为 200℃,烟气流量仅为 0.13 kg/s,这就会使换热器的热水温度有所降低,从而对烟气余热的利用产生不利的影响。因此,从余热利用方面来看,应尽量不要使燃气轮机工作在低输出功率的情况下。

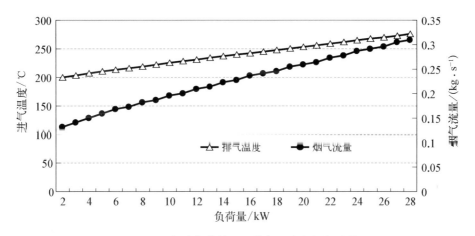

图 3-20　部分负荷情况下排气温度和烟气流量

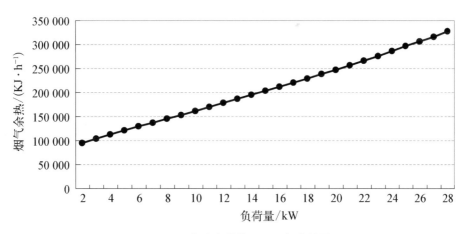

图 3-21　部分负荷情况下烟气余热量

部分负荷运行下的烟气余热量的变化如图 3-21 所示,从图中可以发现,烟气余热量的变化也非常明显,2 kW 输出功率的情况下,烟气的余热量仅为 28 kW,即满负荷下的 29%。由于此时具有较低的烟气排气温度,这部分余热的利用也将会比较困难。因此,无论是从发电效率,还是从烟气余热利用的角度出发,都应该尽量避免燃气轮机在低负荷情况下运行。

海拔高度对效率的影响如下:随着海拔高度的升高,环境温度和气压降低,而环境温度降低,燃气轮机的效率是提高的,气压降低,燃气轮机效率是降低的。由于受温度影响程度大于气压,因此总体上随着海拔高度的升高,燃气轮机效率是升高的,但出力是下降的,如图 3-22 所示。

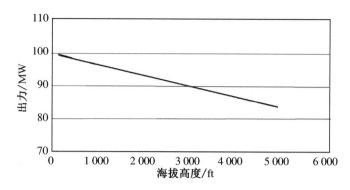

图 3-22 海拔高度对燃气轮机出力的影响

3.3.3 常见机型

国外典型燃气轮机制造商有索拉、通用、西门子/西屋、阿尔斯通、罗罗、三菱和俄罗斯的制造商等。

索拉为美国的大型企业,成立于 1927 年,专门生产 1.0～50 MW 工业型燃气轮机组,表 3-5 列出了索拉小型燃气轮机性能参数。

表 3-5 索拉小型燃气轮机性能参数

参数	单位	S20	C40	M50	T60	T70	M90	M100	T130
燃机型号	—	土星 20	人马座 40	水星 50	金牛座 60	金牛座 70	火星 90	火星 100	大力神 130
燃机出力	MW	1.2	3.5	4.6	5.7	8.0	9.5	11.4	15.0
热耗率	kJ/kWh	14 795	12 910	9 351	11 465	10 505	11 300	10 935	10 232
燃耗量	GJ/h	17.7	45.1	42.7	64.4	82.2	105.9	124.7	152.2
天然气耗量	m³/h	503	1 280	1 213	1 830	2 336	3 009	3 543	4 325
燃机效率	%	24.4	27.9	38.8	31.9	35.0	32.3	32.9	35.5
燃气轮机排烟温度	℃	511	446	377	516	511	468	490	500
余热锅炉烟气流量	t/h	23.4	67.9	63.7	77.7	95.8	143.4	154.1	177.9

通用公司于 20 世纪 40 年代末开始燃气轮机发电机组的研究、设计和制造,表 3-6 列出了 GE 部分燃气轮机性能参数。

表 3-6 GE 部分燃气轮机性能参数

简单循环		PG5371 (PA)	PG6541 (B)	PG6101 (FA)	PG9171 (E)	PG9231 (EC)	PG9351 (FA)	PG9391 (G)
发电机功率/kW	基本	26 300	38 340	70 140	12 340	16 920	250 400	282 000
	尖峰	27 830	41 400	73 570	133 000	184 700	258 600	
热耗率 /(kJ·kWh⁻¹)	基本	12 647	11 476	10 527	10 600	10 310	9 867	9 115
	尖峰	11 637	11 371	10 453	10 632	10 238	9 867	
供电效率 (LHV)/%	基本	28.47	31.37	34.2	33.77	34.92	36.49	39.49
	尖峰	28.49	31.66	34.44	33.86	35.16	36.49	
压缩比		10.5	11.8	15.0	12.3	14.2	15.4	23
进口温度/℃		962.8	1 104	1 288	1 124	1 204	1 288	
转速/(r·min⁻¹)		5 094	5 094	5 247	3 000	3 000	3 000	3 000
空气流量/(kg·s⁻¹)		122.47	136.99	196.47	403.70	498.51	645.02	684.9
排气温度/℃		487	539	597	530	558	609	583

国内大型燃气轮机的主要厂家有南京汽轮机(集团)有限责任公司、东方汽轮机有限公司、上海汽轮机有限公司等。

东方汽轮机有限公司(简称东汽)于 2003 年开始制造燃气轮机,东汽燃气轮机主要性能见表 3-7。

表 3-7 东汽主要产品及参数

型号	出力/kW	热耗/(kJ·kWh⁻¹)	燃机效率/%
M701DA	144 000	10 305	34.8
M701F3	270 000	9 422	38.2
M701F4	312 000	9 161	39.3

南京汽轮电机(集团)有限责任公司(简称南汽)在 1988 年完成首台燃机试制和生产。南汽生产的燃机主要性能见表 3-8。

表 3-8 南汽主要产品及参数

型号	出力/kW	热耗/(kJ·kWh⁻¹)	燃机效率/%
PG6581B	42 100	11 220	32.04
PG6581B(DLN)	41 600	11 290	31.84
PG9171E	126 100	10 650	33.80
PG9171E(DLN)	105 400	10 700	33.60

3.4 燃气内燃机

3.4.1 工作原理

内燃机由于具有热效率高、结构简单、比质量(单位输出功率的质量)轻、移动方便等优点,被广泛应用于交通运输、农业机械、工程机和发电装置等领域。燃气内燃机的应用以往复活塞式最为普遍,主要由进气门、排气门、气缸盖、气缸、活塞、连杆等组成,其结构示意图如图 3-23 所示。

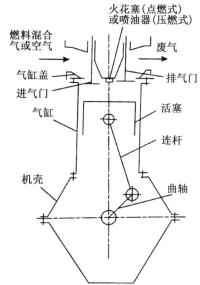

图 3-23 内燃机结构图

对于往复活塞式内燃机,曲轴每转两圈,活塞往复运动四次完成进气、压缩、做功、排气一个工作循环的为四冲程内燃机,往复活塞式内燃机的工作原理如图 3-24 所示。如果曲轴每转一圈,活塞往复运动两次完成一个工作循环的称为二冲程内燃机。二冲程内燃机因经济性较差,在固定式发电装置中一般都采用四冲程内燃机。根据燃料着火方式的不同,它又分为点燃式和压增燃式两种。

四冲程点燃式内燃机的工作过程:

(1) 吸气行程:进气门开启,开始时活塞处于离曲轴中心线最远的位置,曲柄与气缸中心线成 0°(即二者相互重合),活塞的这一位置称为上止点,当曲柄在飞轮的带动下顺时针转动时,通过连杆带动活塞由上往下运动,与此同时,可燃混合气经进气门被吸入气缸。当活塞下行至曲柄与气缸中心线成 180°时,吸气行程结束,此时活塞距曲轴中心线最近,活塞的这一位置称为下止点。

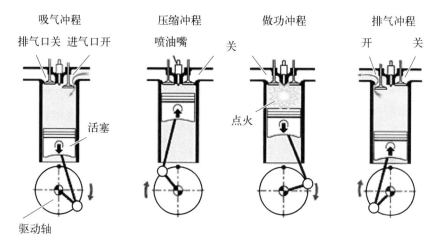

图 3-24 往复活塞式内燃机的工作原理

(2) 压缩行程:进排气门均关闭,曲柄在飞轮的带动下由 180°回转至 360°,活塞由下止点运动至上止点,压缩被封闭在气缸内的可燃混合气,以提高混合气的温度,为燃料迅速、完全燃烧创造条件。在压缩终了时,火花塞发出电火花,可燃混合气被点燃并迅速燃烧,使气缸内的压力骤然增高,这个压力增量正是内燃机对外做功的动力。

(3)膨胀行程:由高温、高压的燃气膨胀做功,推动活塞由上止点到下止点,使曲柄由 360°回转至 540°。

(4)排气行程:排气门开启,曲柄在飞轮的带动下由 540°回转至 720°,活塞由下止点运动至上止点,使气缸内经过膨胀后的废气经排气门排出。

经过上述四个行程(曲轴回转了两周)后,即完成一次工作循环,以后便是循环的不断重复。

四冲程压燃式内燃机的工作过程:

压燃式内燃机同样由吸气、压缩、膨胀、排气四个行程组成,与点燃式内燃机的主要区别在于它的可燃混合气是在气缸内部形成的,在吸气行程中吸入气缸的是纯净的空气而不是可燃混合气,在压缩行程中被压缩的也是空气。当压缩过程接近终了时,不是火花塞点火,而是依靠喷油器喷出的油雾遇被压缩后的高温空气而自燃。

天然气做内燃机燃料时,具有以下特点:

(1)天然气辛烷值高,当天然气用于汽油机改装成的内燃机时,可适当增加内燃机的压缩比。

(2)天然气的着火温度高,当天然气用于柴油机改装成的内燃机时,混合气难以自行着火,必须使用柴油引燃方式或增加一个点火系统,才能使混合气着火燃烧。

(3)天然气常温下为气体,可与空气均匀混合,在内燃机中的燃烧比较完全。优化内燃机的工作过程可降低内燃机有害物质的排放。

(4)天然气是一种低密度的气体燃料,若采用缸外混合方式,会减少进入气缸的空气量;天然气混合气热值低,会导致内燃机功率和动力性能有一定程度的下降。

(5)天然气内燃机的润滑性能差,对喷气系统等关键部件应采取相应措施以保证内燃机的可靠工作。

3.4.2　运行特性

内燃机的工作指标很多,主要有动力性能指标(功率、转矩、转速)、经济性能指标(燃料与润滑油消耗率)、运转性能指标(冷启动性能、噪声和排气品质)和耐久可靠性指标。这些性能指标随运转工况而变化的规律成为内燃机的运行特性。内燃机特性的种类很多,主要分为负荷特性和速度特性两种。其中,负荷特性是内燃机的基本特性,由负荷特性可以看出不同负荷下运转的经济性,且负荷特性比较容易测定。因此,在内燃机的调试过程中常用负荷特性作为性能比较的标准。

燃气内燃机发电量的运行特性和工作区间如下:

$$P_{GE} = aE_{GE} + b_{GE} \tag{3-5}$$

$$Q_{flue} = p_{GE} + q_{GE} \tag{3-6}$$

$$Q_{water} = r_{GE}E_{GE} + S_{GE} \tag{3-7}$$

$$P_{GE\_min} < P_{GE} < P_{GE\_max} \tag{3-8}$$

式中　P_{GE} ——燃气内燃机发电出力(kW);

E_{GE}——输入燃气内燃机的燃料热值(kW);

Q_{flue}——燃气内燃机排出烟气中可利用热值(kW);

Q_{water}——缸套水中可利用热值(kW);

P_{GE_max}——燃气内燃机满负荷发电量(kW);

P_{GE_min}——燃气内燃机最小发电量(kW)。

其他系数随不同规模的燃气轮机容量而变化,如表 3-9 所示。

表 3-9　燃气内燃机性能参数

发电容量/kW	发电量与燃料流量关系		烟气余热与燃料流量关系		套缸水余热与燃料流量关系	
	α_{GE}	b_{GE}	p_{GE}	q_{GE}	r_{GE}	s_{GE}
460	0.365	−46.9	0.164	9.2	0.27	9
800	0.406	−145.4	0.205	16.3	0.2	16
1 050	0.421	−222.4	0.211	3.6	0.15	82
2 020	0.466	−657.4	0.219	13.9	0.15	91
3 000	0.479	−758.9	0.208	94.4	0.15	174
5 030	0.473	−896.3	0.207	125.8	0.15	205

图 3-25 所示为某典型燃气内燃机的能量平衡图。由图可知,该燃气内燃机有 38% 的机械能输出,有 62% 的热能输出,其热电总效率达到 86%,其中发电效率为 36.5%,余热回收效率为 49.5%。在损失的 14% 的能量中,发电机损失占 1.5%,辐射热损失占 5%,烟气余热损失占 7.5%。

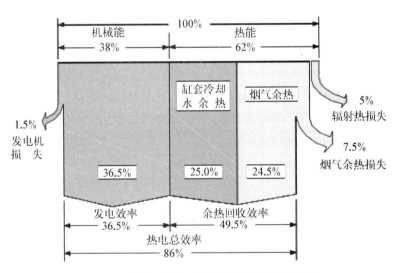

图 3-25　某典型燃气内燃机的能量平衡原理图

不同发电容量下燃气内燃机的热电效率如图 3-26 所示。

下面以洋马(Yanmar)公司的 CP25WC 型微型燃气内燃机为例,分析内燃机变工况特性。该机型的主要性能参数如表 3-10 所示。

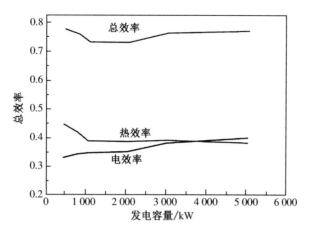

图 3-26 燃气内燃机效率随容量的变化

表 3-10 CP25WC 型燃气内燃机的主要性能参数

项　　目			单　位	数　据
输　出		额定输出	kW	25.0
		频率	Hz	50
		电压	V	380
		电流	A	35.4
		相/线	—	三相四线
		功率因数	%	97 以上(容性)
热回收		热回收量	kW	38.4
	热水温度	进　口	℃	80
		出　口		85
		热水流量	L/min	110
效　率		综合效率	%	85
		发电效率		33.5
		余热回收率		51.5
噪　声	额定功率时	散热风扇运行时	dB(A)	62
		散热风扇停止时		64
电　源		电压	V	200(内置变压器)
		启动电流	A	46.0(平均值)
	额定功率时	散热风扇运行时	kW	1.01
		散热风扇停止时	kW	1.43
燃　料		消耗量(低位热值标准)	kW	74.6
	供气压力	天然气	kPa	1.0~2.5

作为分布式供能系统,当负荷侧发生改变时,燃气内燃机会在部分负荷状态下运行,其发电效率、排气温度、烟气流量以及余热回收量与额定状态相比,会有较大的区别。图3-27显示了负荷率从0～100%满负荷运行下的发电效率。从图中可以看到,在负荷率为40%以上时,基本可以保证发电效率在25%以上。在负荷率为25%时,也可以保证20%的较高的发电效率。而当负荷率为20%时,发电效率约为17%。当负荷率低于25%时,发电效率会进入陡降通道。因此,在运行燃气内燃机时,应尽量使设备运行在25%的负荷率之上。

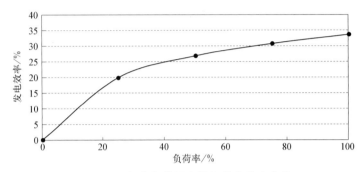

图3-27 部分负荷下内燃机发电效率变化

图3-28显示了燃气内燃机在部分负荷运行下,使用燃料热量的变化。随着负荷率的增大,所需要的天然气燃料也几乎呈直线增长。

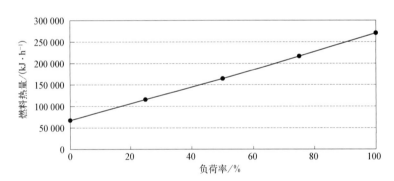

图3-28 部分负荷情况下内燃机的燃料热量

燃气内燃机在部分负荷下运行时的余热回收效率及综合效率的变化趋势如图3-29所示,从综合效率的变化来看,此型号的燃气内燃机可以很好地控制设备综合效率。随负荷率的下降,排热回收率反而略有回升。

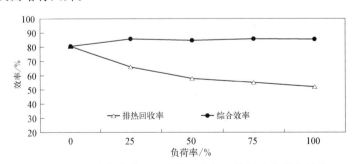

图3-29 部分负荷情况下内燃机余热回收效率和综合效率

3.4.3　常见机型

当前,国外燃气内燃发电机组的主流品牌有康明斯、卡特比勒、颜巴赫、瓦锡兰、道依茨和瓦克夏等,占据了全球 1 000~3 000 kW 燃气内燃发电机组 85% 以上的市场份额。另外,还有高斯科尔曼、三菱、洋马等品牌。

康明斯(Cummins)是全球最大的内燃机制造商之一,燃气发电机组的功率覆盖段为100~2 200 kW。可以使用天然气、沼气、垃圾填埋气、煤层气、井口气、丙烷等多种气态燃料。部分产品信息见表 3-11。

表 3-11　康明斯燃气内燃机机组技术参数

型　号	315GFBA	C995N5	C1160N	C1200	C1540N	C1750	C2000N
电功率/kW	315	99	11	12	154	1 750	2 000
发电效率	35.20%	40.50%	38.90%	41.20%	36.00%	38.00%	40.80%
发动机型号	QSK19G	QSK60G	QSK60G	QSK60G	QSV91G	QSV91G	QSV91G
缸数	直列 6 缸	V16	V16	V16	V18	V18	V18
排量/L	19.0	60.3	60.3	60.3	91.6	91.6	91.6
发动机总输出功率/kW	327	1 040	1 196	1 249	1 586	1 802	2 066
转速/(r·min^{-1})	1 500	1 500	1 500	1 500	1 500	1 500	1 500
压缩比	11	12.7	11.4	12.7	10.5	11.4	12.5
润滑油容积/L	125	380	380	380	560	560	550
满载润滑油消耗量/(g·kWh^{-1})	<0.5	0.18	0.15	0.18	0.5	0.5	0.4
燃气供气压力/kJ	9~36	20	26	20	20	20	20
燃气消耗量/(m^3·h^{-1})	92	253	303	300	417	465	503
启动电压/V	24	24	24	24	24	24	24
缸套水循环散热总功率/kW	178	509	698	656	671	684	1 066
排烟温度 105℃ 时可利用功率/kW	237	598	755	683	1 107	1 216	1 232
排烟温度/℃	508	465	469	454	517	508	462
缸套水体积/L	34	181	181	181	424	424	424
缸套水循环流量/(m^3·h^{-1})	19	70	70	70	60	60	70
NO$_x$ 排量/(mg·m^{-3})	450	500	489	500	500	500	493
机组外形尺寸/m	3.4×1.15×2.05	5.12×2.23×2.77	5×2.33×2.97	5.12×2.23×2.77	6.24×2.10×2.97	6.31×2.10×2.97	6.07×2.16×2.78
机组湿重/kg	4 284	14 440	13 924	15 450	19 337	21 017	20 477

卡特比勒是最早的燃气内燃机生产公司,机组功率覆盖段为 $200\sim6\,000\,kW$。可以使用天然气、沼气、垃圾填埋气、煤层气、井口气等多种气态燃料。部分产品的参数见表 3-12。

表 3-12　卡特彼勒燃气内燃发电机技术参数

机型	单位	G3306TA	G3406TA	G3406LE	G3412TA	G3508LE	G3612SITA	G3616SITA
发电机额定输出功率	kW	110(396)	190	350	519	1 025	2 400	3 385
发动机转速	r/min	1 500	1 500	1 500	1 500	1 500	1 000	1 000
废烟气排量	m³/h	418	904	1 278	2 509	4 815	37 472	51 928
废烟气温度	℃	540	415	450	453	445	450	446
废烟气排热量	MJ/h	263	382	616	1 166	2 199	5 438	7 445
缸套冷却水出口温度	℃	99	99	99	99	99	88	88
缸套冷却水排热量	MJ/h	594(857)	612	1 350	936	2 937	2 218	2 986
发电热效率	%	27.29	33	33.53	37.04	34.14	36.11	36.51
供热效率	%	54.27	47.37	49.07	41.36	48.55	34.3	34.5
总热效率	%	81.56	80.36	82.6	78.4	82.68	70.41	71.01

颜巴赫(Jenbacher)所提供的燃气发电机组功率覆盖段为 $300\sim9\,000\,kW$,可以使用天然气、沼气、垃圾填埋气、煤层气、高炉气等多种气态燃料。部分产品参数见表 3-13。

表 3-13　颜巴赫燃气内燃发电机技术参数

机组型号	电功率	电效率	机械功率	机械效率	总效率	转速	燃气类型
	r/min	kW	%	kW	%	%	
J312GS	435	39.7	511	46.6	86.3	1 200	天然气
J316GS	583	40.3	665	45.9	86.2	1 200	天然气
J312GS	635	39.7	694	43.3	83	1 500	生物沼气
J320GS	795	40.7	874	44.8	85.5	1 200	天然气
J412GS	845	41.9	843	41.8	83.7	1 500	生物沼气
J412GS	889	42.8	901	43.4	86.2	1 500	天然气
J320GS	1 059	39	1 324	48.8	87.8	1 800	天然气
J416GS	1 130	42	1 124	41.8	83.8	1 500	生物沼气
J420GS	1 413	42.1	1 405	41.8	83.9	1 500	生物沼气
J420GS	1 487	43	1 502	43.4	86.4	1 500	天然气
J612GS	1 621	41.9	1 653	42.7	84.6	1 500	生物沼气
J612GS	1 637	42.3	1 645	42.5	84.8	1 500	生物沼气
J612GS	1 990	44.8	1 861	41.9	86.6	1 500	天然气
J616GS	2 175	42.2	2 205	42.7	84.9	1 500	生物沼气
J616GS	2 664	45.3	2 453	41.7	87	1 500	天然气

(续表)

机组型号	电功率	电效率	机械功率	机械效率	总效率	转速	燃气类型
	r/min	kW	%	kW	%	%	
J620GS	2 728	42.3	2 755	42.7	85	1 500	生物沼气
J620GS	3 344	45.4	3 048	41.4	86.9	1 500	天然气
J624GS	4 029	45.6	3 048	41.4	87	1 500	天然气

国内内燃机的生产制造企业较多,主要有胜利油田胜利动力机械集团有限公司、中国石油济南柴油机股份有限公司等。

(1)胜利油田胜利动力机械集团有限公司(简称胜动集团)是国内规模化生产燃气发动机的企业,胜动集团生产的天然气发电机组包括 16V190,12V190,6190,4190,1190 系列。12V190 系列天然气发电机组主要参数见表 3-14。

表 3-14　12V190 系列天然气发电机组主要参数

型号	出力/kW	热耗/(kJ·kWh^{-1})	燃机效率/%
400GF1-RT/PwT/PT	400	12 000	30.00
500GF1-RT/PwT/PT	500	10 300	34.95
600GF1-RT/PwT/PT	600	9 880	36.44

(2)中国石油济南柴油机股份有限公司(简称中油济柴)在天然气及煤层气领域设备应用的功率总体范围为 10~1 200 kW,天然气系列发电机组主要参数见表 3-15。

表 3-15　天然气系列发电机组主要参数

机型型号	发动机型号	额定功率/kW	燃气消耗量/(kJ·kWh^{-1})
200F-T	6190ZLT-2	200	11 300
1250GF-TK	6190ZLT-2	250	
400GF-T3	12V190DT2-2	400	11 200
400GF-TK	12V190DT2-2		
400GF-TK1	12V190DT3-2		
500GF18-TK	12V190ZDT-2	500	
500GF18-TK1	12V190ZDT-2		
500GF18-T	12V190ZDT-2		
500GF-T3	G12V190ZLDT-2		11 000
500GF-TK1	G12V190ZLDT-2		
700GF-T3	G12V190ZLDT	700	
700GF-TK1	G12V190ZLDT		
800GF-TK1	AD12V190ZLT2-2	800	
1000GF-TK2	AD12V190ZLT2	1 000	10 000
1200GF-TK1	H16V190ZLT-2	1 200	

3.4.4　燃气内燃机与燃气轮机对比

1. 应用范围对比

燃气轮机主要由压气机、燃烧室和汽轮机组成。压气机将空气压缩进入燃烧室,在燃烧室内与喷入的燃气(如天然气)混合燃烧,之后在汽轮机里膨胀,驱动叶轮转动,使其驱动发电机发电。燃气轮机的尾气温度很高(一般在500℃以上),是很好的驱动热源,可以用来制冷,也可以进入余热锅炉产生蒸汽再供热或制冷。另外,烟气也可以不全部用来发电,而是部分用于工艺,这样它的总热效率可达80%或更高。燃气轮机的容量范围也很宽,小到几十到数百千瓦的微型燃气轮机,大到300 MW以上的大型燃气轮机。

内燃机将燃料(如天然气)与空气注入汽缸混合,点火引发其爆炸做功,推动活塞运动,驱动发电机发电,回收燃烧后的烟气和各部件冷却水的热量用于电联产。当其规模较小时,发电效率明显比燃气轮机高,一般在30%以上,并且初投资较低,因而在一些小型的热电联产系统中往往采用这种形式。但是,由于余热回收复杂而且品质不高,因此不适用于供热温度要求高的场合。表3-16为美国不同规模建筑分布式能源系统内燃机与燃气轮机应用情况对比。

由表3-16可知,对于1 MW以下的冷热电联供系统,内燃机占据了绝对的主导地位,这是由于此容量范围内的燃气轮机发电效率通常较低,节能和经济效益不明显。对于1~5 MW的冷热电联供系统,燃气轮机数量大约为内燃机的一半;对于5~10 MW及以上范围,燃气汽轮机比例超过内燃机机组,这是因为此范围内燃气轮机一次发电效率较高,如果进一步采用联合循环,整个系统的发电效率、调节灵活性和经济效益都将大大提高。

表3-16　美国不同规模建筑分布式能源系统内燃机与燃气轮机应用情况对比

功率/MW	内燃机		燃气轮机	
	数量/台	平均功率/MW	数量/台	平均功率/MW
0~1	662	0.14	20	0.77
1~5	83	2.19	42	2.81
5~10	16	5.99	16	6.09
10~15	7	12.73	11	12.67

2. 发电效率比较

内燃机发电效率较高,通常在35%以上,甚至超过了40%,而微型和小型燃气轮机的发电效率为28%~35%,低于40%(图3-30)。以3 MW的燃气内燃机(G3616型)和燃气轮机(Centaur 40)为例进行变工况下的发电效率比较,得出此功率下燃气内燃机的发电效率高于燃气轮机10%以上,并且随着负荷率的降低,二者的发电效率均呈下降趋势,且下降的幅度大致相同。同时,ISO标准中燃气轮机和内燃机对海拔高度和环境温度的参考条件是不同的。例如,先进的稀薄燃烧内

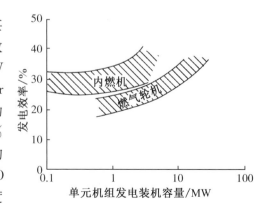

图3-30　燃气内燃机与燃气轮机发电效率比较

燃机在海拔高度 1 500 m 以下输出功率不用修正,且环境温度达到 40℃前功率不会有任何下降;但燃气轮机却是每超海平面 100 m,输出功率下降 1.2%,并且环境温度在 15℃以上时,燃气轮机的效率下降。因环境温度引起的空气密度的变化,将对原动机性能产生明显的影响。相对而言,空气密度变化对内燃机影响较小,而对燃气轮机的影响较大。以 3 MW 内燃机(GE,JGS620)和燃气轮机(Caterpillar Solar,Centaur 40)为例进行比较。二者功率受环境温度影响变化的趋势如图3-31所示。

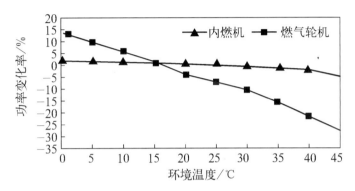

图 3-31　燃气内燃机与燃气轮机不同环境温度下功率的比较

3. 热效率比较

内燃机和燃气轮机的余热利用形式不同。燃气轮机发电后的余热以排烟形式排出,排烟温度在 450~550℃,而内燃机的余热一半以 400~450℃的烟气形式排出,还有一半以 80~90℃的缸套水排出。由于燃气轮机的余热品位较高,易于回收,因此其余热回收利用效率高于内燃机。以 3 MW 的燃气内燃机(G3616 型)和燃气轮机(Centaur 40)为例进行变工况下的余热利用效率的比较得到,燃气轮机的余热利用效率随着负荷率的降低有上升趋势。因此,对于冷热负荷变化较大的终端用户,燃气内燃机冷热电联供系统在部分负荷下具有更好的热电总效率和经济性。

以 3 MW 燃气内燃机和 3 MW 燃气轮机为比较对象,二者在不同负荷率情况下电效率和热效率的变化如图3-32所示。由图可知,此功率下燃气内燃机的发电效率高于燃气轮机10%以上。随着负荷率的降低,二者发电效率均呈下降趋势,且下降的幅度大致相同。对于余热利用,燃气轮机的余热利用效率明显高于燃气内燃机,其中燃气轮机的余热利用效率随着负荷率的降低而降低,而燃气内燃机的余热利用效率随着负荷率的降低有上升趋势。这是因为当原动机负荷率减小时,燃气轮机的进口空气流量基本保持不变,其烟气出口温度随负荷率的减小而降低,而燃气内燃机的进口空气流量随负荷率的减小而减小,出口烟

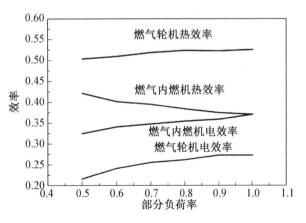

图 3-32　燃气内燃机和燃气轮机不同负荷率下热效率和发电效率的比较

气温度反而呈上升趋势。因此,尽管二者在额定工况下具有大致相同的热电总效率,燃气内燃机具有比燃气轮机更好的部分负荷特性。

4. 一次能源利用率的比较

常用的一次能源利用率(也称系统热效率或总能利用效率)是指系统输出能量与输入能量的比值,并将功、热、冷等同看待,可以直接相加。因此,冷热电联供系统的一次能源利用率越高,表明系统的热力性能越好。从这个角度看,在供热季节,内燃机型和燃气轮机型联供系统的一次能源利用率相差不多;在供冷季节,内燃机型联供系统的一次能源利用率比燃气轮机型联供系统的一次能源利用率约低 19%。当用户负荷的平均热电比在 1.5~2.5 时,燃气轮机和燃气内燃机的一次能源利用率基本相同;当用户负荷的平均热电比低于这一范围时,燃气内燃机系统的节能性占优势;当用户负荷的平均热电比高于这一范围时,燃气轮机系统的节能性占优势。

5. 对环境的影响对比

天然气属于清洁能源,SO_2 和烟尘的排放量都可忽略不计。但在相同的发电量下,燃气内燃机的 NO_x 的排放浓度通常为燃气轮机的 5~10 倍,因此燃气轮机在环保方面具有更好的竞争力。

6. 优缺点对比

相对于其他原动机来说,燃气内燃机的主要优点有:

(1) 规格齐全,价格低廉:在市场上,燃气内燃机的规格从 1 kW 到 5 MW 以上都有销售,对用户来说有很大的选择余地,同样规格的燃气内燃机比燃气轮机投资低。

(2) 热能输出:内燃机能够根据用户需要同时输出热水和低压蒸汽。

(3) 启动快:快速启动的特性使得燃气内燃机能够从停止状态很快地恢复工作,在用电高峰或紧急情况下,燃气内燃机能够很快地根据需求来供电。

(4) 启动耗能小:在突然停电的情况下,启动燃气内燃机只需要很少的辅助电力,通常只要蓄电池就足够了。

(5) 部分负荷运行性能好:因为燃气内燃机在部分负荷下运行仍能维持较高的效率,这就保证了燃气内燃机在用户不同的用电负荷情况下都能有较好的经济性。当燃气内燃机在 50% 负荷下运行时,其效率只比满负荷运行时低 8%~10%,而燃气轮机在部分负荷下运行时,效率通常要比满负荷运行时低 15%~25%。

(6) 可靠性和安全性:实践证明,只要给予适当的维护,燃气内燃机的运行可靠性是相当高的。

(7) 环保性:与汽油、柴油内燃机不同,燃气内燃机排放的 NO_x 相当低,环保性能优良。

燃气内燃机的不足之处是:体积大,重量大;运行费用较高;噪声大,通常超过 100 dB;余热回收复杂,需要对烟气、汽缸冷却水、中冷器三段热量进行回收;供热量小。

燃气轮机的主要优点有:功率大、体积小、投资小、运行成本低和寿命周期较长,主要用于发电、交通和工业动力;由于回转运动,以及机械性往复部件少、机械摩擦部件少、震动小,与低频、震动多的往复式内燃机相比,节省润滑油,噪声比较容易处理;可以使用煤油、重油等劣质燃料,适用性强。

燃气轮机的不足之处是:涡轮机内有高温燃气,需用耐高温材料制造涡轮叶片,生产成本略高;由于受到目前材料和冷却技术的限制,不能选用过高的燃气温度,因此,单机热效率不如燃气内燃机高,经济性较差;燃气温度高,对材料有腐蚀作用,影响涡轮机的使用寿命。

3.5　余热锅炉

3.5.1　工作原理

余热锅炉是指利用工业生产中的余热来产生蒸汽的设备,过去也称为废热锅炉[Waste Heat (Recovery) Boiler]或简称 WH(R)B。目前,燃气-蒸汽联合循环发电过程中余热锅炉称为热回收蒸汽发生器(Heat Recovery Steam Generator)或简称 HRSG。

余热锅炉结构的显著特点是一般不用燃料,因而往往也就没有燃烧装置,但在一些特定的条件下,也采用辅助燃烧装置进行补燃。目前,余热利用从节能减排的要求出发,技术上倡导纯低温余热利用,不建议采用补燃技术。

与常规电站锅炉相比较,余热锅炉没有燃料输送、煤粉制备和燃烧设备,仅有汽水系统。余热锅炉的汽水系统与电站锅炉基本相似,包括从水变成过热蒸汽的三个阶段,即水的加热、饱和水的蒸发、饱和汽的过热。与燃气轮机配套设置的余热锅炉,利用燃气轮机排烟的余热,产生蒸汽或热水,用于对外直接供汽及供应热水,或通过溴化锂设备制冷或供应热水,也可通过汽-水换热器供应热水。余热锅炉上游与燃气轮机配套,下游与汽轮机或供热、制冷设备配套。

余热锅炉通常由省煤器、蒸发器、过热器等换热管簇和容器组成,在有再热器的蒸汽循环中,可以加设再热器。在省煤器中锅炉的给水完成预热的任务,使给水温度升高到接近饱和温度的水平;在蒸发器中给水相变成为饱和蒸汽;在过热器中饱和蒸汽被加热升温成为过热蒸汽;在再热器中再热蒸汽被加热升温到所设定的再热温度。图3-33为燃气-蒸汽联合循环中余热锅炉汽水系统图。

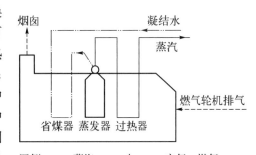

图例:——蒸汽　--–水　- - - 空气、燃气

图 3-33　燃气-蒸汽联合循环中余热锅炉汽水系统图

燃气-蒸汽联合循环的余热锅炉类型通常可以按照以下几种方法分类。

1. 按余热锅炉烟气侧热源分类

(1) 无补燃的余热锅炉

这种余热锅炉单纯回收燃气轮机排气的热量,产生一定压力和温度的蒸汽。

(2) 有补燃的余热锅炉

由于燃气轮机排气中含有14%～18%的氧,可在余热锅炉的恰当位置安装补燃器,充入天然气和燃油等燃料进行燃烧,提高烟气温度,还可保持蒸汽参数和负荷稳定,以相应提高蒸汽参数和产量,改善联合循环的变工况特性。

一般来说,采用无补燃余热锅炉的联合循环效率相对较高。目前,大型联合循环大多采用无补燃的余热锅炉。

2. 按余热锅炉产生蒸汽的压力等级分类

目前,余热锅炉采用有单压、双压、双压再热、三压、三压再热等五大类的汽水系统。

(1) 单压级余热锅炉

余热锅炉只生产一种压力的蒸汽供给汽轮机。

(2) 双压或多压级余热锅炉

余热锅炉能生产两种不同压力或多种不同压力的蒸汽供给汽轮机。

3. 按受热面布置方式分类

余热锅炉按受热面布置方式可分为卧式和立式两种。

4. 按工质在蒸发受热面中的流动特点(工作原理)分类

(1) 自然循环余热锅炉

水汽在循环换热过程中形成密度差,维持蒸发器中汽水混合物自然循环的动力。

(2) 强制循环余热锅炉

采用强制循环泵进行循环换热,利用水泵压头和汽水密度差推动工质流动。

(3) 直流余热锅炉

直流余热锅炉靠给水泵的压头将给水一次通过各受热面变成过热蒸汽。由于没有汽包,在蒸发和过热受热面之间无固定分界点。

目前常用的联合循环中蒸汽循环的类型主要有单压无再热、双压无再热、双压有再热、三压无再热和三压有再热五种。这五种配置的蒸汽循环性能差异见表3-17。由表可知,在改变蒸汽的循环系统时,汽轮机的循环效率在不断地发生变化,从而影响到联合循环效率的改变。实际上,由单压蒸汽循环系统向双压和三压蒸汽循环系统发展时,余热锅炉的排气温度就会有进一步降低的可能,即能提高余热锅炉的当量效率,它同时有增大联合循环效率的作用。

表 3-17 不同配置的蒸汽循环性能差异

机组配置	性能指标	循环方式				
		三压再热	三压无再热	双压再热	双压无再热	单压无再热
STAG207A	净出力/%	+0.7	100	—	−1.0	−4.7
	净热耗损/%	+0.7	100	—	−1.0	−4.7
STAG107FA	净出力/%	100	−1.2	−1.2	−2.0	—
	净热耗损/%	100	−1.2	−1.2	−2.0	—

3.5.2 运行特性

余热锅炉回收排气热量的程度对联合循环的效率影响很大,而影响余热锅炉回收热量的因素,除汽水系统的配置方式、换热元件传热效果的优劣外,主要与蒸汽压力、余热锅炉节点温差和露点等热力参数有关。

余热锅炉可以设计成在相当大的压力范围内产生蒸汽,因此蒸汽压力通常取决于汽轮机的功率大小。当功率较小时,压力偏高则进汽的容积流量较小,通流部分的喷嘴和动叶高度较短,内效率较低,故汽压要低一些;反之,当汽机功率大则汽压高,且宜采用再热,以降低汽轮机低压部分的蒸汽湿度,提高机组效率和末级动叶工作寿命。

如图 3-34,所示,对应某一 T_{FW}(锅炉给水温度)存在最佳蒸汽初压 P_s。热耗率 Δq_{cc} 随 P_s 的变化很缓慢,即 P_s 偏离最佳状况不多时对 Δq_{cc} 的影响很小。对于常规电站汽轮机蒸汽循环来说,采用抽汽回热循环来加热锅炉给水,可有效提高蒸汽循环效率。但对联合循环来说,这样做并不都能提高循环效率,有的反而使循环效率下降。这是因为,余热锅炉型联合循环当采用抽汽回热循环后,锅炉给水温度大大提高,使余热锅炉的排烟温度明显提高,锅炉中回收的热量减少,结果使循环效率降低,因此,在联合循环的蒸汽轮机系统中一般均取消了回热抽汽。对双压循环也存在着参数优化的问题,具体变化规律见图 3-35。

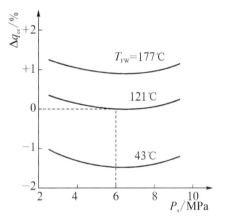

图 3-34　蒸汽初压与抽汽回热对热效率的影响

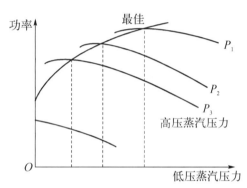

图 3-35　双压蒸汽系统的优化

在联合循环中使用的汽轮机的主蒸汽压力一般不是很高,通常都介于高压或次高压的范围内。这是由于在选择主蒸汽压力时,需要综合考虑以下几方面的影响:对整个联合循环性能的影响;对汽轮机效率的影响;对汽轮机做功量的影响(它主要是通过对主蒸汽流量和二次蒸汽流量的影响来体现的);对汽轮机排汽湿度的影响。

在余热锅炉的热力系统中,热端温差 ΔT_s、节点温差 ΔT_p、接近点温差 ΔT_a 之间的关系见图 3-36。随着燃气轮机进气温度的增大,机组功率相应增大,汽机的进汽参数也有相应提高,可达 16 MPa,甚至采用超临界蒸汽参数。

降低热端温差,可以得到较高的过热度,从而提高过热蒸汽品质。但降低热端温差,同时也会使过热器的对数平均温差降低,也就是增大了过热器的传热面积,加大了金属耗量。大量计算表明,当热端温差选择在 $30\sim60℃$ 范围内,是比较合适的。当节点温差减小时,余热锅炉的排气温度会下降,烟气余热回收量会增大,蒸汽产量和汽轮机输出功都随之增加,即对应着高的余热锅炉热效率,但平均传热温差也随之减小,这必将增

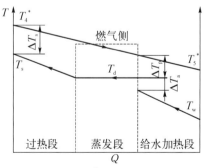

图 3-36　单压余热锅炉 T-Q 图

大余热锅炉的换热面积。从投资费用以及联合循环最佳效率的角度考虑,必然存在一个如何合理地选择余热锅炉节点温差的问题。目前,ΔT_p 的一般范围为 $10\sim20℃$,最低的达 $7℃$。接近点温差增大时,余热锅炉的总换热面积会增加。这是由于省煤器的对数平均温差虽略有增大,致使其换热面积有所减小,但蒸发器的对数平均温差却会减小较多,致使蒸发器的换热面积会增大较多的缘故。当然,那时过热器的换热面积是保持不变的,结果是余热锅炉的总换热面积要增大。由此可知,当节点温差选定后,减小接近点温差有利于减小余热锅炉的总换热面积和投资费用。省煤器设计要保证在最低的外界环境温度下运行时,ΔT_a 不出现零值和负值,否则要采用烟气侧或水侧旁通办法来避免汽化,接近点温差取在 $5\sim20℃$ 范围内较为合适。

在设计余热锅炉时,应该权衡各种因素,按照使联合循环效率或投资费用最优化的设计原则来考虑节点温差、接近点温差对换热面积的影响关系。

3.5.3 机型选择

余热锅炉制造技术难度较低,技术成熟,因此,国内多数锅炉厂均能生产,其价格因工程而异。与常规锅炉相近,约为 0.015 万元/kW。由于有资质的厂商较多,市场竞争比较激烈,市场环境成熟。锅炉的选择主要依据以下原则。

1. 汽水循环方式

(1) 汽水循环压力级数是指余热锅炉产生蒸汽的压力级数,分单压、双压和三压。

(2) 小型燃气轮机联合循环电厂,一般采用双压余热锅炉。余热锅炉产生的高压蒸汽进入汽轮机做功,低压饱和蒸汽供除氧加热用,锅炉给水除氧用的蒸汽不从汽轮机抽汽,以提高汽轮机出力,供热抽汽全部由抽汽式汽轮机抽汽供应。而三压余热锅炉则为高压蒸汽进汽轮机做功,中压蒸汽用于供热或汽轮机补汽发电,低压饱和蒸汽供除氧加热用,锅炉给水除氧不从汽轮机抽汽,以提高汽轮机出力。

(3) 小型汽轮机因为进汽参数较低,采用再热蒸汽系统,会造成汽轮机本体进蒸汽口和排汽口较多,本体结构设计困难,所以现有的小型汽轮机定型设计,均不采用再热蒸汽系统。

燃气-蒸汽联合循环中蒸汽参数的选择原则如下(详细参数见表3-18):

(1) 汽机功率$\leqslant60$ MW 时,采用非再热,初参数常用 586 MPa,502℃;

(2) 汽机功率>60 MW 时,当燃机排气温度偏低时,采用非再热,初参数常用 8.62 MPa,502℃;

(3) 汽机功率>60 MW 时,当燃机排气温度偏高时,采用再热,初参数常用 10.0 MPa,537.8℃。

表 3-18 联合循环蒸汽参数推荐值

循环形式	汽轮机功率/MW	主蒸汽		二次蒸汽		再热蒸汽	
		压力/Pa	温度/℃	压力/Pa	温度/℃	压力/Pa	温度/℃
单压循环	30~200	4.0~7.0	480~540	—			
双压循环	30~200	5.5~8.5	500~565	0.5~0.8	200~260	—	
三压再热循环	50~200	11.0~14.0	520~565	0.4~0.6	200~230	2.0~3.5	520~565

2. 自然循环或强制循环

一般采用汽包锅炉,可用于联合循环机组的汽包锅炉有自然循环和强制循环两种,自然循环锅炉系统简单,厂用电低,是通常采用的锅炉形式。

3. 布置方式

余热锅炉宜露天布置,当电厂处于严寒地区或有景观要求时,可室内布置或紧身封闭。立式布置是常规布置形式。立式布置占地少,由于燃用天然气,烟囱高度不高,具备了将烟囱布置在炉顶的条件,可进一步减少用地并节约投资;当城市环境对美观要求严格时,立式布置具备了在炉顶增加女儿墙以遮蔽烟囱的条件,使总体外形与建筑物相似。

4. 是否补燃

(1) 燃气轮机排烟中含氧量超过 15%,具备了补燃的条件。

(2) 采用余热锅炉补燃的联合循环机组可以提高余热锅炉的产汽量,增加供热能力。但是由于补燃部分燃料利用效率较低、系统阻力增加,联合循环机组的效率会降低。根据余热锅炉厂初步的估算结果,采用烟道补燃,最大补燃量约为产汽量的 20%,联合循环机组的效率会降低 3%~4%,经济性较差。另外,采用余热锅炉补燃,增加了补燃需要的换热面积、燃烧器及投资,约增加 800 万元,一年中,仅在采暖期的 4 个月能利用补燃,在非采暖期,会增加系统阻力,降低整个系统的效率。国内目前也没有这方面的制造和运行经验,不建议锅炉厂采用补燃。

(3) 当电厂仅设 2 套机组,为了保证在 1 套机组停运时能满足对外供热的最低要求,即保证最大工业用汽量或采暖供热量的 60%~75%,建议研究是否补燃,作为比选方案之一。

5. 与燃机匹配

(1) 一般一台燃机配一台余热锅炉。

(2) 余热锅炉的额定工况与燃机额定工况相匹配,并处于最佳效率范围,还应检验它在冬、夏季工况下的蒸发量、汽温及锅炉效率。

6. 排烟利用

(1) 余热锅炉利用燃气轮机排烟余热和余压,不设送、引风机,也无空气预热器,因此余热锅炉采用微正压运行,排烟温度高。

(2) 一般设低温省煤器,即用余热锅炉排烟加热汽轮机凝结水,不设高、低压加热器,回热系统较为简单。

(3) 对于热电联产或冷热电三联产项目,还可利用余热锅炉排烟加热热水,用于热水供应、采暖或制冷。

在全球范围内,大型余热锅炉的制造商较多,目前在中国市场投用的制造商主要有比利时 CMI 公司、法国 ALSTOM 公司、英国 JBE 公司、荷兰 NEM 公司和 STANDARD 公司、美国 DELTAK 公司、日本川崎重工等。由于国内大型余热锅炉生产技术的不断成熟,我国大型余热锅炉趋于国产化,主要有上海锅炉厂、哈尔滨锅炉厂、杭州锅炉集团、东方锅炉厂等。中小型余热锅炉制造难度较低,技术成熟,因此,国内多数锅炉厂均能生产。余热锅炉价格与常规锅炉接近,约为 10 万元/t,国内产业发展成熟。

中国船舶重工集团公司第七〇三研究所是目前国内唯一具有自主知识产权的燃机余热锅炉供货厂商,该所余热锅炉余热利用率高、结构合理、建造周期短、易维护保养、惯性低、抗冲击、烟气阻力低,在国内市场上占有较稳定的市场份额。杭州锅炉集团的前身是杭州锅炉厂,从20世纪70年代开始致力于各类余热发电设备的开发、设计与制造,已经生产了1 000多套节能型环保余热锅炉。杭州锅炉集团设计、制造的燃气轮机余热锅炉容量为23~390 MW,拥有强制循环和自然循环两种技术,并在E,F级燃气轮机余热锅炉基础上进行优化设计开发FB,H级超大型燃气轮机余热锅炉。哈尔滨锅炉厂可以生产从35 t/h中压燃气锅炉到204 t/h超临界燃气锅炉,可以燃用天然气、焦炉煤气、高炉煤气和石化尾气。无锡华光锅炉股份有限公司先后于2005年3月和2009年4月以许可证转让形式引进了比利时CMI公司立式和卧式锅炉技术。南京南锅动力设备有限公司通过合作、消化吸收国外燃气轮机余热锅炉技术,可提供与3~390 MW不同级别燃气轮机配套的余热锅炉。

表3-19列出了哈尔滨锅炉厂生产的HG-9FA-281.7-9.92/567.5-3P(R)余热锅炉的基本情况。

表3-19 HG-9FA-281.7-9.92/567.5-3P(R)余热锅炉的基本情况

型号	HG-9FA-281.7-9.92/567.5-3P(R)	热源	PG9351FA型燃气轮机排气
形式	三压、再热、卧式、无补燃、自然循环余热锅炉	尺寸	31 m×11.8 m,余热锅炉烟囱标高80 m
制造商	哈尔滨锅炉厂有限责任公司	结构	露天塔式全悬吊结构

3.6 吸收式制冷机

3.6.1 工作原理

吸收式制冷是利用某些具有特殊性质的工质对,通过一种物质对另一种物质的吸收和释放,产生物质的状态变化,从而伴随吸热和放热过程。吸收式制冷机主要部件包括:发生器、冷凝器、蒸发器等。在吸收式制冷循环中,发生器和吸收器相当于蒸汽压缩制冷循环中的压缩机,通过从溶液中分离制冷剂蒸汽及其被溶液吸收混合,达到使制冷剂压力增大的目的。溴化锂吸收式制冷是目前在空调领域应用较多的吸收式制冷形式,按其循环形式可分为单效型、双效型以及多效型几种,其中双效型和多效型溴化锂吸收式制冷机组由于实现了驱动热源的多次利用,具有较高的性能系数。

余热型溴化锂吸收式冷热水机组是以燃气轮机(或内燃机)发电设备等外部装置排放的废热做驱动热源,同时也可以以燃油、燃气的燃烧热或其他热源如废蒸汽、市政蒸汽等作为辅助驱动热源,水为制冷剂,溴化锂水溶液为吸收剂,利用水在低压真空环境蒸发吸热,溴化锂溶液极易吸收水蒸汽的特性,在真空状态下交替或者同时制取空气调节或工艺用冷水、热水的设备。图3-37所示为余热型溴化锂吸收式制冷、制热工作原理。

制冷时,溶液泵将吸收器中的稀溶液抽出,经溶液热交换器换热升温后进入发生器,在发生器中被驱动热源继续加热,浓缩成浓溶液,同时产生高温冷剂蒸汽。浓溶液经热交换器传热管间,加热管内稀溶液,温度降低后回到吸收器。发生器产生的高温冷剂蒸汽进入冷凝器,被流经冷凝器传热管内的冷却水冷凝成冷剂水,热量被带入大气中。冷剂水进入蒸发器,被冷剂泵抽出喷淋在蒸发器传热管表面,吸收流经传热管内冷水的热量而沸腾蒸发,成为冷剂蒸汽。产生的冷剂蒸汽进入吸收器,被回到吸收器中的浓溶液吸收。吸收过程放出的吸收热被流经吸收器传热管内的冷却水带走,带入大气中。冷水则在热量被冷剂水带走

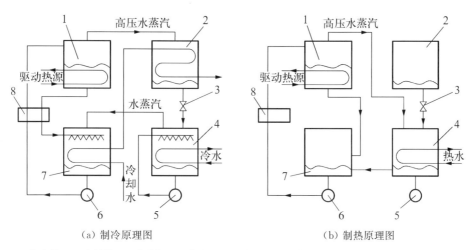

（a）制冷原理图　　　　　　　　　　　（b）制热原理图

1—发生器；2—冷凝器；3—节流阀；4—蒸发器；5—冷剂泵；6—溶液泵；7—吸收器；8—溶液热交换器

图 3-37　余热型溴化锂吸收式冷热水机组原理图

后温度降低，流出机组，返回用户系统。浓溶液在吸收了冷剂蒸汽后，浓度降低，成为稀溶液后被溶液泵再次送往发生器加热浓缩。这个过程不断循环进行，蒸发器就连续不断地制取所要求温度的冷水。

制热时，利用驱动热源加热发生器中溴化锂溶液，产生高温冷剂蒸汽，同时溶液浓缩成浓溶液，高温冷剂蒸汽进入蒸发器，在传热管表面冷凝释放热量，使管内的热水温度升高，冷剂蒸汽冷凝水进入吸收器，而浓溶液也进入吸收器，二者混合成稀溶液。稀溶液再由溶液泵送往发生器加热。蒸发器传热管内的热水吸收了冷剂蒸汽凝结时释放出的热量而升温。这个过程不断循环进行，蒸发器就连续不断地制取热水。

3.6.2　运行特性

1. 冷水出口温度对制冷量的影响

外界空调热负荷随季节和空调的发热量经常变化，而机组产生的制冷量必须与外界空调热负荷相匹配，这就要求机组的制冷量也要随之变化。若机组的其他运转条件如冷却水进口温度、热源温度、冷却水和冷水流量、稀溶液循环量为定值，当外界空调热负荷低于机组名义制冷量时，冷水进口温度降低，经溴化锂吸收式机组后，冷水出口温度亦下降。即当其他内部条件和外部条件不变时，机组的制冷量随冷水出口温度的升高而增大。其关系是，在其他条件不变的情况下，在一定范围内，冷水出口温度每升高 1℃，制冷量提高 4%～7%。

虽然结论的前提是其他参数不变，但实际上，随着冷水出口温度降低，制冷量降低，其他参数也会发生一些变化：蒸发温度回升，吸收器出口稀溶液的温度下降；冷凝温度下降，发生器出口浓溶液质量分数上升。

2. 冷却水进口温度对制冷量的影响

冷却水进口温度过低，将引起稀溶液温度过低与浓溶液质量分数过高，二者均增加了浓溶液产生结晶的危险。同时还因稀溶液质量分数过低，使发生器中溶液剧烈沸腾，溶液液滴极易通过发生器挡液板进入冷凝器中，造成冷剂水污染。故机组运转中不允许冷却水进口温度过

97

低。反之,如冷却水出口温度过高,吸收效果大幅度下降,也将引起浓溶液质量分数接近结晶曲线,因此,对常年使用的机组,必须控制冷却水进口温度。

3. 部分负荷下吸收式冷热水机组效率

吸收式冷温水机组制冷工况下设备性能系数如下:

$$COP_c = \frac{COP_{rc} \cdot \beta}{(0.75\beta^2 + 0.019\,5\beta + 0.213)} \tag{3-9}$$

式中 COP_c——部分负荷下设备的制冷性能系数;

COP_{rc}——额定工况下设备的性能系数;

β——负荷率。

吸收式冷温水机组制热工况下设备性能系数如下:

$$COP_h = \frac{COP_{rh} \cdot \beta}{(0.22\beta^2 + 0.669\,8\beta + 0.112)} \tag{3-10}$$

式中 COP_h——部分负荷下设备的制热性能系数;

COP_{rh}——额定工况下设备的性能系数;

β——负荷率。

溴化锂机组不同负荷率下制冷和制热效率比较见图 3-38。

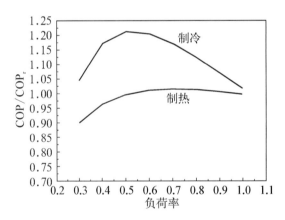

图 3-38 溴化锂机组不同负荷率下制冷和制热效率比较

3.6.3 常见机型

3.6.3.1 热水型吸收式冷热水机组

热水型冷热水机组是一种以热水为驱动热源的溴化锂吸收式冷热水机组。根据利用热水温度条件的不同,机组可分为热水单效型、热水二段型、热水两级型和热水双效型。由于燃气冷热电分布式能源系统中废热水的品位较低,热水双效型暂不做介绍。

1. 热水单效型溴化锂吸收式冷热水机组

热水单效型溴化锂吸收式冷热水机组由发生器、冷凝器、蒸发器、吸收器和热交换器等主要部件及抽气装置、熔晶管、屏蔽泵(溶液泵和冷剂泵)、控制系统等辅助部分组成。机组可利用热水温度范围为 90～105℃。产品特性及工艺特点如下：

（1）机组 COP 达到 0.81,高效节能环保。

（2）蒸发器采用特有的淋板淋激式结构和先进的防冻管技术,换热管采用全新管型和布置方式,增强传热效果,提高机组效率,降低能耗,提高机组可靠性。

（3）传热管采用特殊表面处理技术,提高了溶液和冷剂水在换热管表面的润湿性和面积利用率,增强换热效果,提高机组效率。

（4）热交换器采用新型高效传热管及新的全逆流结构形式,大幅度降低端部换热温差,充分回收溶液的热量,提高机组效率,降低机组能耗。

（5）溶液泵变频控制,保证溶液循环量一直处于最佳的状态,提高机组的运行稳定性和运行效率,并节省溶液泵的耗电量。

（6）发生器采用降膜淋激发生技术,增强传热效果,提高机组效率,降低机组能耗。

（7）自动抽气引射溶液采用冷剂水冷却,配以机组最佳内抽气管布置,提高机组抽气效果,提高机组性能和可靠性。

单效热水型吸收式制冷机型号规格如表 3-20 所列。

表 3-20　单效热水型吸收式制冷机型号规格

机型代号	制冷量/(万 kcal·h⁻¹)	冷冻水量/(m³·h⁻¹)(7/12℃)	冷却水量/(m³·h⁻¹)(37/30℃)	热源水流量/(m³·h⁻¹)(170/155℃)	耗电量/kW	运行质量/t
BDH20	20	26	43	18.1	1.8	3.9
BDH50	50	88	147	61.1	2.2	7.4
BDH100	100	176	293	122	5.0	13.4
BDH200	200	352	587	244	8.4	26.0
BDH500	500	880	1 467	611	13.5	59.0
BDH1000	1 000	1 760	3 933	1 222	27.2	101.0

注：各种冷水机组为同一公司生产的产品,并均选其中性能较优的机型。

2. 热水二段型溴化锂吸收式冷热水机组

热水二段型溴化锂吸收式冷热水机组由两套发生器、冷凝器、蒸发器、吸收器和热交换器等主要部件及抽气装置、熔晶管、屏蔽泵(溶液泵和冷剂泵)等辅助部分组成。机组可利用热水温度范围为 90～140℃。产品特性及工艺特点如下：

（1）机组 COP 达到 0.79,高效节能环保。

（2）机组的蒸发吸收器和发生冷凝器采用独有的二段式结构,分为高温段和低温段,在冷水、冷却水温度相同的情况下,可以使热水的温度比常规机组大幅度降低,在热水流量相同的情况下,大幅度增加能源的利用总量和利用效率。

（3）传热管采用特殊表面处理技术提高了溶液和冷剂水在换热管表面的润湿性和面积利用率,增强换热效果,提高机组效率。

（4）热交换器采用新型高效传热管及新的全逆流结构形式,大幅度降低端部换热温差,充分回收溶液的热量,提高机组效率,降低机组能耗。

（5）高温段和低温段溶液泵均采用变频控制,溶液循环量根据机组的运行工况自动调节,保证溶液循环量一直处于最佳的状态,提高机组的部分负荷特性和运行稳定性,并节省溶液泵的耗电量。

（6）发生器采用降膜淋激发生技术,增强传热效果,提高机组效率,降低机组能耗。

（7）蒸发器采用特有的淋板淋激式结构和先进的防冻管技术,换热管采用全新管型和布置方式,增强传热效果,提高机组效率,降低能耗,提高机组可靠性。

（8）自动抽气引射溶液采用冷剂水冷却,配以机组最佳内抽气管布置,提高机组抽气效果,提高机组性能和可靠性。

3. 热水两级型溴化锂吸收式冷热水机组

热水两级型溴化锂吸收式冷热水机组由一级发生器、二级吸收器、二级发生器、一级吸收器、冷凝器、蒸发器和热交换器等主要部件及抽气装置、屏蔽泵(溶液泵和冷剂泵)等辅助部分组成。机组可利用热水温度范围为65~85℃。产品特性及工艺特点如下:

（1）机组可利用其他制冷机无法利用的低品位热水制冷,在余热利用和节能降耗方面具有其他设备无法比拟的优越性,投资回收期较短。机组 COP 达 0.42~0.45,高效节能环保。

（2）机组工作循环流程采用两级发生、两级吸收流程,从而实现利用低品位热水制冷。

（3）传热管采用特殊表面处理技术,提高了溶液和冷剂水在换热管表面的润湿性和面积利用率,增强换热效果,提高机组效率。

（4）热交换器采用新型高效传热管及新的全逆流结构形式,大幅度降低端部换热温差,充分回收溶液的热量,提高机组效率,降低机组能耗。

（5）溶液泵变频控制,保证溶液循环量一直处于最佳的状态,提高机组的运行稳定性和运行效率,并节省溶液泵的耗电量。

（6）发生器采用降膜淋激发生技术,增强传热效果,提高机组效率,降低机组能耗。

（7）自动抽气引射溶液采用冷剂水冷却,配以机组最佳内抽气管布置,提高机组抽气效果,提高机组性能和可靠性。

由于该种机型可利用热水品位低,不同的用户热源条件差距很大,所以没有标准型系列产品。用户可根据热水进出口温度、冷水进出口温度和冷却水进出口温度等,由相关生产厂家提供相应机组的规格和参数。

双效热水型吸收式制冷机性能参数如表 3-21 所列。

表 3-21　双效热水型吸收式制冷机性能参数

机型代号	制冷量/(万 kcal·h^{-1})	冷冻水量/(m³·h^{-1})(7/12℃)	冷却水量/(m³·h^{-1})(37/30℃)	热源水流量(m³·h^{-1})(170/155℃)	耗电量/kW	运行质量/t
BH20	20	30	36.7	76	1.4	4.2
BH50	50	100	123	256	2.5	9.1
BH100	100	200	245	512	4.3	15.2
BH200	200	400	490	102	6.6	29.4
BH500	500	1 000	1 226	256	17.4	67.0
BH1000	1 000	2 000	2 452	512	34.6	117.0

注：各种冷水机组为同一公司生产的产品,并均选其中性能较优的机型。

3.6.3.2　蒸汽型冷热水机组

蒸汽型冷热水机组是一种以饱和水蒸汽为驱动热源的溴化锂吸收式冷热水机组。根据利用工作蒸汽压力的高低,机组可分为蒸汽单效型和蒸汽双效型。

1. 蒸汽单效型溴化锂吸收式冷热水机组

蒸汽单效型溴化锂吸收式冷热水机组由发生器、冷凝器、蒸发器、吸收器和热交换器等主要部件及抽气装置、熔晶管、屏蔽泵(溶液泵和冷剂泵)等辅助部分组成。机组可利用工作蒸汽压力范围为 0.01~0.15 MPa。产品特性及工艺特点如下:

(1) 机组 COP 达到 0.8,高效节能环保。

(2) 蒸发器采用特有的淋板淋激式结构和先进的防冻管技术,换热管采用全新管型和布置方式,增强传热效果,提高机组效率,降低能耗,提高机组可靠性。

(3) 传热管采用特殊表面处理技术,提高了溶液和冷剂水在换热管表面的润湿性和面积利用率,增强换热效果,提高机组效率。

(4) 热交换器采用新型高效传热管及新的全逆流结构形式,大幅度降低端部换热温差,充分回收溶液的热量,提高机组效率,降低机组能耗。

(5) 溶液泵变频控制,保证溶液循环量一直处于最佳的状态,提高机组的运行稳定性和运行效率,并节省溶液泵的耗电量。

(6) 发生器采用降膜淋激发生技术,增强传热效果,提高机组效率,降低机组能耗。

(7) 自动抽气引射溶液采用冷剂水冷却,配以机组最佳内抽气管布置,提高机组抽气效果,提高机组性能和可靠性。

单效蒸汽型吸收式制冷机性能参数如表 3-22 所列。

表 3-22　单效蒸汽型吸收式制冷机性能参数

机型代号	制冷量/(万 kcal·h⁻¹)	冷冻水量/(m³·h⁻¹)(7/12℃)	冷却水量/(m³·h⁻¹)(37/30℃)	蒸气耗量/(kg·h⁻¹)(0.1 MPa)	耗电量/kW	运行质量/t
BDS20	20	30	48.9	349	1.8	3.6
BDS50	50	100	163	1 163	2.2	7.1
BDS100	100	200	326	2 325	5.0	12.5
BDS200	200	400	652	4 625	8.4	25.2
BDS500	500	1 000	1 630	11 025	13.5	55.0
BDS1000	1 000	2 000	3 260	23 000	27.2	95.0

注:各种冷水机组为同一公司生产的产品,并均选其中性能较优的机型。

2. 蒸汽双效型溴化锂吸收式冷热水机组

蒸汽双效型溴化锂吸收式冷热水机组由高压发生器、低压发生器、冷凝器、蒸发器、吸收器和高温热交换器、低温热交换器、凝水热交换器等主要部件及抽气装置、熔晶管、屏蔽泵(溶液泵和冷剂泵)等辅助部分组成。机组可利用工作蒸汽压力范围为 0.25~0.8 MPa。产品特性及工艺特点如下:

(1) 机组 COP 达到 1.41,高效节能环保。

(2) 蒸发器采用特有的淋板淋激式结构和先进的防冻管技术,换热管采用全新管型和布置方式,增强传热效果,提高机组效率,降低能耗,提高机组可靠性。

(3) 传热管采用特殊表面处理技术,提高了溶液和冷剂水在换热管表面的润湿性和面积利用率,增强换热效果,提高机组效率。

(4) 热交换器采用新型高效传热管及新的全逆流结构形式,大幅度降低端部换热温差,充分回收溶液的热量,提高机组效率,降低机组能耗。

(5) 溶液泵变频控制,保证溶液循环量一直处于最佳的状态,提高机组的运行稳定性和运行效率,并节省溶液泵的耗电量。

(6) 高压发生器采用新型高效传热管型和结构形式,增强传热效果,提高机组效率,降低机组能耗。

(7) 低压发生器倾斜布置,增强换热效果,提高机组效率,降低机组能耗。

(8) 自动抽气引射溶液采用冷剂水冷却,配以机组最佳内抽气管布置,提高机组抽气效果,提高机组性能和可靠性。

双效蒸汽型吸收式制冷机性能参数如表 3-23 所列。

表 3-23　双效蒸汽型吸收式制冷机性能参数

机型代号	制冷量 /(万 kcal·h⁻¹)	冷冻水量 /(m³·h⁻¹) (7/12℃)	冷却水量 /(m³·h⁻¹) (37/30℃)	蒸气耗量 /(kg·h⁻¹) (0.1 MPa)	耗电量 /kW	运行质量 /t
BS20	20	30	36.7	189	1.4	4.0
BS50	50	100	123	633	2.5	8.2
BS100	100	200	245	1 267	4.3	15.1
BS200	200	400	624	2 535	6.6	29.7
BS500	500	1 000	1 220	6 343	17.4	63.8
BS1000	1 000	2 000	2 452	12 685	34.6	113.0

3.6.3.3　烟气型吸收式冷热水机组

烟气型吸收式冷热水机组是以内燃机(或燃气轮机)发电机组或其他外部装置排放的高温烟气为驱动热源的溴化锂吸收式冷热水机组。根据利用烟气温度的高低,机组可分为烟气单效型和烟气双效型。烟气温度高于 250℃时,一般配置烟气双效型机组。要求烟气洁净、无黑烟及粉尘、无腐蚀性介质。适用于有高温烟气和空调需求的场所,如冷热电分布式能源系统、工业窑炉烟气余热利用、燃气轮机进气冷却系统等。

1. 烟气单效型溴化锂吸收式冷热水机组

烟气单效型溴化锂吸收式冷热水机组由烟气型发生器、冷凝器、蒸发器、吸收器和热交换器等主要部件及抽排气装置、熔晶管、屏蔽泵(溶液泵、冷剂泵)等辅助部分组成。机组可利用烟气温度范围为 130～250℃。产品特性及工艺特点如下:

(1) 机组 COP 达到 0.8,高效节能环保。

(2) 蒸发器采用特有的淋板淋激式结构和先进的防冻管技术,换热管采用全新管型和布置方式,增强传热效果,提高机组效率,降低能耗,提高机组可靠性。

(3) 传热管采用特殊表面处理技术,提高了溶液和冷剂水在换热管表面的润湿性和面积利用率,增强换热效果,提高机组效率。

(4) 热交换器采用新型高效传热管及新的全逆流结构形式,大幅度降低端部换热温差,充分回收溶液的热量,提高机组效率,降低机组能耗。

(5) 溶液泵变频控制,保证溶液循环量一直处于最佳的状态,提高机组的运行稳定性和运行效率,并节省溶液泵的耗电量。

(6) 发生器烟气传热管束采用直立水管式结构,溶液在烟气传热管束内流动,结构紧凑,避免高温腐蚀,无干烧部位,热效率高,可靠性高,易维护。

(7) 自动抽气引射溶液采用冷剂水冷却,配以机组最佳内抽气管布置,提高机组抽气效果,提高机组性能和可靠性。

由于该种机型可利用烟气品位低,不同的用户热源条件差距很大,所以没有标准型系列产品。用户可根据烟气温度、冷水进出口温度和冷却水进出口温度等,由相关生产厂家提供相应机组的规格和参数。

2. 烟气双效型溴化锂吸收式冷热水机组

烟气双效型溴化锂吸收式冷热水机组由烟气型高压发生器、低压发生器、冷凝器、蒸发器、吸收器和高温热交换器、低温热交换器等主要部件及抽排气装置、熔晶管、屏蔽泵(溶液泵、冷剂泵)等辅助部分组成。机组可利用烟气温度高于250℃。产品特性及工艺特点如下:

(1) 机组 COP 达到 1.45,高效节能环保。

(2) 蒸发器采用特有的淋板淋激式结构和先进的防冻管技术,换热管采用全新管型和布置方式,增强传热效果,提高机组效率,降低能耗,提高机组可靠性。

(3) 传热管采用特殊表面处理技术,提高了溶液和冷剂水在换热管表面的润湿性和面积利用率,增强换热效果,提高机组效率。

(4) 热交换器采用新型高效传热管及新的全逆流结构形式,大幅度降低端部换热温差,充分回收溶液的热量,提高机组效率,降低机组能耗。

(5) 溶液泵变频控制,保证溶液循环量一直处于最佳的状态,提高机组的运行稳定性和运行效率,并节省溶液泵的耗电量。

(6) 高压发生器烟气传热管束采用直立水管式结构,溶液在烟气传热管束内流动,结构紧凑,避免高温腐蚀,无干烧部位,热效率高,可靠性高,易维护。

(7) 低压发生器倾斜布置,增强换热效果,提高机组效率,降低机组能耗。

(8) 自动抽气引射溶液采用冷剂水冷却,配以机组最佳内抽气管布置,提高机组抽气效果,提高机组性能和可靠性。

3. 烟气补燃型吸收式冷热水机组

烟气补燃型吸收式冷热水机组是以内燃机(或燃气轮机)发电机组或其他外部装置排放的高温烟气为驱动热源,以燃油、燃气的燃烧热做辅助驱动热源的溴化锂吸收式冷热水机组。机组由烟气型高压发生器、补燃型高压发生器、低压发生器、冷凝器、蒸发器、吸收器和高温热交换器、低温热交换器等主要部件及抽排气装置、熔晶管、屏蔽泵(溶液泵、冷剂泵)等辅助部分组成。机组所使用烟气必须洁净,无黑烟及粉尘、无腐蚀性介质,可利用烟气温度高于250℃,适用于有高温烟气、燃料和空调需求的场所,如分布式能源系统、工业窑炉烟气余热利用。产品特性及工艺特点如下:

(1) 机组 COP 最高达到 1.45,高效节能环保。

（2）蒸发器采用特有的淋板淋激式结构和先进的防冻管技术，换热管采用全新管型和布置方式，增强传热效果，提高机组效率，降低能耗，提高机组可靠性。

（3）传热管采用特殊表面处理技术，提高了溶液和冷剂水在换热管表面的润湿性和面积利用率，增强换热效果，提高机组效率。

（4）热交换器采用新型高效传热管及新的全逆流结构形式，大幅度降低端部换热温差，充分回收溶液的热量，提高机组效率，降低机组能耗。

（5）溶液泵变频控制，保证溶液循环量一直处于最佳的状态，提高机组的运行稳定性和运行效率，并节省溶液泵的耗电量。

（6）采用烟气型高压发生器和直燃型高压发生器分体式结构，可靠性高，易维护。

（7）直燃型高压发生器采用湿背式结构，溶液包围炉膛和传热管束，避免高温腐蚀，无干烧部位，热效率高，可靠性高，易维护。

（8）高压发生器烟气传热管束采用直立水管式结构，溶液在烟气传热管束内流动，结构紧凑，避免高温腐蚀，无干烧部位，热效率高，可靠性高，易维护。

（9）低压发生器倾斜布置，增强换热效果，提高机组效率，降低机组能耗。

（10）自动抽气引射溶液采用冷剂冷水却，配以机组最佳内抽气管布置，提高机组抽气效果，提高机组性能和可靠性。

4. 烟气热水型吸收式冷热水机组

烟气热水型溴化锂吸收式冷热水机组是以内燃机发电机组等外部装置排放的高温烟气和热水作为驱动热源的溴化锂吸收式冷热水机组。机组由烟气型高压发生器、复合型低压发生器、冷凝器、蒸发器、吸收器和高温热交换器、低温热交换器、烟气热水换热器等主要部件及抽排气装置、熔晶管、屏蔽泵（溶液泵、冷剂泵）等辅助部分组成。机组所使用烟气必须洁净，无黑烟及粉尘、无腐蚀性介质，可利用烟气温度高于250℃，可利用热水回水温度高于90℃。产品特性及工艺特点如下：

（1）蒸发器采用特有的淋板淋激式结构和先进的防冻管技术，换热管采用全新管型和布置方式，增强传热效果，提高机组效率，降低能耗，提高机组可靠性。

（2）传热管采用特殊表面处理技术，提高了溶液和冷剂水在换热管表面的润湿性和面积利用率，增强换热效果，提高机组效率。

（3）热交换器采用新型高效传热管及新的全逆流结构形式，大幅度降低端部换热温差，充分回收溶液的热量，提高机组效率，降低机组能耗。

（4）溶液泵变频控制，保证溶液循环量一直处于最佳的状态，提高机组的运行稳定性和运行效率，并节省溶液泵的耗电量。

（5）采用烟气型高压发生器和直燃型高压发生器分体式结构，可靠性高，易维护。

（6）高压发生器烟气传热管束采用直立水管式结构，溶液在烟气传热管束内流动，结构紧凑，避免高温腐蚀，无干烧部位，热效率高，可靠性高，易维护。

（7）低压发生器采用复合型低压发生器结构，使机组结构紧凑，体积小，重量轻。

（8）自动抽气引射溶液采用冷剂冷水却，配以机组最佳内抽气管布置，提高机组抽气效果，提高机组性能和可靠性。

5. 烟气热水补燃型吸收式冷热水机组

烟气热水补燃型溴化锂吸收式冷热水机组是以内燃机发电机组等外部装置排放的高温烟

气和热水作为主要驱动热源,以燃油、燃气的燃烧热为辅助驱动热源的溴化锂吸收式冷热水机组。机组由烟气型高压发生器、补燃型高压发生器、复合型低压发生器、冷凝器、蒸发器、吸收器和高温热交换器、低温热交换器、烟气热水换热器等主要部件及抽排气装置、熔晶管、屏蔽泵(溶液泵、冷剂泵)等辅助部分组成。机组所使用烟气必须洁净,无黑烟及粉尘、无腐蚀性介质,可利用烟气温度高于 250℃,可利用热水回水温度高于 90℃。产品特性及工艺特点如下:

(1) 蒸发器采用特有的淋板淋激式结构和先进的防冻管技术,换热管采用全新管型和布置方式,增强传热效果,提高机组效率,降低能耗,提高机组可靠性。

(2) 传热管采用特殊表面处理技术,提高了溶液和冷剂水在换热管表面的润湿性和面积利用率,增强换热效果,提高机组效率。

(3) 热交换器采用新型高效传热管及新的全逆流结构形式,大幅度降低端部换热温差,充分回收溶液的热量,提高机组效率,降低机组能耗。

(4) 溶液泵变频控制,保证溶液循环量一直处于最佳的状态,提高机组的运行稳定性和运行效率,并节省溶液泵的耗电量。

(5) 采用烟气型高压发生器和直燃型高压发生器分体式结构,可靠性高,易维护。

(6) 直燃型高压发生器采用湿背式结构,溶液包围炉膛和传热管束,避免高温腐蚀,无干烧部位,热效率高,可靠性高,易维护。

(7) 高压发生器烟气传热管束采用直立水管式结构,溶液在烟气传热管束内流动,结构紧凑,避免高温腐蚀,无干烧部位,热效率高,可靠性高,易维护。

(8) 低压发生器采用复合型低压发生器结构,使机组结构紧凑,体积小,重量轻。

(9) 自动抽气引射溶液采用冷剂冷水却,配以机组最佳内抽气管布置,提高机组抽气效果,提高机组性能和可靠性。

3.6.4　特点分析

溴化锂水溶液无毒、不燃烧,对环境无破坏作用;真空下运行,安全可靠;用电量少;振动小,噪声低;直燃机既可制冷又可制热;能耗高于电力驱动的制冷机;当溴机以燃煤锅炉生产的蒸汽驱动时,CO_2 排放量大,且有烟尘、SO_2、NO_x,污染环境;对气密性要求很严格。各种冷水机组每 1 000 kW 制冷量的一次能耗如表 3-24 所列。

表 3-24　各种冷水机组每 1 000 kW 制冷量的一次能耗

冷水机组类型		离心式	螺杆式	活塞式	单效溴化锂吸收式	双效溴化锂吸收式	直燃式
消耗能量	电/kW	180.1	193.3	255.3	4.5	6.45	8.95
	蒸汽/(kg·h⁻¹)				2 173.5	1 128.8	
	天然气/(m³·h⁻¹)						58.8
COP		5.55	5.17	3.92	0.72	1.35	1.33
一次能耗/kW		562.8	604.1	797.8	2 005.3	1 079.5	741.6
一次能耗相对值		1	1.07	1.42	3.56	1.92	1.32

注:各种冷水机组为同一公司生产的产品,并均选其中性能较优的机型。

第4章 建筑分布式能源系统设计

4.1 概述

建筑分布式能源系统的设计是一项非常复杂的工作,这是因为与工业用户相比,建筑负荷的影响因素更多,具有明显的峰谷特性,变化更复杂。而系统设计是否合理直接决定了项目经济效益和节能减排等社会效益的优劣。国内一些已在运行的建筑分布式能源系统效益不理想的主要原因就是设计阶段热、电负荷预测或计算不够准确,系统设计方法不正确,导致设计系统的形式、设备容量、运行策略的选择不合理。因此,规范合理的设计是建筑分布式能源系统经济效益、节能效益和环保效益的前提和保障。

本章首先介绍了建筑分布式能源系统的设计流程,原动机种类和容量确定方法,系统运行模式确定方法,并给出了系统在能源、经济和环境三个方面的评价指标。其次,以上海某医院建筑为例,在详细分析建筑负荷特性的基础上,确定了分布式能源系统容量,设计了分布式能源系统的运行模式,并进行了系统评价。

4.2 系统设计流程

建筑分布式能源系统规划设计的主要任务之一就是根据热、电需求确定具有节能性、经济性的设备类型和构成,即确定各种构成设备的机型、容量和台数。在常规能源系统中,电、热单独供应,通常根据最大能源需求确定构成设备的容量和台数。然而,对分布式能源系统而言,热和电复杂相连,相互影响,不能单纯根据最大需求量确定。此外,如前所述,规划设计阶段也必须兼顾考虑系统的运行策略。

分布式能源系统设计流程主要包括:初始条件整理→系统初步设定→模拟→评价(节能性、经济性、环境性)→综合评价→可行性判定。一个合理的分布式能源系统的设计通常需要通过图 4-1 所示过程的反复优化和校核。

具体设计步骤简述如下:

步骤一:掌握建筑特点。

根据用户提供的信息,确定设计所需要的建筑特点,包括建筑类型、建筑功能、所在区域、所在位置以及当地气候。

步骤二:负荷预测及相关信息搜集。

计算负荷之前,必须先选择一个合理的能源计量单位,然后根据能源计量单位和上述建筑基本信息,预测出相应的冷负荷、热负荷、热水负荷以及电负荷。负荷预测后需要分析该建筑

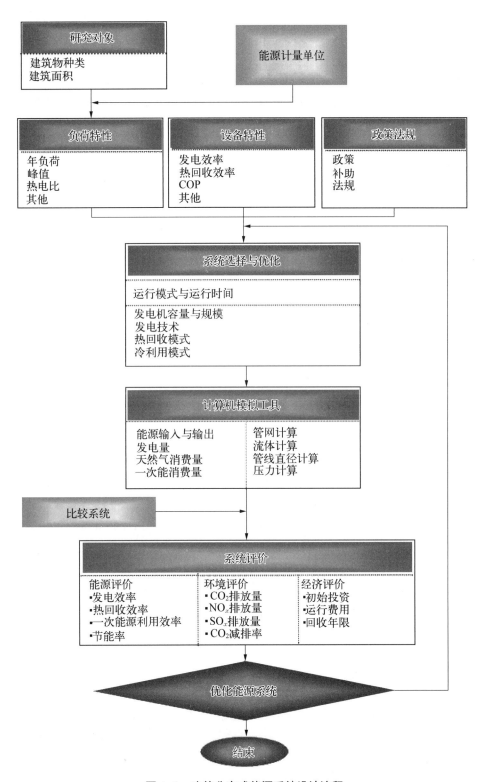

图 4-1　建筑分布式能源系统设计流程

负荷特性,如年负荷、月负荷、时负荷、尖峰负荷、热电比等等。同时,还需要以下相关信息:分布式能源系统的可选技术,热回收率,外部环境,包括环境政策、相关法规和引入分布式能源系统的补贴情况。

步骤三:系统选择。

根据步骤二分析得出的负荷特性和相关信息,设计系统形式,选择原动机类型和容量,确定不同设备的运行模式和策略。过程中需同时选择系统设备型号,确定相关设备性能,包括发电容量、发电技术、热回收率、热循环方式等等。

步骤四:系统模拟分析。

根据步骤三的相关信息,根据能量供需平衡原则,针对分布式能源系统的形式、设备性能、容量、运行模式和策略等模拟计算运行效果。主要测算的模拟量包括年总发电量、燃气消耗量、买电量和卖电量、一次能源消耗等等。同时,还需计算出管线的分布,如流动分析、管道的直径、压力以及管道的成本。

步骤五:系统评价。

根据步骤四测算出的相关能量值进行系统评价,主要包括能源评价、环境评价和经济性评价三部分。

能源评价通常包括发电效率、热循环效率、主要的回收效率、一次能源利用效率和节能率。环境评价包括 CO_2, NO_x, SO_2 排放量的计算,以及与传统供能系统相比 CO_2 的减排率。经济性评价包括初投资、运行成本和回收年限的计算。

通过以上的设计步骤和流程,基本可以确定一个合理的分布式能源系统。

4.3 原动机设备设计

分布式能源系统设计过程中,原动机设备的选型是系统设备选型的关键。原动机种类和容量的选择是否与用户的负荷特性相匹配,将会对系统形式的配置、系统运行模式和运行策略带来完全不同的设计,进而影响系统的能源评价指标、经济评价指标和环境评价指标。

原动机选型一般遵循安全可靠性、能源利用高效性、优良的项目经济性等原则。原动机选型应根据用户热电负荷状况及外部条件,经技术经济比较后确定。其中,用户热电负荷指冷热负荷性质、热电负荷比例等;外部条件指燃气供应条件、场地条件、环保要求、资金情况等。

原动机的类型对于天然气分布式能源系统而言,主要有燃气轮机、燃气内燃机和燃料电池三种。目前,由于技术性、安全可靠性、经济性等方面原因,燃气内燃机与燃气轮机应用较多。因此,本节着重分析燃气内燃机与燃气轮机的选型方法。

4.3.1 原动机种类设计

分布式能源系统中很重要的技术参数之一是系统的热电比 σ,即

$$\sigma = \frac{Q}{W_e} \tag{4-1}$$

σ 分为两类:一是需求侧热电比 σ_{user},即建筑负荷特性中的负荷热电比,式中,Q 为建筑所需的热(冷)能,W_e 为建筑所需的电能;二是供应侧热电比 σ_{CCHP},即分布式能源系统的热电比,

式中,Q 为系统所利用的热(冷)能,W_e 为系统发出的电能。

我国主要城市各类型建筑物的热电比见表 4-1。

表 4-1　我国主要城市各类型建筑物的热电比

城市	热电比	普通办公楼	商务办公楼	大型商场	宾馆酒店
	电	58	95	230	95
上海	热	61.11	88.89	219.44	122.22
	热/电	1.05	0.93	0.95	1.28
	电	53	88	200	87
北京	热	97.3	127.78	166.66	172.22
	热/电	1.83	1.45	0.83	1.97
	电	55	89	201	88
西安	热	97.22	127.78	166.67	172.23
	热/电	1.09	1.44	0.83	1.95
	电	75	113	260	119
广州	热	105.56	133.33	322.22	188.89
	热/电	1.4	1.18	1.24	1.59

热电比的作用包括以下几个方面:

(1)热电比是分布式能源机组的技术经济指标,它反映了分布式能源系统的运行水平和管理效益,是主要的技术经济指标之一。

(2)热电比是审批分布式能源建设项目的重要指标,通过热电比的计算和对比,参照建设项目的具体条件和实际需求,就可确定分布式能源建设项目的合理性,为项目审批提供依据和方便。

(3)热电比是安排分布式能源系统上网发电计划的考核指标。

(4)热电比是发展分布式能源、建设能源站的考核指标,计算出在其额定负荷下的热电比,并以此制订出发展冷热电联供、扩大热用户的规划。

原动机种类的选择通常根据需求侧热电比 σ_{user} 和供应侧热电比 σ_{CCHP} 的匹配情况来进行选择。

例如,根据建筑负荷特性分析,建筑为高需求侧热电比时,则宜选用燃气轮机;建筑为低需求侧热电比时,则宜选用燃气内燃机或燃料电池。一般情况下,燃气轮机的发电效率相对其他种类原动机要低,但其余热回收量通常较多,即燃气内燃机多属于设备热电比较高的原动机;燃气内燃机相对于燃气轮机而言,发电效率要高,但其余热回收量通常就要少一些,则其系统热电比就会比燃气轮机要小;燃料电池尽管在实际的分布式能源系统中应用不常见,但它属于发电效率高、余热回收量相对小的原动机,因此,燃料电池属于系统热电比较低的原动机。

原动机种类的确定还需考虑动力性能、变工况特性和环境影响特性等因素。动力性能主要有单机容量与发电效率两大指标。其中,内燃机的额定功率通常在 50~8 000 kW,发电效率在 35%~45%;燃气轮机的额定功率一般在 100 kW 以上,发电效率在 25%~42%。部分进口燃气发电机组参数如表 4-2 所示,其中序号 1~5 为燃气内燃机,序号 6~10 为燃气轮机。

表 4-2　常见燃气机组发电参数

序号	型号	天然气/(m³·h⁻¹)	发电功率/kW	发电效率/%	余热/kW	热效率/%	总效率/%
1	卡特 G3508	310	1 025	34.1	1 458	48.5	82.6
2	MTU GC11948	497	1 948	41.3	2 154	45.7	87.0
3	颜巴赫 616	519.24	2 188	42.63	2 249	43.82	86.44
4	道依茨 620V16K	344.6	1 365	40.2	1 548	45.60	85.80
5	瓦锡兰 18V320	1 383.6	6 080	44.6	5 933	43.50	88.10
6	索拉 20	500.22	1 174	23.74	3 185	51.01	74.75
7	索拉 40	1 267.54	3 419	27.29	7 146	45.00	72.29
8	索拉 70	2 206.15	7 352	33.72	12 140	45.33	78.53
9	川崎 15D	615.11	1 435	23.59	3 522	57.90	81.49
10	川崎 30D	1 231.39	2 825	23.22	7 052	57.96	81.18

4.3.2　原动机容量设计

在选定原动机类型之后,则需确定原动机的容量,通常原动机容量选择的同时还需要确定原动机的台数,因为台数的不同将会影响运行策略的灵活性、可靠性和可调性。原动机容量和台数的选择主要基于以下几个基本原则:

（1）设备运行时间长且运行时设备能在高部分负荷率下运行;

（2）系统一次能源利用效率高;

（3）系统运行策略可调节性大、系统可靠性高;

（4）热电平衡原则。

基于以上的基本原则,常用的原动机容量和台数的选择方法有如下几种:

（1）按最大负荷（可为电力负荷,也可为热负荷）的百分比来选择（多为 25%～40% 最大负荷）,同时考虑"热主电从"和"电主热从"的运行模式的不同。

（2）按电力负荷出现频度来选择,从而保证原动机的运行小时数。

（3）在以全年运行时间在 4 000 h 以上的空调负荷作为基本空调负荷时,基本空调负荷应按最大制冷负荷的 10%～20% 为设计取值。按照以热定电的原则,根据所需余热量可确定原动机发电量以及原动机总容量。

（4）为了确保原动机容量选择合理,出现了很多优化算法,如线性规划优化、遗传算法等,但是优化算法的模型均较为复杂,且计算时间较长。

为了避免采用"以冷热定电"或者"以电定冷热"方式确定的系统装机容量过大或者过小,造成系统运行时偏离设计工况,系统性能变差,本节提出一种设计阶段的简化算法,该方法基于全年逐时负荷累积曲线的"最大面积法"来确定原动机容量。图 4-2 为 4.5 节设计案例中某医院建筑的逐时负荷累积曲线,此图包括总热负荷（包括供热、制冷和热水及其他相关供热的负荷）累积曲线和电负荷累积曲线,以总热负荷累积曲线为例,曲线与横、纵坐标构成的区域为该建筑全年总热负荷需求,线上每一点横坐标代表出现此负荷的年小时数。

利用逐时负荷累积曲线来进行容量选择的最大面积法的原理是:在图 4-2 逐时负荷累积

曲线中,负荷曲线上任意点 A 的坐标(X_A, Y_A)与横、纵轴构成的矩形 ABOC 面积即为原动机全年提供的能源总量,若能求得某点使其与两坐标轴构成的矩形面积最大,则该点为最佳点,纵坐标 Y_A 为最佳原动机的电或热出力,横坐标 X_A 为年总运行时间。例如,图中 A 点是针对逐时电负荷累积曲线求得的最佳点,其坐标值为(4 960, 3 781),即最优化原动机容量为 3 781 kW,全年运行时间为 4 960 h。同理,图中 a 点是针对逐时热负荷累积曲线求得的最佳点,其坐标值为(3 189, 8 664),值得注意的是,此时纵坐标是最佳容量时的热出力,原动机容量为此热出力除以 CCHP 热电比,假定原动机的 CCHP 热电比为 1.5,则最佳原动机容量为 8 664/1.5=5 776 kW,全年运行时间为 3 189 h。由此就可以在考虑不同的原动机运行模式的基础之上快速地确定原动机的最佳容量,并保证原动机具有一定的年运行小时数。

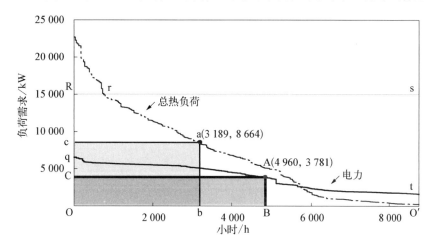

图 4-2　逐时负荷累积曲线

4.3.3　原动机选型方法的应用

上海某商务区项目一期规划占地面积为 1 400 m^2,建筑面积大约为 170 万 m^2,包括办公楼、酒店、商场等建筑。该区域建筑密集,人流量大,各种能源的需求负荷高。考虑在商务区建立分布式能源系统,满足区域内所有用户的空调和生活热水需求。

1. 负荷测算及特性分析

全年逐时冷负荷如图 4-3 所示,全年逐时热负荷如图 4-4 所示。根据负荷测算,该商务区冷、热、电最大负荷分别为 64 MW,30 MW,27.5 MW,热电比为 1.1∶1～2.2∶1。

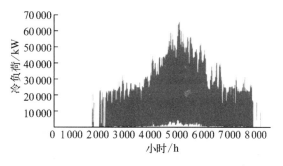

图 4-3　全年冷负荷逐时统计(最大冷负荷 64 MW)

111

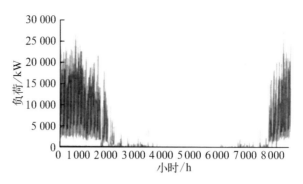

图 4-4　全年热负荷逐时统计(最大热负荷 30 MW)

分别统计制冷、供暖和空调不同负荷率的全年运行时间。以全年空调冷负荷为例,不同负荷率的年制冷时间如图 4-5 所示。

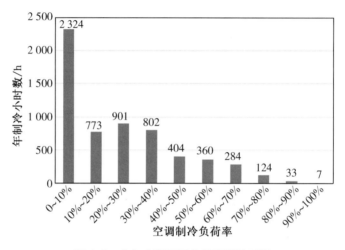

图 4-5　全年空调不同负荷率制冷时间

2. 原动机容量范围确定

全年的制冷时间 6 013 h,负荷率超过 10% 的时段为 3 689 h;供暖时间 3 420 h,负荷率超过 10% 的时段为 2 258 h。将制冷和供暖部分时段叠加,全年空调供能时间 8 751 h 中,负荷率超过 10% 的时段为 5 078 h,负荷率大于零的时段为 3 525 h,此时负荷率计算时参考的最大空调负荷为制冷负荷(64 MW)。根据图 4-4 以及保证原动机与余热利用设备年运行时间大于 4 000 h 的原则,同时考虑到空调制冷和供暖时段叠加,原动机余热制冷量应以制冷量的 10% 左右设计,即 6 MW 左右。若考虑多级并联原则,并联机组数量在 1~6 台,机组单机容量在 1~6 MW。考虑到能源站配电形式与运行费用等因素,机组数量选定 4 台为宜。故该商务区核心区分布式能源统原动机单机容量为 1.5 MW。

3. 原动机选型技术要素分析

根据上述原动机选型原则与方法,分析 1~6 MW 范围的内燃机和燃气轮机的性能特点,内燃机在发电效率、变工况特性、环境适应性、不同热电比下的燃料消耗量等方面相比燃气轮机均有明显优势,本商务区分布式能源系统工程项目应优先选择以内燃机作为原动机。综上所述,选定本商务区项目原动机为内燃机,总容量为 6 MW,4 台机组,单机容量为 1.5 MW。

4.4　余热利用设计

4.4.1　余热利用设备

国外联供系统较多采用余热锅炉的形式,直接接入形式也有成功案例,国内目前成功运行的联供系统不是很多,几种余热利用形式都有。目前分布式能源系统的余热利用设备主要包括:余热锅炉、汽轮发电机组、吸收式制冷设备、余热发电装置和蓄能设备等。余热锅炉和余热吸收式冷(温)水机组是较典型的系统形式,余热回收利用的成本较低。当项目有条件时,可利用热泵机组等形式吸收低温热水及烟气冷凝水热量,进一步深度利用低温余热,提高余热利用率。采用蓄热、蓄冷装置可以平衡冷热负荷的不均匀性,减少设备容量,增加满负荷运行时间,提高联供系统运行的经济性。不同的余热利用设备对热源的需求是不同的,以下分别对这几种余热利用设备的热源需求、技术要求和适用性进行分析。

1. 吸收式制冷设备

冷热电联供系统中往往同时配置吸收式制冷机和压缩式制冷机,吸收式制冷机承担基本冷负荷,压缩式制冷机用于冷负荷调峰。为满足冷负荷需求,在有合适的热源特别是有余热或废热的场所或电力缺乏的场所,宜采用吸收式制冷机组。吸收式制冷机组根据热源方式的不同又分为烟气型、蒸汽型、热水型和直燃型。还可根据负荷需要选择单冷型或冷热水型吸收式制冷机组。吸收式余热制冷机组制冷功率小可到几十千瓦,高可达几兆瓦,技术成熟,产品的规格和种类齐全,在国内已有大量的应用。分布式能源系统可根据负荷需要和余热情况选用合适的吸收式制冷设备。

在余热利用中,不同类型的吸收式制冷设备对热源要求如下:

(1) 烟气型吸收式制冷机的热源要求:烟气温度≥250℃。

(2) 热水型吸收式制冷机的热源要求:热水温度≥90℃。

(3) 蒸汽型吸收式制冷机的热源压力要求:0.2～0.8 MPa 饱和蒸汽。

2. 余热锅炉

余热锅炉是一个利用烟气余热生产高压、中压或低压蒸汽或热水的换热器,经余热锅炉换热后的蒸汽或水可再利用其他设备进行不同能源形式转换。余热锅炉一般对热源无明确的要求,但其生产的蒸汽或水的参数和量受限于热源的参数和量。余热锅炉设计的关键参数主要有节点温差、窄点温差和接近点温差,当热端节点温差选择在 30～60℃ 范围内时,是比较合理的。节点温差确定了,余热锅炉入口烟气温度就决定了余热锅炉的蒸汽温度。因此,余热锅炉的主蒸汽温度一般比排气温度低 30～60℃。

3. 余热发电装置

余热发电装置(有机朗肯循环技术)是以低沸点有机物为工质的朗肯循环,与常规的蒸汽发电装置的热力循环原理相同,只是循环工质不同,系统更简单紧凑。装置主要由蒸发器、透平、冷凝器和循环泵等主要设备组成,可对外提供电和热水输出。有机朗肯循环的组成和系统示意图如图 4-6 所示,有机工质在蒸发器中从热源吸取热量,生成具有一定压力和温度的蒸汽,蒸汽进入透平膨胀做功,带动发电机或其他动力机械。从透平排出的蒸汽在凝汽器中向冷却水放热,凝结成液态,液态工质通过循环泵回到蒸发器,如此循环。

利用余热发电装置的热源要求是：热源温度应高于工作介质蒸发温度,热量需满足工作介质蒸发需要的热量。由于采用的有机工质不同,不同公司的有机朗肯循环设备可用余热温度范围也不同,根据对国内外多家相关设备厂家的调研和收集的资料显示,余热发电装置的发电效率一般为16%~21%。国外有机朗肯循环余热利用技术研究较多,并已成功商业化,已有不少应用实例,且性能稳定,节能效果明显。但是,设备投资相对较高,按目前的市场情况,余热发电装置的初投资为

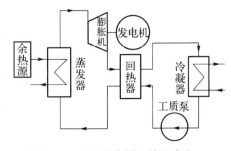

图4-6 有机朗肯循环的组成和系统示意图

2.5万~3.0万元/kW,远大于目前一般的天然气联合循环电站和分布式能源站的单位初投资,经济性欠佳。但是,有机朗肯循环技术作为一种中低品位热能回收技术,集成度高,直接输出高品位的电能,具有示范意义和推广价值。目前,有机朗肯循环余热利用技术在国内分布式能源领域应用非常少,在合适的条件下可以考虑进行示范应用。

4. 汽轮机发电机组

燃气-蒸汽联合循环发电厂中最常规的余热利用、转化设备是余热锅炉和汽轮机发电机组。根据《发电用汽轮机参数系列》(GB/T 754—2007)的汽轮机蒸汽参数系列,最小功率的非再热式汽轮机为0.75 MW,低压蒸汽流量推荐5 t/h。目前,常利用燃气轮机机组的烟气余热与余热锅炉和汽轮机组成联合循环发电机组。

5. 蓄能设备

为充分利用余热或均衡燃气发电装置的电力、余热回收与冷、热负荷的适应性,分布式能源系统经常会设置蓄冷、蓄热装置,对全天冷、热负荷变化较大的建筑采用燃气分布式能源系统时,宜采用蓄热装置。如果所需的生活热水供应、医院的消毒用蒸汽等,应采用一定容量的蒸汽/热水型蓄热装置;采用冰蓄冷或水蓄冷装置时,其电制冷机的选型应与分布式能源系统中的电制冷设备选型一致或选用双工况电制冷机;蓄冷、蓄热装置应设置完善的自控装置,以提高节能效益。

4.4.2 余热利用设计要点

余热利用设备应根据负荷需求、余热参数,按照能源梯级利用、经济适用的原则合理配置。

余热回收装置的选用,应符合下列要求:

(1) 根据燃气发电装置余热特点,应做到"温度对口、充分利用",合理选择余热回收装置,满足全年各季、各时段的供冷、供热需求。一般采用原动机与余热利用设备一一对应的单元式配置方式,控制系统简单且有利于系统的安全运行。当原动机与余热利用设备不是单元式配置方式时,应该采取适当的措施,保证不同原动机的余热(烟气、冷却水)不会相互影响。

(2) 采用燃气内燃机时,宜采用烟气吸收式冷暖机组和换热装置的组合或热水型吸收式制冷装置的组合,对发电能力大的燃气内燃机,也可根据用户有蒸汽需求时采用余热锅炉等。烟气经过余热利用设备后,其排烟温度仍达到120℃甚至更高,此部分热量仍可以通过烟气冷凝装置回收利用,可以进一步提高余热利用率。烟气冷凝装置可以装在余热利用设备本体或尾部烟道上。内燃机缸套水热量在余热中占有较大比例,要充分利用方可达到节能目的。温度85℃以上的热量可用于吸收式制冷,温度65℃以上的热量可加热生活热水和采暖热水。设

备形式较简单,利用成本较低。

（3）采用燃气轮机时,宜采用余热锅炉（含双压型）与蒸汽吸收式制冷机、工业汽轮机、换热装置的组合或烟气型吸收式冷暖机或补燃烟气型吸收式冷暖机等。燃气轮机排气中的氧含量和热量较高,为将其充分利用,提高补燃热效率,对于燃气轮发电机组宜采用烟道补燃方式。

（4）采用微燃机时,宜采用烟气吸收式冷暖机组或换热装置与热水型吸收式制冷机组合。

（5）双压余热锅炉的选择,应根据冷热负荷及其变化情况、燃机烟气参数、汽轮发电机的参数确定。

（6）系统冷、热负荷在每一天的不同时段和每个季节的不同时期都会有波动,自动调节阀的设置,一方面可以保证按冷、热负荷需求尽量利用发电余热。分布式能源系统要尽量保证余热全部被利用,但不可避免会出现余热暂时不能被完全利用的情况,自动调节阀的设置可以及时排除这部分热量,保证发电机组正常工作。但自动调节阀不能影响发电机组的正常排热,因此其调节特性等还要保证满足原动机正常工作的要求。排热装置可在发电机组排烟系统设三通阀和直排烟道,在发电机组冷却水系统设散热水箱或冷却塔等。

4.5　系统运行模式设计

在正常工况下,分布式能源系统的运行方式主要根据负荷情况,考虑与冷热负荷之间的匹配关系,使其经济运行。运行方式有很多种,如以电定热运行、以热定电运行、定热电比运行、经济性最优运行、综合能源利用率最优运行、能源不浪费运行等。目前,分布式能源系统的原动机运行模式主要分为两种:一种是系统优先满足建筑电力负荷需求,在此前提下,再利用系统发电所回收的热量来满足建筑的全部热需求或者部分热需求,如有热力需求缺口,则通过燃气锅炉来弥补。这种电力优先的模式又称为"电主热从"模式。另外一种与之相对应的是热力优先模式,也称"热主电从"模式。

系统运行模式是分布式能源系统设计的一个重要内容。因为对用户而言,分布式能源系统选用的最大驱动力是它较好的经济性,其次才是节能减排等。影响系统经济性评价指标——回收年限的主要因素为年运行费用的节省。年运行费用的节省又受到系统原动机的运行模式、系统设备性能以及电/气价格比等因素的影响,为此本节在定义年总费用节省率指标的基础之上,考虑系统设备性能和电/气价格比的变化,以此探讨确定系统运行模式的计算模型。

电/气价格比具有导向作用,能够直接影响一个地区的能源结构和能源使用过程中的合理性,也直接关系到建筑分布式能源系统的经济效益。为了有效地衡量电力和天然气的比价关系,本书中的电/气价格比采用单位热值价格进行比较,电力的热量按照当量值 3 600 kJ/kWh 进行计算,天然气热值按照 38 931 kJ/m³ 进行计算。

4.5.1　年总费用节省率的定义

分布式能源系统的年总费用节省率（Running Cost Saving Ratio，RCSR）的计算公式如下:

$$RCSR = \frac{C_{\text{Conv}} - C_{\text{CCHP}}}{C_{\text{Conv}}} = 1 - \frac{(E \times P_{\text{E}} + H \times P_{\text{NG}})_{\text{CCHP}}}{(E \times P_{\text{E}} + H \times P_{\text{NG}})_{\text{Conv}}} \tag{4-2}$$

式中　C_{Conv}——传统供能系统的运行费用(元);

　　　C_{CCHP}——分布式能源系统的运行费用(元);

　　　E——建筑用电量(kJ);

　　　H——建筑总热负荷(kJ);

　　　P_{E}——电力价格(元/kJ);

　　　P_{NG}——天然气价格(元/kJ)。

1. 电力优先模式下的运行经济性

分布式能源系统以电力优先模式运行时,在建筑需求侧热电比 σ_{user} 小于系统热电比 σ_{CCHP} 的情况下,即意味着系统在满足建筑电负荷的前提下,能够满足建筑的全部热负荷,其年总费用节省率为

$$RCSR = 1 - \frac{E \times \dfrac{P_{\text{NG}}}{\eta_{\text{CCHP}}^{\text{P}}}}{E \times P_{\text{E}} + E \times \sigma_{\text{user}} \times \dfrac{P_{\text{NG}}}{\eta_{\text{Conv}}^{\text{H}}}} \tag{4-3}$$

式中　$\eta_{\text{CCHP}}^{\text{P}}$——原动机发电效率;

　　　$\eta_{\text{Conv}}^{\text{H}}$——燃气锅炉热效率。

在建筑需求侧热电比 σ_{user} 大于或等于系统热电比 σ_{CCHP} 的情况下,即意味着系统在满足建筑电负荷的前提下,只能够满足建筑的部分热负荷,其余的热负荷需要通过燃气锅炉来获得。该情况下,年总费用节省率为

$$RCSR = 1 - \frac{E \times \dfrac{P_{\text{NG}}}{\eta_{\text{CCHP}}^{\text{P}}} + \left(E \times \sigma_{\text{user}} - E \times \dfrac{\eta_{\text{CCHP}}^{\text{H}}}{\eta_{\text{CCHP}}^{\text{P}}}\right) \times \dfrac{P_{\text{NG}}}{\eta_{\text{Conv}}^{\text{H}}}}{E \times P_{\text{E}} + E \times \sigma_{\text{user}} \times \dfrac{P_{\text{NG}}}{\eta_{\text{Conv}}^{\text{H}}}} \tag{4-4}$$

式中　$\eta_{\text{CCHP}}^{\text{H}}$——原动机热效率。

将式(4-3)和式(4-4)合并后得:

$$RCSR = \begin{cases} 1 - \dfrac{E \times \dfrac{P_{\text{NG}}}{\eta_{\text{CCHP}}^{\text{P}}}}{E \times P_{\text{E}} + E \times \sigma_{\text{user}} \times \dfrac{P_{\text{NG}}}{\eta_{\text{Conv}}^{\text{H}}}}, & \sigma_{\text{user}} < \sigma_{\text{CCHP}} \\[4ex] 1 - \dfrac{E \times \dfrac{P_{\text{NG}}}{\eta_{\text{CCHP}}^{\text{P}}} + \left(E \times \sigma_{\text{user}} - E \times \dfrac{\eta_{\text{CCHP}}^{\text{H}}}{\eta_{\text{CCHP}}^{\text{P}}}\right) \times \dfrac{P_{\text{NG}}}{\eta_{\text{Conv}}^{\text{H}}}}{E \times P_{\text{E}} + E \times \sigma_{\text{user}} \times \dfrac{P_{\text{NG}}}{\eta_{\text{Conv}}^{\text{H}}}}, & \sigma_{\text{user}} \geqslant \sigma_{\text{CCHP}} \end{cases} \tag{4-5}$$

2. 热力优先模式下的运行经济性

分布式能源系统以热力优先模式运行时,在建筑需求侧热电比小于系统热电比的情况下,即意味着系统在满足建筑总热负荷的前提下,只能够满足建筑的部分电负荷,其余的电负荷需要通过从电网购电获得。该情况下,年总费用节省率为

$$RCSR = 1 - \frac{H \times \dfrac{P_{NG}}{\eta_{CCHP}^{H}} + \left(\dfrac{H}{\sigma_{user}} - H \times \dfrac{\eta_{CCHP}^{P}}{\eta_{CCJHP}^{H}}\right) \times P_E}{\dfrac{H}{\sigma_{user}} \times P_E + H \times \dfrac{P_{NG}}{\eta_{Conv}^{H}}} \tag{4-6}$$

在建筑需求侧热电比大于或等于系统热电比的情况下,即系统在满足建筑总热负荷的前提下,能够满足建筑全部的电负荷需求。该情况下,年总费用节省率为

$$RCSR = 1 - \frac{H \times \dfrac{P_{NG}}{\eta_{CCHP}^{H}}}{\dfrac{H}{\sigma_{user}} \times P_E + H \times \dfrac{P_{NG}}{\eta_{Conv}^{H}}} \tag{4-7}$$

将式(4-6)和式(4-7)合并后得:

$$RCSR = \begin{cases} 1 - \dfrac{H \times \dfrac{P_{NG}}{\eta_{CCHP}^{H}} + \left(\dfrac{H}{\sigma_{user}} - H \times \dfrac{\eta_{CCHP}^{P}}{\eta_{CCJHP}^{H}}\right) \times P_E}{\dfrac{H}{\sigma_{user}} \times P_E + H \times \dfrac{P_{NG}}{\eta_{Conv}^{H}}}, & \sigma_{user} < \sigma_{CCHP} \\[6mm] 1 - \dfrac{H \times \dfrac{P_{NG}}{\eta_{CCHP}^{H}}}{\dfrac{H}{\sigma_{user}} \times P_E + H \times \dfrac{P_{NG}}{\eta_{Conv}^{H}}}, & \sigma_{user} \geqslant \sigma_{CCHP} \end{cases} \tag{4-8}$$

4.5.2　年运行费用节省的电/气价格比的条件

只有当年总费用节省率大于零,分布式能源系统才有可能具有经济效益,为此,将公式(4-5)和公式(4-8)进行变形,可得到不同原动机运行模式下取得经济效益的电/气价格比。

(1) 在电力优先模式下,为使年总费用节省率 $RCSR > 0$,电/气价格比需要满足如下公式:

$$\frac{P_E}{P_{NG}} > \begin{cases} \dfrac{\eta_{Conv}^{H} - \eta_{CCHP}^{P} \times \sigma_{user}}{\eta_{CCHP}^{P} \times \eta_{Conv}^{H}}, & \sigma_{user} < \sigma_{CCHP} \\[5mm] \dfrac{\eta_{Conv}^{H} - \eta_{DES}^{H}}{\eta_{CCHP}^{P} \times \eta_{Conv}^{H}}, & \sigma_{user} \geqslant \sigma_{CCHP} \end{cases} \tag{4-9}$$

(2) 在热力优先模式下,为使年总费用节省率 $RCSR > 0$,电/气价格比需要满足如下公式:

$$\frac{P_E}{P_{NG}} > \begin{cases} \dfrac{\eta_{Conv}^{H} - \eta_{DES}^{H}}{\eta_{CCHP}^{P} \times \eta_{Conv}^{H}}, & \sigma_{user} < \sigma_{CCHP} \\[5mm] \dfrac{(\eta_{Conv}^{H} - \eta_{CCHP}^{P}) \times \sigma_{user}}{\eta_{CCHP}^{P} \times \eta_{Conv}^{H}}, & \sigma_{user} \geqslant \sigma_{CCHP} \end{cases} \tag{4-10}$$

4.5.3 原动机运行模式的确定

为了在设计阶段确定原动机的运行模式,将式(4-3)与式(4-6),式(4-4)与式(4-7)进行比较可知,电力优先模式优于热力优先模式的条件分别为

(1) 若建筑需求侧热电比小于系统 CCHP 热电比,即 $\sigma_{\text{user}} \leqslant \sigma_{\text{CCHP}}$

$$\frac{P_{\text{E}}}{P_{\text{NG}}} > \frac{1}{\eta_{\text{CCHP}}^{\text{P}} \times \left(1 - \dfrac{\sigma_{\text{user}}}{\sigma_{\text{CCHP}}}\right)} \tag{4-11}$$

即在 $\sigma_{\text{user}} \leqslant \sigma_{\text{CCHP}}$ 的情况下,当电/气价格比满足式(4-11)的条件时,原动机运行模式选择电力优先,即"电主热从"运行模式;否则选择热力优先模式。

(2) 若建筑需求侧热电比大于或等于系统 CCHP 热电比,即 $\sigma_{\text{user}} \geqslant \sigma_{\text{CCHP}}$

$$\frac{\eta_{\text{Conv}}^{\text{H}}}{\eta_{\text{CCHP}}^{\text{H}}} > \left(1 - \frac{\sigma_{\text{CCHP}}}{\sigma_{\text{user}}}\right) \tag{4-12}$$

即在 $\sigma_{\text{user}} \geqslant \sigma_{\text{CCHP}}$ 的情况下,当式(4-12)的表达式成立时,原动机运行模式选择电力优先,即"电主热从"运行模式;否则选择热力优先模式。

4.6 系统评价指标

根据 4.2 节的设计流程和步骤,建筑分布式能源系统的评价主要为能源评价、环境评价和经济性评价,不同的评价内容需要制订合理的评价指标,下面分别对其进行陈述和定义。

4.6.1 能源评价指标

能源评价是分布式能源系统的重要评价内容,它体现了分布式能源系统的能源利用效率高的优势。它是以分布式能源系统相对于传统能源供应系统所减少用能的比例来确定的。能源评价的主要评价指标包括发电效率、一次能源利用效率、热回收效率、回收热能利用效率、热能利用效率和节能率等,各项指标的内容和计算公式见表4-3,相应的变量与说明列于表4-4。

表 4-3 分布式能源系统能源评价指标

指标项	含义	表达式	备注
发电效率	发出的电量与发电所耗用的一次能源量之比	发电效率 = $\dfrac{\text{发电量}}{\text{一次能源消耗量}}$ $\eta_{\text{E}}^{i} = \dfrac{Q_{\text{E}}^{i}}{Q_{\text{input}}^{i}} = \dfrac{E_{\text{E}}^{i} \times k}{Q_{\text{input}}^{i}}$ $(i = 0, 1, 2)$ 对于光伏系统: $Q_{\text{input}}^{0} = Q_{\text{input}}^{\text{PV}} = \sum_{n=1}^{2} I_n \times F_n$ 对于燃气发电机: $Q_{\text{input}}^{1} = Q_{\text{input}}^{\text{FC}} = V_{\text{Gas}}^{\text{FC}} \times v + E_{\text{U}}^{\text{FC}} \times k / \eta_{\text{E}}^{\text{Utility}}$ $Q_{\text{input}}^{2} = Q_{\text{input}}^{\text{GE}} = V_{\text{Gas}}^{\text{GE}} \times v$	输出的电能指的是最终转化为可用电能的能量

（续表）

指标项	含义	表达式	备注
一次能源利用效率	相对于整个一次能源输入来说,能源的利用率是发电效率和回收热能利用效率之和	一次能源利用效率 $=\dfrac{\text{被利用的能源}}{\text{一次能源消耗量}}$ 能源系统的一次能源利用效率: $\eta = \dfrac{Q_{\text{output}}}{Q_{\text{input}}}$ 燃气发电机的一次能源利用效率 $\eta^i_{\text{Overall}} = \dfrac{Q^i_{\text{HU}} + Q^i_{\text{E}}}{Q^i_{\text{input}}} = \dfrac{Q^i_{\text{HU}} + E^i_{\text{E}} \times k}{Q^i_{\text{input}}}$　$(i=1,2)$ 对于分布式能源系统: $Q^{\text{pre}}_{\text{input}} = \sum\limits_{i=1}^{2} Q^i_{\text{input}} + E^{\text{pre}}_{\text{Utility}} \times k / \eta^{\text{Utility}}_{\text{E}} + (V^{\text{pre}}_{\text{Heating}} + V^{\text{pre}}_{\text{Hotwater}} + V^{\text{pre}}_{\text{Cooling}}) \times v$ $Q^{\text{pre}}_{\text{output}} = \sum\limits_{i=1}^{2} Q^i_{\text{HU}} + \sum\limits_{i=0}^{2} Q^i_{\text{E}} + E^{\text{pre}}_{\text{Utility}} \times k + (V^{\text{pre}}_{\text{Heating}} + V^{\text{pre}}_{\text{Hotwater}} + V^{\text{pre}}_{\text{Cooling}} \times \eta_{\text{Asb}}) \times v \times \eta_{\text{GB}}$ 对于传统系统: $Q^{\text{Conv}}_{\text{output}} = E^{\text{Conv}}_{\text{Utility}} \times k + (V^{\text{Conv}}_{\text{Heating}} + V^{\text{Conv}}_{\text{Hotwater}} + V^{\text{Conv}}_{\text{Gooling}} \times \eta_{\text{Asb}}) \times v \times \eta$ $Q^{\text{Conv}}_{\text{input}} = E^{\text{Conv}}_{\text{Utility}} \times k / \eta^{\text{Utility}}_{\text{E}} + (V^{\text{Conv}}_{\text{Heating}} + V^{\text{Conv}}_{\text{Hotwater}} + V^{\text{Conv}}_{\text{Cooling}}) \times v$	描述了分布式能源系统中的能源利用总效率
热回收效率	回收热能与消耗一次能源之比	热回收效率 $=\dfrac{\text{回收热能}}{\text{一次能源消耗量}}$ $\eta^i_{\text{HR}} = \dfrac{Q^i_{\text{HR}}}{Q^i_{\text{input}}}$　$(i=1,2)$	热回收效率影响着整个系统的运行效果
回收热能利用效率	利用的回收热能占回收热能之比	回收热能利用效率 $=\dfrac{\text{回收热能中被利用的热能}}{\text{回收热能量}}$ $\eta^i_{\text{HRU}} = \dfrac{Q^i_{\text{HU}}}{Q^i_{\text{HR}}}$　$(i=1,2)$	
热能利用效率	热能的利用量与所耗用的一次能源量的比例	热能利用效率 $=\dfrac{\text{回收热能中被利用的热能}}{\text{一次能源消耗量}}$ $\eta^i_{\text{HU}} = \dfrac{Q^i_{\text{HU}}}{Q^i_{\text{input}}}$　$(i=1,2)$	
节能率	传统系统和分布式能源系统一次能源消耗量之差与传统系统一次能源消耗量的比值	节能率 $=$ $\dfrac{\text{传统系统一次能源消耗量} - \text{分布式能源系统一次能源消耗量}}{\text{传统系统一次能源消耗量}}$ $\eta_{\Delta E} = \dfrac{Q^{\text{Conv}}_{\text{input}} - Q^{\text{pre}}_{\text{input}}}{Q^{\text{Conv}}_{\text{input}}}$	确定引入分布式能源系统是否合适的关键因素

表 4-4 变量与说明

变量	说 明	变量	说 明
i	发电模式：燃料电池，$i=1$；内燃机，$i=2$	η^i_{Overall}	i 模式的一次能源利用效率(%)
η^i_E	i 模式的发电效率(%)	$Q^{\text{CHP}}_{\text{input}}$	CHP 系统的一次能源输入量(MJ)
C^i_{input}	i 模式的一次能源输入量(MJ)	$Q^{\text{CHP}}_{\text{output}}$	CHP 系统的一次能源利用量(MJ)
E^i_E	i 模式的发电用能(MJ)	$Q^{\text{Conv}}_{\text{input}}$	传统系统的一次能源输入量(MJ)
Q^i_E	i 模式的发电量(kWh)	$Q^{\text{Conv}}_{\text{output}}$	传统系统的一次能源利用量(MJ)
k	转换参数(MJ/kWh)，等于 3.6	$E^{\text{Conv}}_{\text{Utility}}$	传统系统使用的电量(kWh)
l_n	单晶硅或多晶硅的辐射量(kWh/m^2)	$E^{\text{CHP}}_{\text{Utility}}$	CHP 系统使用的电量(kWh)
F_n	单晶硅或多晶硅的有效发电面积(m^2)	$V^{\text{CHP}}_{\text{Heating}}$	CHP 系统的供热量的燃气消耗量(m^3)
η^{Utility}_E	公用市电发电效率(%)	$V^{\text{CHP}}_{\text{Cooling}}$	CHP 系统的供冷量的燃气消耗量(m^3)
$V^{\text{FC}}_{\text{Gas}}$	燃料电池的燃气消耗量(m^3)	$V^{\text{CHP}}_{\text{Hotwater}}$	CHP 系统的热水的燃气消耗量(m^3)
v	转换系数(MJ/m^3)，等于 11	η_{Asb}	吸收式制冷机的效率(%)
E^{FC}_U	燃料电池的电脑消耗量(kWh)	η_{GB}	燃气锅炉的效率(%)
$V^{\text{GE}}_{\text{Gas}}$	内燃机的燃气消耗量(m^3)	$V^{\text{Conv}}_{\text{Heating}}$	传统系统热的燃气消耗量(m^3)
η^i_{HR}	i 模式的热热的循环效率(%)	$V^{\text{Conv}}_{\text{Cooling}}$	传统系统供冷的燃气消耗量(m^3)
Q^i_{HU}	i 模式的循环热的利用量(MJ)	$V^{\text{Conv}}_{\text{Hotwater}}$	传统系统热水的燃气消耗量(m^3)

节能率计算示例：

计算某个以内燃机为原动机的分布式能源系统的节能率，设定条件如下：

(1) 所选用内燃机的发电效率 $\eta_e=0.38$，余热利用率 $\eta_h=0.44$；

(2) 电网公司以目前煤电为主的各地区较高的发电效率 40%计算，电网输配效率按 90%计算，$\eta_{ce}=0.4\times0.9=0.36$；

(3) 溴化锂制冷机 $COP_a=1.2$，电制冷机 $COP_e=4.5$，燃气锅炉热效率 $\eta_b=0.9$。

系统供热期的节能率 X_h：

$$X_h=1-\frac{\eta_{ce}\cdot\eta_b}{\eta_e\cdot\eta_b+\eta_h\cdot\eta_{ce}}$$
$$=1-0.36\times0.9/(0.38\times0.9+0.44\times0.36)$$
$$\doteq0.353$$

系统供热期的节能率为 35.3%。

系统供冷期的节能率 X_c：

当冷负荷全部由内燃机余热制冷供应时，

$$X_c=1-\frac{\eta_{ce}\cdot COP_e}{\eta_e\cdot COP_e+\eta_h\cdot COP_a}$$
$$=1-0.36\times4.5/(0.38\times4.5+0.44\times1.2)$$
$$\doteq0.276$$

冷负荷全部由内燃机余热制冷供应时的节能率为 27.6%。

当冷负荷部分由电制冷(y)和部分由内燃机余热制冷(x)供应时，

$$X_c = \frac{\eta_{ce} \cdot COP_e}{\eta_e \cdot COP_e + x \cdot \eta_h \cdot COP_a + y \cdot \eta_e \cdot COP_e}$$

当 $y = 20\%$，$x = 80\%$ 时，

$$X_c = 1 - 0.36 \times 4.5/(0.38 \times 4.5 + 0.8 \times 0.44 \times 1.2 + 0.2 \times 0.38 \times 4.5) \doteq 0.345$$

冷负荷部分由电制冷和部分由内燃机余热制冷供应时的节能率为 34.5%。

不同冷负荷供应比例下的节能率见表 4-5。

表 4-5　内燃机不同冷负荷供应比例下的节能率

电制冷比例	0.1	0.2	0.3	0.4	0.5	0.6	0.7	0.8	0.9
节能率* /%	31.3	34.5	37.5	40.2	42.7	45	47.2	49.1	50.9
节能率** /%	24.9	29.5	33.6	37.2	40.4	43.3	46	48.4	50.6

注：* 表示数据为 $COP_a = 1.2$ 时的节能率；** 表示数据为 $COP_a = 0.7$ 时的节能率。

其余条件不变，当选用的原动机为燃气轮机时，发电效率 $\eta_e = 28\%$，余热利用率 $\eta_h = 50\%$，供热期的节能率为 25%，冷负荷全部由余热溴化锂制冷供应时，节能率为 12.9%。不同冷负荷供应比例下的节能率见表 4-6。

表 4-6　燃气轮机不同冷负荷供应比例下的节能率

电制冷比例	0.1	0.2	0.3	0.4	0.5	0.6	0.7	0.8	0.9
节能率/%	15.9	18.7	21.3	23.7	26	28.2	30.2	32.2	34

节能计算案例：

拟在上海某区域内建设天然气分布式能源站，满足该地区冷热负荷需求，规划用地面积 25.11 hm²，地上总建筑面积约 76.44 万 m²，平均容积率约 3.13，单体建筑高度不超过120 m。规划用地性质为商务办公(含商业文化娱乐设施)和酒店，商务办公建筑面积约 59.7 万 m²，酒店建筑面积约 16.74 m²，客房约 1 300 间。该建筑的天然气分布式能源站只考虑商务办公，不考虑给酒店供能。

表 4-7 统计了某项目采用分布式能源系统和传统系统的各项指标，能源中心年供电量 1 726 kWh，供热 89 759 GJ，供冷 213 535 GJ，系统综合能源利用率 128%，原动机供能量占总供能量的 42%，相对于分产供能节能率为 30%。此外还对原动机供能量相对于总供能量的占比对节能率的影响进行了分析，原动机供能量超过 27% 时分布式供能的优越性才能体现出来，分布式供能节能率的极限值为 70%(图 4-7)。

4.6.2　经济性评价

经济效益是引入分布式能源的一个决定性因素，对业主而言，分布式能源系统的盈利性是促使其导入分布式能源系统的主要驱动力。因此，在分布式能源系统的设计阶段即需要对其在运营时和项目周期内的经济性效果进行评价。一个分布式能源系统工程通常包含初始投资

表 4-7　分布式能源系统和传统系统各项指标对比

序号	名称	单位	量值	序号	名称	单位	量值
1	分布式			2.4	热网损耗	—	5%
1.1	制冷量	GJ	213 535	2.5	总供能量	GJ	365 445
1.2	制热量	GJ	89 759	2.6	制冷耗电量	GJ	43 579
1.3	供电量	GJ	62 151	2.7	供热一次能源耗热量	ect	3 520
1.4	供能量	GJ	365 445	2.8	总耗电量	GJ	105 729
1.5	一次能源消耗量	ect	9 726	2.9	供电煤耗	g/kWh	330
1.6	热效率	—	128.23%	2.10	用电煤耗	g/kWh	351
2	传统形式			2.11	用电效率	—	35.0%
2.1	电网损耗	—	6.0%	2.12	用电一次能源消耗量	ect	10 313
2.2	制冷系数	—	4.9	2.13	总一次能源消耗量	ect	13 834
2.3	锅炉效率	—	91.6%	2.14	热效率	—	90%
对比：节能量 4 107 ect,节能效率 30%							

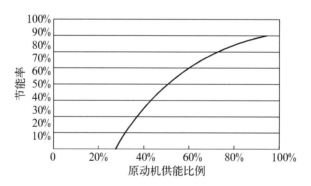

图 4-7　原动机供能比例与节能率的关系

和运行成本。初始投资是指工程建设的总费用,包括设备费用和人工成本等项目建设初期的各项费用投入;运行成本包括项目建成投运后系统的能源费用和系统运行过程中的设备维护、折旧成本以及相关的人工成本。

由于分布式能源系统的初始投资比较高,而运行成本要比传统供能系统低。因此,在设计阶段通常引入回收年限作为分布式能源系统的盈利能力的评价指标。回收年限定义为相对于传统供能系统,它的初始投资和运行成本之差的比值,描述如下:

$$回收年限 = \frac{分布式能源系统的初始投资 - 传统能源系统的初始投资}{传统能源系统的年运行费用 - 分布式能源系统的年运行费用}$$

为计算回收年限,给出如下表达式,变量定义与说明列于表 4-8。

122

回收年限：

$$Y_{\text{payback}} = \frac{C_{\text{Initial}}^{\text{CHP}} - C_{\text{Initial}}^{\text{Conv}}}{C_{\text{Running}}^{\text{Conv}} - C_{\text{Running}}^{\text{CHP}}} \tag{4-13}$$

（1）分布式能源系统初始投资（$C_{\text{Initial}}^{\text{CHP}}$）：

$$\begin{aligned} C_{\text{Initial}}^{\text{CHP}} &= C_{\text{Initial}}^{\text{Unit}} + C_{\text{Initial}}^{\text{Boiler}} + C_{\text{Initial}}^{\text{ABS}} + C_{\text{Initial}}^{\text{FC}} + C_{\text{Initial}}^{\text{Pipe}} \\ &= 26 \times a_1 + 800 \times a_2 + 14.5 \times a_3 + 6 \times a_4 + 40 \times a_{51} + 10 \times a_{52} \end{aligned} \tag{4-14}$$

（2）传统能源系统初始投资（$C_{\text{Initial}}^{\text{Conv}}$）：

$$C_{\text{Initial}}^{\text{Conv}} = C_{\text{Initial}}^{\text{RC}} + C_{\text{Running}}^{\text{Heater}} = 10 \times b_1 + 15 \times b_2 \tag{4-15}$$

（3）传统能源系统年运行费用（$C_{\text{Running}}^{\text{Conv}}$）：

$$\begin{aligned} C_{\text{Running}}^{\text{Conv}} &= C_{\text{Running}}^{\text{Convgas}} + C_{\text{Running}}^{\text{Convpow}} \\ &= \sum_{i=1}^{N} \sum_{j=1}^{12} Q_{ij}^{\text{Convgas}} C_{ij} + \sum_{i=1}^{N} \sum_{j=1}^{12} Q_{ij}^{\text{Convpow}} E_{ij} + 1\,134 + 302.4 \end{aligned} \tag{4-16}$$

（4）分布式能源系统年运行费用（$C_{\text{Running}}^{\text{CHP}}$）：

$$\begin{aligned} C_{\text{Running}}^{\text{CHP}} &= C_{\text{Running}}^{\text{CHPgas}} + C_{\text{Running}}^{\text{CHPUtility}} + C_{\text{Running}}^{\text{CHPsell}} + C_{\text{Maintenance}}^{\text{CHP}} \\ &= (12 \times d_0 + 840 d_1 + 1.13 \times d_2 + 41.919 \times d_3) + (1200 \times d_4 + \\ &\quad 15.015 \times d_5 + 13.65 \times d_6) + 20 \times d_7 + 2 \times d_8 \end{aligned} \tag{4-17}$$

表 4-8 变量定义及说明

变量	说　明	变量	说　明
$C_{\text{Initial}}^{\text{CHP}}$	分布式能源系统初始投资	$C_{\text{Initial}}^{\text{Heater}}$	传统能源系统的换热设备投资
$C_{\text{Initial}}^{\text{Conv}}$	传统能源系统初始投资	b_2	换热设备数量
$C_{\text{Running}}^{\text{CHP}}$	分布式能源系统年运行费用	$C_{\text{Running}}^{\text{Convgas}}$	传统能源系统的燃气运行费用
$C_{\text{Running}}^{\text{Conv}}$	传统能源系统年运行费用	$C_{\text{Running}}^{\text{Convpow}}$	传统能源系统的电费
$C_{\text{Initial}}^{\text{Unit}}$	分布式能源系统发电设备的初始投资	Q_{ij}^{Convgas}	传统能源系统中 i 用户在 j 月的燃气消耗量
$C_{\text{Initial}}^{\text{Boiler}}$	分布式能源系统锅炉设备的初始投资	C_{ij}	传统能源系统中 i 用户在 j 月的燃气费
$C_{\text{Initial}}^{\text{ABS}}$	分布式能源系统吸收式制冷机的初始投资	Q_{ij}^{Convpow}	传统能源系统中 i 用户在 j 月的电力消耗量
$C_{\text{Initial}}^{\text{FC}}$	分布式能源系统风机盘管的初始投资	E_{ij}	传统能源系统中 i 用户在 j 月的电费
$C_{\text{Initial}}^{\text{Pipeline}}$	分布式能源系统管道的初始投资	N	用户数
a_1	发电设备容量	d_0	分布式能源系统每月天然气基本费用
a_2	锅炉设备容量	d_1	分布式能源系统每月天然气总消费量
a_3	吸收式制冷机容量	d_2	分布式能源系统每月峰值天然气消费量
a_4	风机盘管数量	d_3	分布式能源系统1，2，3，12月天然气总消费量
a_{51}	每米主管道投资	d_4	分布式能源系统每月峰值电网买电量
a_{52}	每米分支管道投资	d_5	分布式能源系统在夏季电网电力总消费量
$C_{\text{Initial}}^{\text{RC}}$	传统能源系统的空调设备投资	d_6	分布式能源系统其他季节电网电力总消费量
b_1	空调数量	d_7	总售电量

4.6.3 环境评价

分布式能源系统能显著减少 NO_x，SO_2，CO_2 等污染物和温室气体，因此，分布式能源系统是一种环境友好型的能源系统，这也是分布式能源系统得到政府和社会各界推崇的一个重要原因。在设计阶段对其环境友好性的评价就显得尤为重要。在环境评价中，CO_2 减排率多用来作为评价指标。CO_2 减排率是指使用分布式能源系统比传统能源系统少排放的比例。为了计算分布式能源系统 CO_2 的减排率，分别给出了如下评价指标：

（1）传统供能系统的 CO_2 年排放量，包括燃烧天然气和使用其他设备所产生的 CO_2，可描述如下：

传统能源系统的 CO_2 年排放量＝单位天然气 CO_2 排放量×传统系统年燃气消耗量＋单位公用电力 CO_2 排放量×传统系统年电力消耗量

$$EX_{CO_2}^{Conv} = ex_{CO_2}^{gas} \times V^{Conv} + ex_{CO_2}^{pow} \times E_{Utility}^{Conv}$$
$$= ex_{CO_2}^{gas} \times (V_{Heating}^{Conv} + V_{Hotwater}^{Conv} + V_{Cooling}^{Conv}) + ex_{CO_2}^{pow} \times E_{Utility}^{Conv} \tag{4-18}$$

（2）分布式能源系统的 CO_2 年排放量，包括燃烧天然气和使用其他设备所产生的 CO_2。需要指出的是，要减去销售电力所排放的 CO_2，描述如下：

分布式能源系统的 CO_2 年排放量＝单位天然气 CO_2 排放量×系统年燃气消耗量＋单位公用电力 CO_2 排放量×系统年电力消耗量－单位公用电力 CO_2 排放量×系统年销售电量

$$EX_{CO_2}^{CHP} = ex_{CO_2}^{gas} \times V^{CHP} + ex_{CO_2}^{pow} \times E_{Utility}^{CHP}$$
$$= ex_{CO_2}^{gas} \times \left[(V_{Heating}^{Conv} + V_{Hotwater}^{Conv} + V_{Cooling}^{Conv}) + V_{Gas}^{FC} + V_{Gas}^{GE} \right] + ex_{CO_2}^{pow} \times E_{Utility}^{CHP} \tag{4-19}$$

CO_2 减排率为

$$\eta_{\Delta CO_2} = \frac{EX_{CO_2}^{Conv} - EX_{CO_2}^{CHP}}{EX_{CO_2}^{Conv}} \tag{4-20}$$

式（4-19）—式（4-21）中的变量定义与说明列于表 4-9。

表 4-9　变量定义与说明

变量	说　明	变量	说　明
$E_{Utility}^{CHP}$	分布式能源系统电网电力消费量	$V_{Cooling}^{Conv}$	传统能源系统制冷天然气消费量
$V_{Heating}^{CHP}$	分布式能源系统供暖天然气消费量	$EX_{CO_2}^{CHP}$	分布式能源系统 CO_2 排放量
$V_{Hotwater}^{CHP}$	分布式能源系统热水天然气消费量	$EX_{CO_2}^{Conv}$	传统能源系统 CO_2 排放量
$V_{Cooling}^{CHP}$	分布式能源系统制冷天然气消费量	$ex_{CO_2}^{gas}$	天然气 CO_2 排放单位
$E_{Utility}^{Conv}$	传统能源系统电网电力消费量	$ex_{CO_2}^{pow}$	电网电力 CO_2 排放单位
$V_{Heating}^{Conv}$	传统能源系统供暖天然气消费量	$\eta_{\Delta CO_2}$	CO_2 减排率
$V_{Hotwater}^{Conv}$	传统能源系统热水天然气消费量		

4.7　设计案例

本节根据 4.2 节的设计流程和步骤、4.3 节原动机选型方法、4.4 节余热利用的方法和4.5节系统评价的介绍，以上海地区某医院建筑为例，进行设计案例分析。

4.7.1　建筑概况

上海某医院地上建设多种功能的多个建筑单体，包括南部医疗中心及精神卫生中心、综合楼、绿化和科研用房、体育馆等。地上建筑面积 129 789 m²，地上最高建筑层数为 17 层，最高建筑高度 70 m。南部医疗中心设计病床数 950 床，手术室 15 间。精神卫生中心设计病床数500 床，不设手术室。建筑效果图见图 4-8。

图 4-8　上海某医院设计效果图

4.7.2　负荷确定及特性分析

该医院建筑空调制冷、采暖、生活热水和电力负荷参照上海地区类似三级甲等医院 2013年月实测数据（表 4-10）来进行预测。为了得到全年 8 760 h 制冷、采暖、电力逐时负荷曲线，因国内尚无相关研究和数据参考，采用表 4-11 所列的《日本天然气三联供设计手册》中的分摊比例（因分摊比例主要取决于用能特征，而医院类型建筑各时段用能规律基本相同）。

表 4-10　上海某医院每月各类负荷　　　　　　　　（单位：Mcal/m²）

月份	空调制冷	空调采暖	生活热水	电　力	合　计
1 月	0.00	22.60	20.50	19.11	62.21
2 月	0.00	20.20	19.50	17.64	57.34
3 月	0.00	15.80	17.60	18.62	52.02
4 月	0.00	10.40	16.30	17.39	44.09
5 月	0.00	0.00	18.90	21.32	40.22
6 月	33.00	0.00	17.40	18.87	69.27
7 月	40.50	0.00	18.10	18.87	77.47
8 月	51.30	0.00	17.10	19.84	88.24
9 月	32.10	0.00	16.40	18.62	67.12
10 月	0.00	0.00	18.80	18.37	37.17
11 月	0.00	8.30	18.20	17.64	44.14
12 月	0.00	12.40	22.90	19.35	54.65
年合计	156.90	89.70	221.70	225.64	693.94

表 4-11　冬季、夏季及过渡季节每天负荷百分数

时刻	冬季(12,1,2,3月)				夏季(6,7,8,9月)				中间期(4,5,10,11月)			
	制冷	采暖	热水	电力	制冷	采暖	热水	电力	制冷	采暖	热水	制冷
1	1.6	0.2	0.58	2.04	0	0	0.46	2.19	2.7	0	0.49	2.04
2	1.6	0.3	0.45	1.97	0	0	0.33	2.09	2.6	0	0.36	1.98
3	1.5	0.3	0.35	1.91	0	0	0.26	2.04	2.5	0	0.29	1.89
4	1.5	0.3	0.29	1.91	0	0	0.26	2	2.5	0	0.29	1.89
5	1.5	0.3	0.48	1.86	0	0	0.56	2.06	2.4	0	0.55	1.85
6	3.4	5.1	1.45	2.06	0	0	1.34	2.15	3.4	7.2	1.4	2.02
7	2.6	4.7	0.97	3.17	1.79	0	2.2	3.02	2.5	8.1	2.25	2.92
8	2.8	4.7	0.39	4.31	9.57	0	3.21	4.32	2.6	7.3	3.32	4.31
9	6.4	10.3	7.58	5.44	9.17	0	7.18	5.43	4.3	10.5	7.06	5.56
10	6.3	8.3	9.39	6.07	8.97	0	9.17	5.94	5	7.2	9.05	6.18
11	6.6	7.5	10.07	6.2	9.27	0	9.92	6.07	5.3	6.8	9.71	6.28
12	6.8	6.9	8.1	6.18	9.37	0	7.9	6.05	5.8	6	7.55	6.27
13	6.9	6.4	8.9	5.96	9.27	0	8.62	5.9	6.3	5.3	8.5	6.09
14	6.1	5.2	9.52	6.01	8.97	0	9.4	5.94	6.1	5.1	9.34	6.09

（续表）

时刻	冬季(12,1,2,3月)				夏季(6,7,8,9月)				中间期(4,5,10,11月)			
	制冷	采暖	热水	电力	制冷	采暖	热水	电力	制冷	采暖	热水	制冷
15	6.1	5	8.71	6.09	10.69	0	8.36	6.06	6.2	4.8	8.59	6.18
16	6.3	4.8	6.87	6.05	8.97	0	6.32	5.92	6.4	4.3	6.41	6.07
17	6.3	4.9	5.65	5.88	9.27	0	5.14	5.7	6.1	4	5.11	5.83
18	6.2	5	5.77	5.38	3.89	0	5.67	5.23	6.1	3.9	5.47	5.3
19	5.8	5	4.97	5.03	0.4	0	5.18	4.94	5.4	3.6	5.05	4.97
20	3.2	3.5	3.9	4.75	0.4	0	4	4.7	3.4	3.3	4.04	4.66
21	3.1	3.5	2.23	4.01	0	0	2.06	4.15	3.3	3.6	2.21	4.11
22	3	3.6	1.29	3.08	0	0	1.05	3.08	3.2	3.7	1.14	2.92
23	2.8	4	1.03	2.47	0	0	0.72	2.6	3.1	5.3	0.88	2.44
24	1.6	0.2	1.06	2.17	0	0	0.69	2.42	2.8	0	0.94	2.15

注：数据来源《日本天然气三联供设计手册》。

基于各月冷、热、电负荷实测数据及各月小时分摊比例，分别获得制冷、采暖、生活热水及电力全年 8 760 h 逐时负荷累积曲线(图 4-9)和建筑需求侧热电比频率分布(图 4-10)。从图中发现：

(1) 热负荷波动较大，变化范围为 228～22 719 kW，其中有 3 189 h 的热负荷需求大于 8 664 kW；电负荷波动较小，变化范围为 1 624～6 539 kW，其中有 4 960 h 的电负荷需求大于 3 781 kW。

(2) 建筑热电比(各小时总热负荷/电负荷)集中分布在 1～3 之间，热电比大于 1 的比例占 63%，平均值为 1.47。

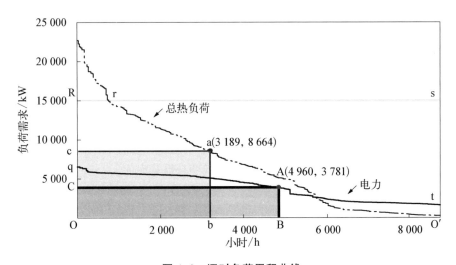

图 4-9 逐时负荷累积曲线

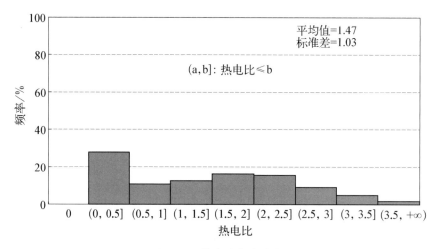

图 4-10 热电比频率分布图

4.7.3 系统设计和设备选择

1. 系统设计

基于测算的建筑负荷,分别设计分布式能源系统和传统能源系统,设计传统能源系统的目的是对所设计的分布式能源系统提供评价时的比较基准。

传统系统(BASELINE):如图 4-11 所示的传统能源供应系统作为比较基准线。此系统的冷负荷通过吸收式制冷机供给,热负荷和生活热水通过蒸汽锅炉提供,电力通过商业电力提供。

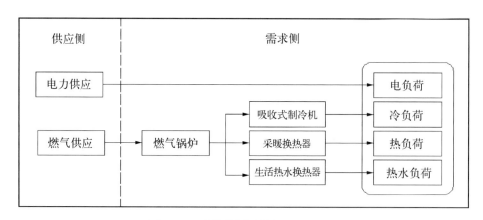

图 4-11 传统能源系统(BASELINE)

分布式能源系统(BCCHP):采用图 4-12 所示的分布式能源系统。在此系统中,通过燃气发电机来供应部分的电力,同时充分回收发电余热来制冷、采暖和提供生活热水,不足热负荷(冷、采暖和热水)通过辅助锅炉提供,不足电负荷通过电网提供。考虑到目前上网政策及天然气三联供售电价格尚不成熟,本系统采用"并网不上网"模式,即分布式能源系统多余电力无法销售到大电网。

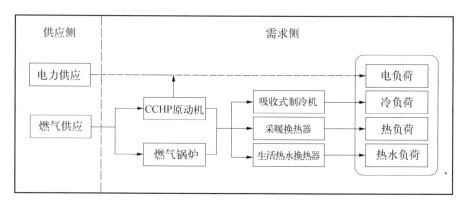

图 4-12 分布式能源系统(BCCHP)

2. 原动机种类及容量选择

(1)原动机种类确定

根据前述计算发现,医院类型建筑年平均热电比为 1.47,热负荷较大。在各种原动机中,燃气轮机 CCHP 热电比较大,通常大于 1.5,适合热电比较大的建筑类型。假设燃气轮机发电效率为 30%,热回收效率为 45%,原动机热电比为 1.5。

(2)原动机容量确定

为了比较方便,本案例针对不同的系统运行模式,多做几种容量选择,分别叙述如下:

传统方案 CASE0:传统系统各设备容量根据冷、热、电负荷需求最大值确定。

热主电从 CASE1:最大总热需求为 22 719 kW,原动机容量=最大热负荷/原动机热电比=15 146 kW,选 5 000 kW 燃气轮机 3 台。

电主热从 CASE2:最大电需求为 6 539 kW,选 3 500 kW 燃气轮机 2 台。

优化方案 CASE3:基于逐时热负荷累积曲线,采用"面积最大法"确定最佳原动机容量为 5 776 kW,选 3 000 kW 燃气轮机 2 台。

优化方案 CASE4:基于逐时电负荷累积曲线,采用"面积最大法"确定最佳原动机容量为 3 781 kW,选 2 000 kW 燃气轮机 2 台。

分布式能源系统方案中余热负荷不足时采用辅助锅炉补充,从而分别确定各方案中锅炉容量。各方案设备容量见表 4-12。

表 4-12 各个不同方案设备参数设定

项 目	传统方案	热主电从	电主热从	优化方案	优化方案
	CASE0	CASE1	CASE2	CASE3	CASE4
冷负荷	峰值: 8 511 kW, 2 420 RT/h;总量: 25 565 GJ				
采暖负荷	峰值: 14 388 kW, 21 t/h;总量: 61 979 GJ				
生活热水	峰值: 12 739 kW, 18 t/h;总量: 131 209 GJ				
电负荷	峰值: 6 539 kW;总量: 34 166 522 kWh				
燃气机/kW	—	5 000×3	3 500×2	3 000×2	2 000×2
制冷设备/RT	2 500	2 500	2 500	2 500	2 500
锅炉/(t·h⁻¹)	51	0	36	39	42

各设备效率及价格列于表 4-13。上海地区商业建筑电价采用分时电价,如图 4-13 所示。

表 4-13　各种设备 COP、效率及其价格

项　目	设备 COP 和效率	设备单价
吸收式冷机组	制冷:1.2;制热:0.9	3 600 元/RT
燃气轮机发电机组	发电效率:30%; 热回收利用效率:45%	5 000 元/kW
商业电力一次能源利用效率	33%	—
锅炉效率	90%	80 000 元/t

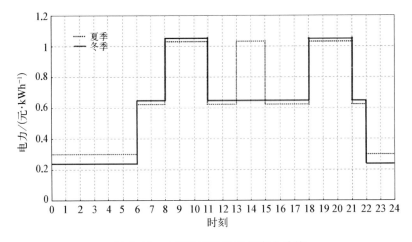

图 4-13　上海地区商业建筑电力价格

上海天然气分布式能源系统天然气价格可采用优惠价格,并根据天然气年总消耗量定价,本案例中按 3 元/m^3 计算。

4.7.4　系统模拟及评价

基于上述系统设计,分别对五种不同方案一次能源利用效率、节能率、CO_2 减排率及静态回收期进行模拟计算并分析,结果如图 4-14—图 4-16 所示。

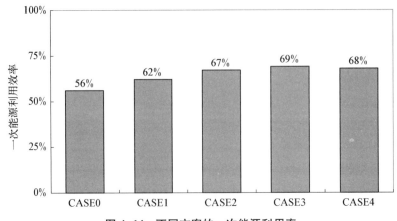

图 4-14　不同方案的一次能源利用率

图 4-14 为不同方案的一次能源利用率,结果发现,分布式能源系统比传统系统有较好的一次能源利用效率,除了按照"以热定电"模式 CASE1 中,因原动机发电容量过大,并按"并网不上网"运行,发电远远超过需求,一次能源利用效率过低外,其他三种分布式能源系统方案一次能源利用效率均接近 70%。值得注意的是,一次能源利用效率是考虑了电力不足时采用商业电力(效率为 33%)及热量不足时采用补足锅炉(效率为 90%)的综合结果。同时发现,并不是原动机设备越大或越小,系统一次能源利用效率就越高,对某一实际工程项目,通常有一个最优化的设备容量来保证一次能源利用效率最高。

图 4-15 为不同方案的节能率和 CO_2 减排率,结果表明,与传统能源系统相比,分布式能源系统有一定节能效果和较好的 CO_2 减排率,除方案 CASE1 外,其他方案节能率接近 20%,CO_2 减排率接近或超过 30%,环境效果比节能效果更加明显(原因是我国全年商业电力中,火力发电比重过大)。

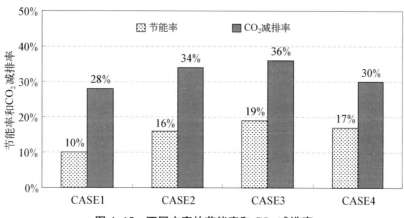

图 4-15　不同方案的节能率和 CO_2 减排率

图 4-16 为不同方案的静态回收期,结果表明,四种三联供方案中,CASE1 按"热主电从"确定的原动机容量过大(约 15 000 kW),方案的静态回收期达到 40 多年,远远超过设备的生命周期。CASE2 按"电主热从"选择原动机容量约 7 000 kW,同样回收年限较长,近 9 年。基于逐时负荷曲线按"面积最大法"确定的原动机容量明显减小,CASE3 和 CASE4 的静态回收期分别为 6.2 年和 4.5 年。

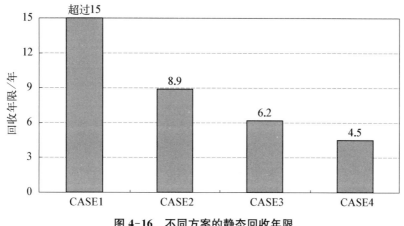

图 4-16　不同方案的静态回收年限

综上,推荐选择回收年限最短,一次能源利用率、节能率以及 CO_2 减排率都较高的优化方案 CASE4。

根据此设计案例,对分布式能源系统设计的几点总结如下:

(1) 按分布式能源系统中通常采用的"以热定电"确定设备容量,即以制冷、采暖和生活热水所需热量的总和选择原动机,原动机的装机容量将大大超过所需发电量,节能性和经济性都无法达到最佳。原因是容量过大,多余的电力不能上网,大量电力浪费,同时余热也未充分利用,这种设计方法在国内工程设计中普遍采用,非常值得注意。

(2) 各分布式能源系统方案中,经济性和节能性效果并不一致,如 CASE3 与 CASE4 相比,前者有更好的节能性和环境性,但经济性不及后者。因此,在决定分布式能源系统的设备容量时要统筹考虑系统的节能性和经济性。

(3) 上海地区医院类型建筑在选择合适的原动机种类和设备容量前提下,导入分布式能源系统完全可行,具有较好的节能性(一次能源综合利用率达到约 70%)和经济性(回收年限 7年以内)效果。

第5章 建筑分布式能源系统优化

5.1 概述

　　根据热力学第一定律或第二定律,建筑分布式能源系统与常规建筑分产系统相比,节能效果较为显著,也会带来其他派生效益(可靠性、环保性等)。本章立足于建筑分布式能源系统的规划设计阶段,阐述构建兼具合理性、高效性系统的方法论,而该方法论的基础则是对建筑分布式能源系统而言,针对随季节、时刻变化的电负荷以及供热、供冷、热水等热负荷,考虑系统能否高效、灵活应对以及能否充分发挥分布式能源系统能量梯级利用的本质。既有调研表明,很多实际系统往往受制于热电比的拘束,系统构造缺乏灵活性,性能自由度较低。如果电、热负荷成比例变化,那么只需构建具有单自由度的系统即可。然而,让用户改变其终端需求以适应供给侧供能特性则是不现实的,也违背了分布式能源系统"按需供能"的本质,因此建立热电比可变的多自由度系统是最基本的要求。

　　供热并不只是供给热量,还有必要考虑供热、供冷、热水、蒸汽等的温度要求,因此,需要提高建筑分布式能源系统的灵活性。该问题的解决不能仅停留在技术层,必须兼顾考虑经济、法制、社会等多方面要素综合分析。譬如,并网上网会对系统灵活产生很大影响,该问题则与法律法规问题密切相关。就技术层面而言,除了系统构成单元设备硬件性能的提升外,基于系统层面的灵活性提升也非常重要。这是因为分布式能源系统是通过多个单元设备的组合利用而提升整体性能的系统性技术。譬如,燃气轮机和蒸汽轮机组成联合循环可以提高发电效率,也可以提升热电比的灵活性。程氏循环(蒸汽回注式燃气轮机)也具有类似功能。此外,储能系统亦可以削弱系统热电比的束缚。然而,蓄热会产生热损失,热槽容量的选择也要适中,另外,蓄电技术如果价格适宜,亦可能对分布式能源系统产生一定影响。

　　系统的灵活性除了提高自由度外还要辅以适当的运行策略。例如,作为建筑分布式能源系统的常规运行模式,"以热定电"和"以电定热"模式下系统运行策略的探讨非常多。然而,能源需求在时刻变化,基于上述设定而确定系统的运行方案,其灵活性必然较低,有必要突破此局限确立更理想的运行方案。

　　综上所述,对于建筑分布式能源系统而言,获得可观节能减排收益的前提是针对用户用能需求的动态变化,进行合理的设备选型与配置,同时对运行策略进行协同优化。

5.2 系统优化的基本内容与方法

　　建筑分布式能源系统优化需要综合考虑多方面问题。

首先,电、冷、热、热水、蒸汽等能源需求预测是系统优化的出发点。终端用户长期能源需求的准确预测较为困难,但这是系统优化的前提与基础。如果需求预测过大,则会导致设备初期投资增大;如果需求预测过小,则会导致系统供能能力不足。为此,能源需求预测的精度对系统设备选型、经济性的评价等均会产生较大影响。对于能源需求预测,不仅要考虑单纯的电、热量的需求,还要考虑需求侧电的品质以及蒸汽、供热、供冷和热水的温度等能源需求的品质。除了要考虑不同类型能源的经济性、时刻性差别,还要对需求点的空间位置进行明确定义。之所以如此,是因为最终用户能源需求量统计并不一定与电源、热源设备输出端负荷完全匹配,要考虑同时使用率、热媒的传输损失、蓄热槽的影响等。此外,对系统辅助设备的用电量也要充分考虑。

其次,基于上述能源需求的预测值,需要对系统主要设备类型进行设定,同时也需要对包含常规系统在内的各种替代方案进行比选。主要供能设备类型确定后,需要根据能源需求的季节、时刻变化确定设备构成方案,即设备型号、台数和容量,以及设备间的连接方案。系统优化的基本理念是要充分发挥分布式能源系统能量梯级利用的特质,构建能够灵活应对时刻变化的各类能源需求的系统。也就是说,要根据需求温度的差别,考虑排热的梯级利用,对烟气、缸套水等不同温度余热分别合理利用。此外,要充分认识到电能输送较为简单但存储困难、热能可以储存但输送困难这种能源的基本特质。

最后,要想充分发挥分布式能源系统能量梯级利用的优势,系统运行非常重要。分析系统运行时,除了要考虑构成设备的部分负荷特性,还有必要考虑使用能源的价格体系,与大电网的连接等问题。此时,还可考虑外气温度季节性、时刻性变化对设备特性的影响,不同类型用户在不同时间段的电价、气价等。另外,在终端能源需求之外,为了维持系统运行还会产生新的能源需求。例如,如果用电动热泵满足供热供冷需求,就会产生新的电力需求。为了满足上述电力需求,如果运行燃气内燃机则会产生新的排热。此外,如果系统配置了储能装置,怎样有效使用储能设备以达到预期效果也是一大难点。

因此,建筑分布式能源系统的配置需要确定的问题主要包括机组的形式、台数和容量的选择,吸收式制冷机与压缩机制冷机的优化组合以及可能的蓄能装置选择问题等;系统运行模式需要确定的问题包括系统实际可行的运行策略和各设备冷、热、电逐时输出的最优比例等。由于分布式能源系统可选择的设备种类较多,系统冷、热、电输出相互耦合。如何合理地选取系统配置以及对应的最优运行模式,通常有列举模拟法和数学规划法两种。

5.3　列举模拟法

在分布式能源理念提出初期,系统的规划设计大多依赖于设计师的经验和技术能力。虽然近年来分布式能源在我国正逐步推广,但实际经验依然不够丰富。另外,由于建筑构造等差异性,导致能源需求差别很大,其他系统的实际经验很难直接参考。因此,建筑分布式能源系统和其他工业制品不一样,是一种定制型产品,由于涉及相关条件的差异性,导致系统规划设计与优化较为困难。

在分布式能源系统规划设计阶段,目前大多采用列举比较的方法,针对某几种可能的系统配置及运行模式分别进行模拟计算,以期得到最优的系统方案。

5.3.1 基本步骤

1. 优化边界的界定

在实施系统优化之前,必须对系统边界、系统单元间相互关系、系统内部及系统与外界环境的互动行为全面把握。全面、准确的系统定义是分布式能源系统优化的基础。图 5-1 全面展现了由三类边界层所包围的分布式能源系统:物理边界位于最内层,向外依次为影响边界和政策边界。

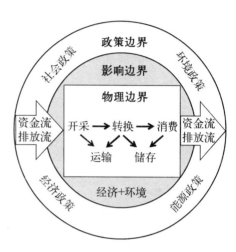

经济边界可以表现能源供应侧与需求侧间的现金流。环境边界可以清晰地表明系统对环境的影响,在该边界层中,不同污染物的影响可以根据它们对生态环境、人体健康等的影响进行定量评价。政策边界表明直接或间接影响决策者的法律、调控或制度框架等,它与国家或地区的能源战略,社会、经济和环境政策等因素密切相关。不同层次边界层的存在凸显出分布式能源系统优化设计问题的复杂性,需要从不同层面加以分析。

图 5-1 分布式系统影响边界示意图

如图 5-2 所示,建筑分布式能源系统的物理边界涵盖供给侧(电源、热源设备等)、输配侧(微电网、微热网等)、需求侧(冷、热、电负荷等)、缓冲侧(蓄电、蓄热等)等基本构成单元。系统优化的首要任务就是确定由上述单元所构成的分布式能源系统的超结构。

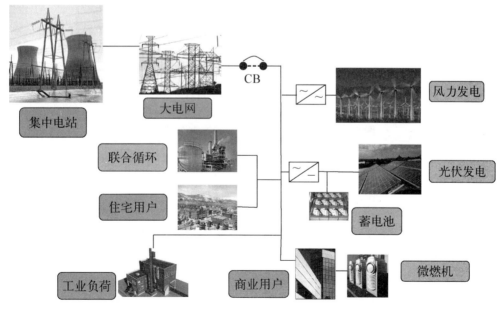

图 5-2 建筑分布式能源系统基本概念图

2. 优化目标的确立

分布式能源系统的结构单元确定之后,需要通过耦合供给侧、转换侧、缓冲侧等基本单元,得到一系列分布式能源系统备选方案,如图5-3所示。假设可供选择的一次能源和技术类型数量分别为m和n,则可以确立$m \times n$种备选设备。若系统不选择任何设备,则系统备选方案数为$y_0 = C_{n \times m}^0 = 1$;类似地,若系统仅选择1个设备,则系统方案数为$y_1 = C_{n \times m}^1 = n \times m$。为此,所有可能的系统数量$S$为

$$S = \sum_{i=0}^{n \times m} y_i = \sum_{i=0}^{n \times m} C_{n \times m}^i = 2^{n \times m} \tag{5-1}$$

在上述系统集合中,每一个集合元素均代表唯一的系统方案。

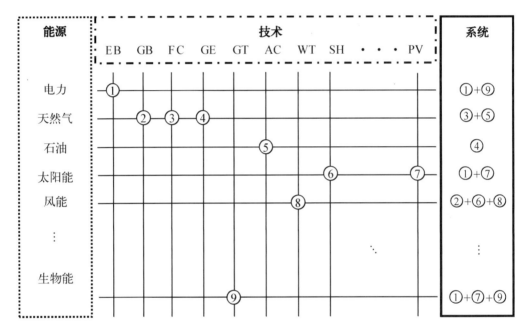

AC—吸收式制冷机;EB—电锅炉;GE—燃气内燃机;FC—燃料电池;GB—燃气锅炉;
GT—燃气轮机;PV—光伏电池;WT—风力发电;SH—太阳能热水器

图5-3 建筑分布式能源系统的方案选择概念图

5.3.2 案例分析

本节以某大学园区为研究对象,运用列举模拟法探讨建筑分布式能源系统的耦合优化问题。首先介绍研究对象的基本情况,包括能源负荷、能源价格、各类分布式能源技术信息等,进而设定备选方案并进行对比分析。

1. 能源负荷

图5-4、图5-5所示分别为该大学园区夏季和冬季的平均逐时负荷。总体而言,夏季白天冷负荷较大,供热负荷则是冬季用能的主要部分。电负荷的季节性差异并不明显。此外,从图中可以看出,冬季的热水负荷要稍高于夏季。

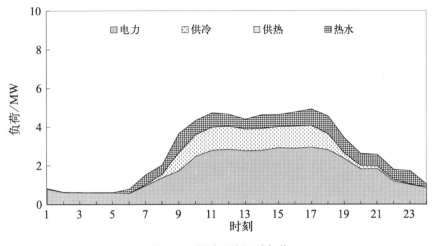

图 5-4　夏季平均逐时负荷

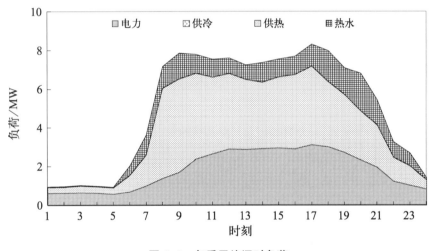

图 5-5　冬季平均逐时负荷

2. 能源价格

本案例分析中,假设该大学园区采用分时电价,其构成包括基础价格、峰时价格、中间期价格和谷时价格,如图 5-6(a)所示。在本案例中,若无特别指定,分布式能源设备默认以天然气为燃料。天然气价格构成如图 5-6(b)所示,包括基础价格和容量价格。基础价格由固定价格、流量价格和最大需求季基础价格构成。

3. 分布式能源技术信息

表 5-1 所示为本案例中所考虑的备选技术及其相关属性,包括燃气内燃机(GE)、燃气轮机(GT)、燃料电池(FC)、微型燃气轮机(MT)和光伏发电(PV)。除了基于生物质能(用 B-标识)的燃气内燃机和光伏外,其他所有设备均以天然气为燃料。其中,部分设备只用于供电,有些可实现热电联产(用 H-标识)或冷热电三联供(用 HC-标识)。相关技术属性主要包括额定功率、寿命、初投资、运维费用、发电效率和热电比。

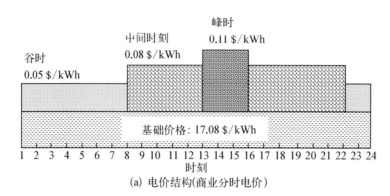

(a) 电价结构(商业分时电价)

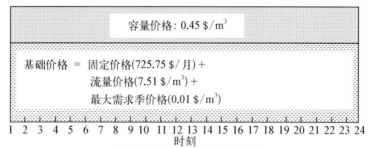

(b) 气价结构(分布式能源系统)

图 5-6 电价和气价构成

表 5-1 分布式能源技术信息

型号	容量 /kW	寿命 /年	投资 /($·kW⁻¹)	固定运维费 /[$·(kW·年)⁻¹]	可变运维费 /($·kWh⁻¹)	效率/%	热电比
FC	200	10	5 243	0	0.03	36.0	0.00
H-FC	200	10	5 448	0	0.03	36.0	1.25
HC-FC	200	10	5 622	10.15	0.03	36.0	1.25
GT	1 000	20	1 470	0	0.01	21.9	0.00
H-GT	1 000	20	2 001	0	0.01	21.9	2.45
HC-GT	1 000	20	2 238	10.86	0.01	21.9	2.45
MT	100	10	1 651	0	0.02	26.0	0.00
H-MT	100	10	1 853	0	0.02	26.0	1.71
HC-MT	100	10	2 111	14.95	0.02	26.0	1.71
GE	75	20	1 020	0	0.02	29.1	0.00
	100	20	984	0	0.02	30.0	0.00
	300	20	828	0	0.01	31.0	0.00
	1 000	20	754	0	0.01	34.0	0.00
	3 000	20	744	0	0.01	35.0	0.00
	5 000	20	728	0	0.01	37.0	0.00

型号	容量/kW	寿命/年	投资/($·kW^{-1})	固定运维费/[$·(kW·年)$^{-1}$]	可变运维费/($·kWh^{-1})	效率/%	热电比
H-GE	100	20	1 319	0	0.01	33.3	2.05
	300	20	1 215	0	0.01	31.0	1.85
	610	15	1 745	0	0.01	40.8	0.84
	815	15	1 571	0	0.01	40.8	0.81
	1 000	20	990	0	0.01	34.0	1.36
	2 383	15	1 135	0	0.01	41.1	0.81
	3 000	20	980	0	0.01	35.0	1.20
	5 000	20	932	0	0.01	37.0	1.22
HC-GE	1 000	20	1 170	7.30	0.01	34.0	1.36
	3 000	20	1 087	4.58	0.01	35.0	1.20
	5 000	20	1 013	3.61	0.01	37.0	1.22
B-H-GE	300	20	1 458	0	0.01	31.0	1.85
	1 000	20	1 187	0	0.01	34.0	1.35
	5 000	20	1 118	0	0.01	37.0	1.22
PV	—	30	5 714	9.52	0.00	12.0	0.00

4. 方案设定

为了从技术层面探讨影响分布式能源系统优化的相关因素,特设定 4 种方案进行对比分析。

方案 1:常规系统。

为了进行比较分析,将未配置分布式能源的常规系统作为参照系统。在该系统中,电力需求由电网供应,热负荷由燃气锅炉供应。

方案 2:分布式能源系统(不包括 CHP 技术)。

在本方案中,考虑除 CHP 技术外的其他所有分布式供能技术。电负荷可由电网或分布式能源设备共同供应,热负荷由燃气锅炉供应。该方案对热负荷需求较小的用户较为适用。

方案 3:分布式能源系统(包括所有分布式供能技术)。

在本方案中,将考虑包括 CHP 技术在内的所有分布式供能技术。为此,区域热负荷可由 CHP 系统产生的余热供应,不足部分可通过余热锅炉进行补充。该方案可适用于兼具足够电能和热能需求的用户(医院、宾馆等)。

方案 4:分布式能源系统(包括所有分布式供能和储能技术)。

5. 结果分析

(1)最佳系统配置

表 5-2 为各设定方案下的系统最优组合。可以看出,对任一方案,分布式能源设备装机总容量小于电负荷峰值(大约 4 000 kW)。虽然可以自发电,但从经济性的角度出发,仍需要并网。

由表 5-2 可以看出,对于方案 1,由于未安装分布式能源技术,所有能源需求(包括电负荷和热负荷)均从电网买电或购买天然气。对于方案 2,选择了 3 000 kW 的内燃机,但不考虑热回收。方案 3 考虑热回收,但总装机容量下降到 2 683 kW,分别是 300 kW 和 2 383 kW 的内燃机,两设备的余热回收均用于供暖而不是供给吸收式制冷。方案 4 中,设备选择与方案 3 一样,不仅考虑热回收,还考虑了能源储存(本案例只考虑热储存)。可以看出,增加热储存对分布式能源系统配置的影响有限,这可能是由于本案例中的负荷热电比较小的缘故。

此外,从表 5-2 还可以看出,本案例中燃料电池和光伏设备均未选用,主要是因为初期投资较高。因此,从经济性角度来看,燃气内燃机是当前较受欢迎的分布式能源设备。然而,随着全球环境问题越来越受重视,以及技术的快速发展,不久的将来,环境友好型可再生能源有望得到分布式能源市场的更多关注。

表 5-2 最佳系统配置

方案	装机容量/kW	系统配置
方案 1	0	—
方案 2	3 000	GE(3 000 kW)
方案 3	2 683	H-GE (300 kW),H-GE (2 383 kW)
方案 4	2 683	H-GE (300 kW),H-GE (2 383 kW)

（2）最佳运行策略

系统最优运行策略亦是优化模型重要结果之一,对分布式能源系统的决策非常重要。以夏季为例,图 5-7 所示为各方案下电力供需平衡。此处,冷负荷的用电由电制冷机提供。从图中可以看出,方案 2 中,大部分电力需求由分布式能源设备供给。此外,内燃机只在白天电价较高时运行;而晚间,由于电价较低,用户更倾向于从电网买电而非自发电。方案 3 和方案 4

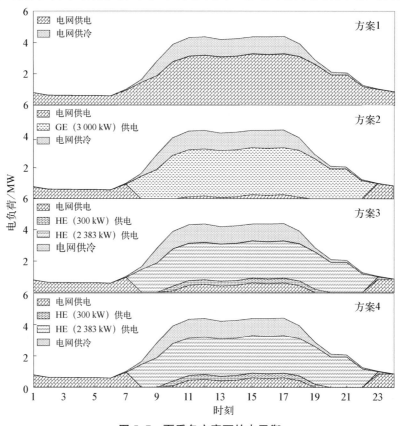

图 5-7 夏季各方案下的电平衡

的运行策略很相似,分布式能源系统的设备都只在白天运行,且容量为 2 383 kW 的内燃机运行时间高于 300 kW 的内燃机。

(3) 经济性分析

图 5-8 为各方案下的经济性分析结果。传统供能系统(方案 1)的总能源消费为 390 万美元。配置分布式能源设备可以减少外电购买量,但同时也增加了天然气购买量,通过构建分布式能源系统,可降低总能源消费。与传统供能系统(方案 1)相比,方案 2、方案 3 和方案 4 的总能源费用分别降低 9.6%、13.4% 和 13.4%。此外,由图可以看出,热电联产系统的引入虽然减少了总安装容量,但初期投资费用增加了。这是因为与没有热回收功能的设备相比,热电联产技术的初期投资费用较高。然而,总的能耗费用降低了 20 万美元。因为余热回收可以延长分布式能源技术的运行时间,从而减少电力和天然气的购买量。另外,从图中可以看出,若考虑热储存(方案 4),经济性并不明显,这是由于增加热储存后的系统组成和运行策略与上述方案区别不大。

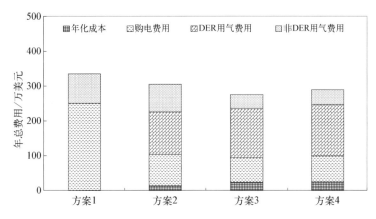

图 5-8　不同方案下的年供能费用

(4) 节能和环境分析

各设定方案下的 CO_2 排放和能耗分析结果如图 5-9 所示。与传统能源系统(方案 1)相比,除方案 2 以外,其他方案都会减少 CO_2 排放量,并减少能耗量。方案 2 中,年 CO_2 排放增

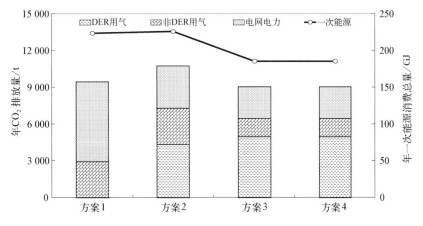

图 5-9　不同方案下的节能性和环保性

加13.6%,且年能耗增加1.1%。这是因为,若不考虑余热回收,内燃机效率则会很低,甚至低于公共电网和燃气锅炉。该结果说明如果只考虑经济性,配置分布式能源系统不一定有环境性。此外还可以看出,若考虑余热回收(方案3和方案4),由于热电联产设备的总效率较高,一次能源消费则会降低。值得注意的是,在评价系统碳减排效果时,参照系统的选取十分重要,它在一定程度上会影响最终结果。

5.3.3 列举模拟的优缺点

系统配置越复杂,运行策略的代替方案将呈指数级增长。例如,由10台设备配置的系统,单单配置设备的运行、停止所构成的运行策略的代替案就有 $2^{10}=1\,024$ 种。除了设备的启停,还需要同时考虑设备运行的负荷率(图5-10)。为此,设备运行策略的决定非常复杂,通过列举法较难实现。

图5-11所示为包含不同技术类型的典型系统配置方案的示例图。显然,如果可选技术数量较多的话,从众多备选系统中选择最佳方案将是一项艰巨的任务。

列举模拟的方法是设定单纯的运行规则,进行简单的模拟分析,其优点是在备选方

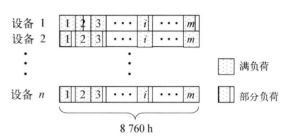

图 5-10　建筑分布式能源系统运行策略示意图

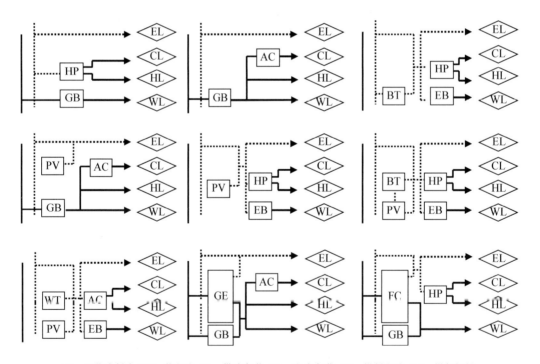

AC—吸收式制冷;BT—蓄电池;CL—供冷负荷;EL—电力负荷;FC—燃料电池;GB—燃气锅炉;
GE—内燃机;HL—供暖负荷;HP—热泵;PV—光伏;WL—热水负荷;WT—风力发电

图 5-11　典型建筑分布式能源系统配置方案示例图

案较少时可以快速甄别出最优方案,省时省力,其不足点是预设的运行规则并不能保证在遵循热电联产系统能量梯级利用理念的同时灵活应对各种需求,同时确保经济效益。由于需求时刻变化,特设上述运行规则亦可能会减弱系统灵活性。此外,燃气轮机、热泵等设备特性受外气温度影响;电价、气价也随时间和季节变化。在上述条件下,如果采用"以热定电"或"以电定热",就可能产生电或热供应不足的情形。从分布式能源系统以节能为本的宗旨出发,可能导致系统的不合理运行。此外,分布式能源系统供热的同时可能会产生新的电力需求,热、电需求关系非常复杂,相互耦合,这种复杂的关系用上述模拟方法也很难体现。

列举运行策略进行模拟的方法,是简单高效的筛选模式,但不是灵活、智能的系统运行选择方法。面对如此复杂、具有多种代替方案的规划设计问题,在实际设计过程中,大多依赖于设计者的经验来实施。也就是说,设备规划和台数的决策这样较高层次的规划设计研究大多并没有实施,而只是针对有限的几个代替方案通过模拟比较其经济性、节能性。此外,对于最顶层系统方式的选定,大多根据主机的适应性、能源需求特性进行判断,目前并没有明确的、合理的判断基准。

5.4　数学规划法

5.4.1　基本分类

针对前述常规列举比较法或模拟法的局限,数学规划法的提出有望突破上述困境。所谓数学规划,即最优化,就是在一系列约束条件下,达成预定目标的最合理方案。基于上述优化理论,国内外已开发了很多数学规划方法,数学规划也分成许多不同的分支,如线性规划、非线性规划、多目标规划、动态规划、参数规划、组合优化、整数规划、随机规划、模糊规划、非光滑优化、多层规划、全局优化、变分不等式与互补问题等,几种常用方法的简介列于表5-3。

通常建立数学规划模型的三要素包括决策变量和参数、约束或限制条件和目标函数。其中,决策变量是由数学模型的解确定的未知数,参数表示系统的控制变量,有确定性的,也有随机性的。由于现实系统的客观条件限制,模型必须包括把决策变量限制在它们可行值之内的约束条件,而这通常是用约束的数学函数形式来表示的。系统追求的目标是作为系统决策变量的一个数学函数来衡量系统的效率。目前,数学规划法已成为系统规划综合问题的有效解决方法。据此,建筑分布式能源系统的优化规划设计和运行问题是基本的综合分析问题,如果合理使用最优化方法,可以获得合理、可行的规划设计方案。

表5-3　数学规划方法的基本分类

约束和无约束规划	根据是否存在约束条件,任何优化问题均可归类为约束或无约束优化问题
搜索和演算法	搜索法在不使用导数的前提下,根据目标函数确定最佳值;相反,演算法则使用一阶和二阶导数,因此有时也称为梯度法。搜索法通过一系列独立变量值的组合,计算目标函数值从而确立最佳值。 通常演算法收敛速度比搜索法快,但在某些情况下可能不收敛。如果目标函数是连续的,通过有限次迭代,应用搜索法只能接近而不能达到最优解,因为其只针对离散点进行计算。然而,在迭代结束时,最优解可以确定在一个相对小的范围内。此外,对某些问题,搜索法可能优于演算法

线性、非线性、几何和二次规划	该分类是依据方程的基本性质确定的。如果目标函数和所有约束条件均为自变量的线性函数，则该问题即为线性规划(LP)问题；如果至少有一个函数(无论在目标函数中还是在约束条件中)是非线性的，则该问题即为非线性问题。 几何规划是非线性规划的一个分支，其目标函数和约束条件均可表示为 x 的广义多项式：$f(x) = c_1 x_1^{a_{11}} x_2^{a_{12}} \cdots x_n^{a_{1n}} + \cdots + c_N x_1^{a_{N1}} x_2^{a_{N2}} \cdots x_n^{a_{Nn}}$，式中，$c_i$ 和 a_{ij} 均为定值，且 $c_i > 0$，$x_i > 0$。 二次规划也是非线性规划的一个分支，其具有二次目标函数和线性约束条件
整数和实值规划	该分类是根据自变量的取值约束而确定。如果部分或所有自变量均只能为整数或离散值，则该问题即为整数规划(IP)问题；若所有自变量均可取任意实值，则优化问题称为实值规划问题。若线性规划和非线性规划中存在整型变量，则分别称为混合整数线性规划(MILP)和混合整数非线性规划(MINLP)
确定性和随机规划	如果部分或所有预设参数和(或)自变量具有不确定性或随机性，则该优化问题称为随机规划问题，否则为确定性规划问题
可分规划	如果某函数 $f(x)$，$x = (x_1, x_2, \cdots, x_n)$ 可以表示为 n 个单变量函数之和，则其称为可分离的，即 $f(x) = \sum_{i=1}^{n} f_i(x_i)$，若目标函数和约束条件是可分函数，则该规划问题称为可分规划
单目标和多目标规划	根据目标函数数量，优化问题可归纳为单目标优化和多目标优化问题。对于大多数问题，并没有能够同时满足所有目标的最优点 x^*。为此，通常需要有一个妥协，而且常常是非常主观的
动态规划和变分法	当寻求的是最优函数而非最优点时，则需要用动态规划和变分法。变分法对一个积分函数寻求优化。对于单个变量，该问题可描述为 $\min_y I = \int_{x_1}^{x_2} F(x, y, y', y'') \mathrm{d}x$，式中，$y = y(x)$ 即为所寻求的函数，F 是已知函数，$y' = \dfrac{\mathrm{d}y}{\mathrm{d}x}$，$y'' = \dfrac{\mathrm{d}^2 y}{\mathrm{d}x^2}$。 动态规划适用于阶段性过程或者可近似看成阶段性过程的连续函数。为此，决策变量即为寻求对于到阶段 n 的特定输入和从阶段 1 开始的特定输出，其和 $\sum_{i=1}^{n} f_i(y)$ 即为最优值。动态规划和变分法均为决定 $y(x)$ 的方法。哪一种方法是精确的或是近似的取决于问题自身
遗传算法	遗传算法(GAs)最早是由 J. Holland 提出，用于模拟生物体在自然环境中的生长和衰减。尽管最初设计为模拟器，GAs 已被证明是一个很好的优化技术。生物学上，GAs 是基于生物进化论(自然遗传学和自然选择)和达尔文的适者生存理论。自然遗传学的基本元素，例如，复制、交叉、变异均会在遗传搜索过程中使用。根据 GAs 与传统优化方法的差异性，GAs 的基本特征可归纳如下： (1) 随机选择一系列点(而非单个点)用于启动优化过程。由于多个点作为候选解决方案，GAs 不太可能被困于局部最优。 (2) GAs 仅适用于目标函数值，其衍生品不适用。 (3) 在 GAs 中，决策变量表示对应于自然遗传学中染色体的二进制变量的字符串。任何类型变量，无论是离散的(例如，整数)还是连续的均可处理。对于连续变量，可选择字符串以便达到所需的解决方案。 (4) 人口中每个字符串的目标函数值在自然遗传学中均起健身的作用。 (5) 通过运用随机交叉和对旧值的变异可生成新的人口。使用目标函数以放弃"弱"的字符串，而"强"的字符串给新的人口更多后代。该过程持续到进一步改善为止。 上述说明表明 GAs 适用于混合离散-连续变量以及不连续的非凸对策空间。此外，多数情形下，该方法在很大程度上可获得全局最优解

（续表）

模拟退火法	模拟退火法是基于对目标函数的随机评价而确定的组合优化技术。该方法的名称来自固体的热退火,其过程如下:设 x_i 为当前点(向量),沿着每一个坐标依次随机移动,新坐标值均匀分布在相应坐标 x_i,沿坐标的一半间隔存储单级向量 s_i,候选决策向量 x_i 根据被称为基准的准则被接受或拒绝。 若 $\Delta f \leqslant 0$,则接受新的点同时设定 $x_{i+1} = x$。否则,以如下概率接受新点: $P(\Delta f) = \mathrm{e}^{-\Delta f/(kT)}$,其中,$\Delta f = f(x_{i+1}) - f(x)$,$k$ 是一个比例因子,称为玻尔兹曼常数,T 为温度。k 值影响该方法的收敛特性。不同的冷却时间,研究了从一个迭代到另一个迭代时 k 和 T 的变化,通常选取较高的 T_0,然后逐渐减小。虽然该方法需要大量功能评估以获得最优解,但其获得全局最优解的可能性较大,即使是对于有很多局部最小值的较差的函数
神经网络法	神经网络法由众多的神经元可调的权值连接而成,具有大规模并行处理、分布式信息存储、良好的自组织自学习能力等特点。BP(Back Propagation)算法又称为误差反向传播算法,是人工神经网络中的一种监督式的学习算法。BP 神经网络算法在理论上可以逼近任意函数,基本的结构由非线性变化单元组成,具有很强的非线性映射能力

5.4.2 基本步骤与示例

1. 构建数据库

分布式能源系统的设计过程中,需要获取大量的外部信息,例如:建筑负荷、能源价格、补贴政策和设备信息等。为了减少在信息收集上花费的时间,提高设计的效率,利用计算机进行信息控制,开发分布式能源系统基础数据库。数据库的开发能显著提高信息数据处理的速度和准确性,同时确保能够及时、准确、有效地查询和修改信息。

数据库设计是指在数据库管理系统(Data Base Management System,DBMS)的支持下,在一个给定的应用环境中,构建最合理的数据库模式,建立数据库及其应用系统,使其能够有效地储存数据,满足用户的应用需求。

如图 5-12 所示,作为优化模型的主要输入参数,用户逐时能源负荷、区域能源资源赋存信息、能源设备性能和价格信息、电力和天然气等能源价格信息等数据是分布式能源系统优化的基础。为此,可借助地理信息系统软件、负荷模拟软件等工具,建立建筑分布式能源系统优化数据库系统。

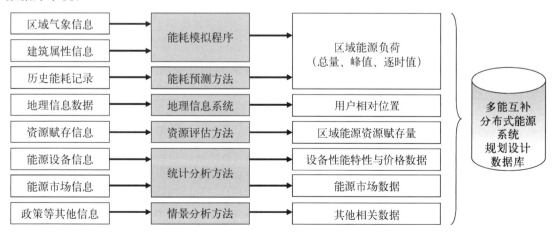

图 5-12 建筑分布式能源系统优化数据库框架

对于民用建筑,可采用单位面积指标法、历史数据外推法、软件模拟法、逐时负荷系数预测法等方法对其冷、热、电负荷进行预测。对于工业企业,最好是基于实测结果推算,亦可通过对同地区同类型企业能耗状况的分析获得。此外,从能源供给源的角度,需要对常规能源的供应能力及区域内可获得的可再生能源资源量和未利用能源资源量的可开发潜力进行评估。

分布式能源设备性能信息主要包括既有电源和热源设备的类型、容量、技术参数,以及其他有可能导入的分布式电源、热源设备的性能(额定容量、效率、部分负荷特性等)和价格参数(初期投资、维护费用等)。

此外,数据库系统还应包含各个区域的气象数据、能源价格信息、分布式能源导入的财政补贴政策等。

2. 建立系统设备配置与运行策略优化数学模型

根据步骤1所构建的数据库系统,研究分布式能源系统模型的优化目标、决策变量和约束条件,基于数学规划理论建立相应的分布式能源系统优化数学模型,为对能源系统进行定量分析提供依据。

虽然分布式能源系统优化的出发点是低碳、节能,而最终落实则以经济、实用为目标。因此,一般以年为研究周期,将分布式电源、热源设备以及输热管道的固定投资、维护费用等采用折现的方式分摊到每一年,优化目标是年折算费用(初期投资、运行费用和维护费用等)最小化。为简化起见,初期投资被认为是设备容量的函数,运行费用为每年支出的电费,燃气费等能源费用的总和依赖于系统的运行策略。根据不同的优化目标,也可选用一次能源消耗量、环境污染物排放量等指标作为目标函数,或者综合多种指标进行优化。

数学规划模型的约束条件包括区域能源资源赋存量的约束、能源供需平衡的约束、能源设备转换与利用效率的约束、排放指标的约束、投资总额或其他经济指标的约束等。以上约束是能源系统模型建模过程中必须考虑的重要因素,这些约束条件中既有硬约束,如能源转换与利用效率的约束等,又有软约束,如环境生态约束等。模型中的这些硬约束和软约束之间既相互联系,又相互独立。

规划模型的决策变量包括三部分,即结构层面的区域集中能源站的选址、布局,配置层面的设备优化组合配置和容量变量,以及表达运行策略的变量。设备的容量是供选择的离散值,运行策略通过二进制变量和连续性变量来描述,分别代表各组成设备的启停状态及负荷水平。

根据分布式能源系统物理模型各层次的功能、性质和相互关系分析,各层次间、层次内部不但存在着能量流、资金流等相互联系,而且也存在着相互制约。特别是能源转换技术之间存在着能量流的交换和利用,因此,模型也将考虑能源转换层次之间的内部循环。同时,模型应保持对能源技术的中立性,所有技术通盘考虑,它们相互竞争与协作。对于模型没有考虑到的能源转换装置和转换技术以及不同装置的新的联合与集成技术等,在模型的构建过程和设计中,在转换层次会为这些将来的能源转换新技术和新设备预留"即插即用"的结构和空间,以便于将来对能源系统模型补充、修正和进一步完善。

综上所述,分布式能源系统优化数学模型必然是多层次的,也是动态的(随时间变化的)。在整合上述目标函数、约束条件和决策变量的基础上,构建分布式能源系统规划设计的数学规划模型(图5-13)。

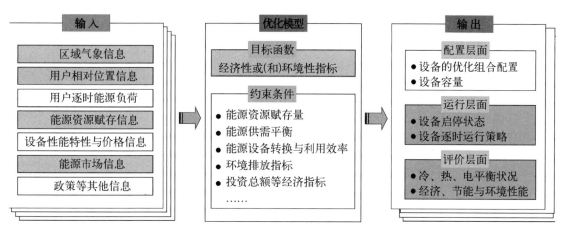

图 5-13　数学模型概念图

3. 优化结果分析与评价

基于步骤 2 所构建的分布式能源系统设备配置与运行策略的优化数学模型,可以获得的输出数据包括系统最佳技术组合及相应设备台数、容量,以及选定设备单元的逐时运行策略。基于上述配置与运行优化策略,结合分布式能源系统的经济、环境与政策边界条件,可以对系统的经济性、节能性和环保性进行分析。

同时,还可通过对某些参数的敏感性分析,探究体制、机制和政策变革对推进分布式能源系统应用与推广的激励效果。

4. 建筑复合能源系统设计工具

建筑复合能源系统设计工具(Building Combined Energy System Plan Tool,BCESPT)是利用逐时动态负荷和数据库信息,建立多种能源复合系统优化数学模型,进行建筑复合能源系统优化设计。该工具主要包括优化计算模块和输入、输出界面。优化计算模块又根据功能和层次不同,分为三个子模块,即导入可行性模块、系统配置模块和运行策略优化模块。

BCESPT 采用 Microsoft SQL Server 作为数据库管理系统,Microsoft Visual Studio 作为开发平台。基础数据库包含分布式能源设备信息、能源价格信息和相关政策信息。数据库的结构如图 5-14 所示。

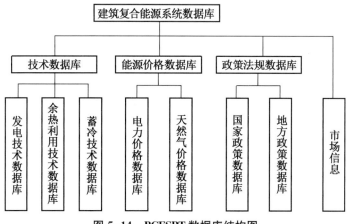

图 5-14　BCESPT 数据库结构图

BCESPT 数据库主要功能有：

（1）数据导入

为方便用户输入技术、能源价格以及政策信息，该数据库提供了两种信息输入方式：①将收集到的信息逐条导入数据库系统中；②利用“生成表格”功能，先建立 Excel 标准表，然后将信息输入 Excel 表格中，最后利用“数据导入”功能，将其输入数据库系统。

（2）数据查询

数据查询是分布式能源系统基础数据库的基本功能之一，该数据库提供 SQL 查询，供用户查询技术（设备）的类型、参数等，各地能源价格，以及分布式能源系统相关的政策。

（3）数据编辑

由于分布式能源技术的进步，各地的能源价格也会不定期进行调整，因此需要对数据库内的信息进行更新。数据库系统拥有完善的信息编辑功能，能够添加新的信息并且能够对已有信息进行修改。

（4）数据导出

数据输出是分布式能源系统数据库的重要功能，数据信息从数据库导出，随后将导入分布式能源系统的优化控制系统，参与分布式能源系统的优化计算工作。为此，数据可以 Excel 表的形式导出或者打印。

BCESPT 数据库的各类界面分别如图 5-15—图 5-17 所示。

图 5-15　BCESPT 数据库的登录界面

系统管理(S)　设备信息(T)　价格信息(P)　政策信息(Z)　窗口(W)　视图(V)　帮助(H)

省份　过滤　新建　删除　编辑　导出　关闭

省份	城市	商用价	民用价	备注
深圳	深圳	4.90	3.50	
广东	广州	4.85	3.45	
吉林	长春	3.90	2.00	
辽宁	沈阳	3.90	3.30	
上海	上海	3.79	2.50	
湖北	武汉	3.68	2.53	
福建	福州	3.50	3.65	
安徽	合肥	3.20	2.10	
浙江	杭州	3.20	2.40	
河南	郑州	3.16	1.90	

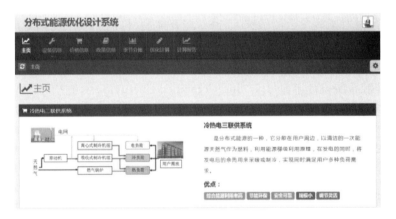

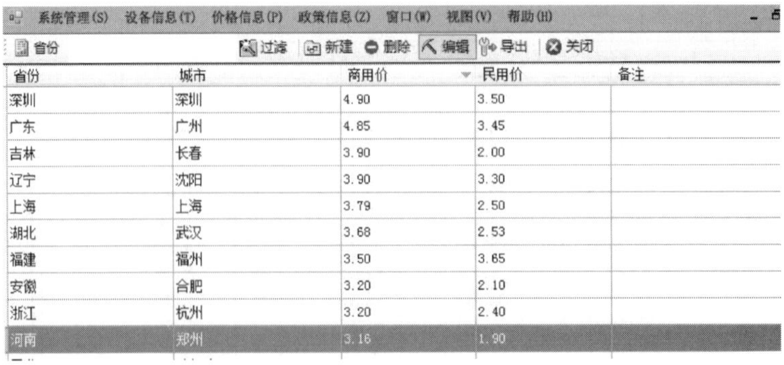

图 5-16　BCESPT 数据库的主界面

图 5-17　BCESPT 数据库的功能界面

5. 优化目标函数

系统的评价准则主要围绕经济性、节能性、环保性三个方面展开,选用单一的评价准则有时难以兼顾系统其他方面的性能,如要求系统具有较高环保性,则经济性就可能会有所下降,因此按照不同评价指标得出的优化结果往往也存在较大偏差。本节建立了一个以系统经济性为主,但同时兼顾节能性与环保性的目标函数。通过导入碳排放税将环保性指标在经济性中体现,通过在模型中对系统的年平均能源综合利用率作出限制来保证系统的节能性。

选择系统年总成本作为目标函数,目的在于使年总成本最小化。年总成本包括系统所有设备的年均化初投资、运行费用以及 CO_2 排放费用,其公式如下:

$$C_{total} = C_{CCHP} + C_{boi} + C_{abs} + C_{chi-d} + C_{chi-b} + C_{ice} + C_{CCHP-run} + C_{boi-run} + C_e + C_{ctax} \quad (5-2)$$

各个设备的年均化初投资表述为单位容量价格 P 与设备容量 N 的乘积,相关公式见式(5-3)—式(5-8):

$$C_{CCHP} = R \cdot P_{CCHP} \cdot N_{CCHP} \quad (5-3)$$

$$C_{bio} = R \cdot P_{bio} \cdot N_{bio} \quad (5-4)$$

$$C_{abs} = R \cdot P_{abs} \cdot N_{abs} \quad (5-5)$$

$$C_{chi-d} = R \cdot P_{chi-d} \cdot N_{chi-d} \quad (5-6)$$

$$C_{chi-b} = R \cdot P_{chi-b} \cdot N_{chi-b} \quad (5-7)$$

$$C_{ice} = R \cdot P_{ice} \cdot N_{ice} \quad (5-8)$$

式中,R 表示设备年均化投资系数,其定义为

$$R = \frac{i(i+1)^n}{(i+1)^n - 1} \quad (5-9)$$

系统各个设备的运行费用主要由两方面构成:①天然气购买费用;②购电费用。这里暂不考虑各设备的维护费用。相关公式见式(5-10)—式(5-12):

$$C_{CCHP-run} = \sum_{d=1}^{365} \sum_{h=1}^{24} G_{CCHP} \cdot v \quad (5-10)$$

$$C_{\text{boi-run}} = \sum_{d=1}^{365} \sum_{h=1}^{24} G_{\text{boi}} \cdot v \tag{5-11}$$

$$C_{e} = \sum_{d=1}^{365} \sum_{h=1}^{24} E_{\text{grid}} \cdot u \tag{5-12}$$

引入 CO_2 排放费用的目的是在系统经济性考量当中加入环保性的影响。系统年总 CO_2 排放费用与 CO_2 排放量及 CO_2 排放税率有关,计算公式如下:

$$C_{\text{ctax}} = \beta \cdot \sum_{d=1}^{365} \sum_{h=1}^{24} (E_{\text{grid}} \cdot \mu_e + G \cdot \mu_g) \tag{5-13}$$

式中的天然气 CO_2 排放因子 μ_g 及用电 CO_2 排放因子 μ_e 取值参考了《IPCC2006 国家温室气体清单指南》第二章能源部分关于能源工业中固定源燃烧 CO_2 缺省排放因子推荐值,这里认为燃料完全燃烧。部分燃料的 CO_2 排放因子见表5-4。

表 5-4 能源工业中固定源燃烧 CO_2 排放因子

燃料	CO_2 排放因子	燃料	CO_2 排放因子
	kg/TJ		kg/TJ
原油	73 300	无烟煤	98 300
汽油/柴油	74 100	炼焦煤	94 600
乙烷	61 600	褐煤	10 100
石油精	73 300	天然气	56 100
液化石油气	63 100	木炭	11 200
沥青	80 700	提炼原料	73 300

模型的约束条件包括建筑负荷约束、设备容量约束、蓄冰槽释冷速率约束、设备部分负荷特性约束和节能性约束等。

在建筑负荷约束下,系统的电力供应侧包括市政电网供电和三联供设备发电两部分,需求侧包括建筑用电以及制冷设备用电。供电量与用电量应在全年各时间段保持平衡:

$$E_{\text{grid}} + E_{\text{CCHP}} = E_{\text{chi-d-c}} + E_{\text{chi-d-i}} + E_{\text{chi-b}} + E_{\text{building}} \tag{5-14}$$

双工况主机在制冷与制冰工况工作时,用电量与其制冷量、制冰量分别存在如下关系:

$$E_{\text{chi-d-c}} = \frac{Q_{\text{chi-d-c}}}{COP_{\text{chi-d}}} \tag{5-15}$$

$$E_{\text{chi-d-i}} = \frac{Q_{\text{chi-d-i}}}{COP_{\text{chi-d}} \cdot \alpha} \tag{5-16}$$

发电机组产生的可利用余热与辅助锅炉提供的热量满足建筑逐时热负荷需求,主要包括吸收式制冷机所需热量以及建筑热负荷、生活热水负荷所需热量。假设空调热负荷段换热器与生活热水段换热器效率相同。相关公式如下:

$$Q_{\text{rec}} + Q_{\text{boi}} = \frac{Q_{\text{abs}}}{COP_{\text{abs}}} + \frac{Q_{\text{heat}} + Q_{\text{water}}}{\eta_{\text{heat}}} \tag{5-17}$$

建筑冷负荷来源包括吸收式制冷、冰蓄冷释冷以及压缩机制冷等三个方面,逐时冷负荷平

衡公式如下:

$$Q_{\text{chi-d-c}} + Q_{\text{chi-b}} + Q_{\text{abs}} + Q_{\text{ice}} = Q_{\text{cool}} \qquad (5-18)$$

能量平衡方面,发电机组产生的电、热量、锅炉产热量与其消耗的燃料量有如下关系:

$$E_{\text{CCHP}} = G_{\text{CCHP}} \cdot \eta_{\text{CCHP}} \qquad (5-19)$$

$$Q_{\text{rec}} = G_{\text{CCHP}} \cdot \eta_{\text{rec}} \qquad (5-20)$$

$$Q_{\text{boi}} = G_{\text{boi}} \cdot \eta_{\text{boi}} \qquad (5-21)$$

在设备容量约束下,发电机组、压缩式制冷机、吸收式制冷机、锅炉等设备的逐时供冷(热)量不能超过其额定容量:

$$E_{\text{CCHP}} \leqslant P_{\text{CCHP}} \qquad (5-22)$$

$$Q_{\text{chi-d-c}} \leqslant P_{\text{chi-d}} \qquad (5-23)$$

$$Q_{\text{chi-d-i}} \leqslant P_{\text{chi-d}} \cdot \alpha \qquad (5-24)$$

$$Q_{\text{chi-b}} \leqslant P_{\text{chi-b}} \qquad (5-25)$$

$$Q_{\text{abs}} \leqslant P_{\text{abs}} \qquad (5-26)$$

$$Q_{\text{boi}} \leqslant P_{\text{boi}} \qquad (5-27)$$

在蓄冰槽释冷速率约束下,蓄冰槽小时最大释冷速率的影响因素很多。首先是跟蓄冰形式有关,不同蓄冰形式和蓄冰装置,其释冷速率也有较大差别,如盘管外融冰式蓄冰槽小时取冷量可以达到蓄冷量的 30%～40%甚至更高,而盘管内融冰式蓄冰槽小时取冷量一般仅为蓄冷总量的12%～15%,内融冰盘管性能曲线可以认为基本呈直线变化,冰槽逐时最大取冷量基本为总蓄冷量的 15%。除此之外,释冷速率还与总蓄冰量、剩余蓄冰量、通过冰槽的流体进出口参数以及流量等诸多因素有关。通常释冷速率从蓄冰设备性能曲线查取,用作约束参考限值,公式如下:

$$Q_{\text{ice}} \leqslant \varepsilon \cdot \sum_{1}^{24} Q_{\text{chi-d-i}} \qquad (5-28)$$

由于建筑负荷的多变性,能源系统设备在大部分时间内都不能在设计工况下运行,发电机组作为分布式能源的源端设备,其在部分负荷工况下的性能变化对整个系统有着较大的影响。S. G. Tichi 等在对分布式能源系统研究中,采用非线性拟合公式描述微型燃气轮机在部分负荷工况下的性能,公式较为复杂。为方便程序求解,采用线性插值法简易计算发电机组在部分负荷下的效率,公式如下:

$$
\eta_{\text{CCHP-}\delta} =
\begin{cases}
\dfrac{\eta_{\text{CCHP}}^{25\%} \cdot \delta}{0.25} & 0 < \delta \leqslant 0.25 \\[3mm]
\dfrac{(0.5-\delta) \cdot \eta_{\text{CCHP}}^{25\%} + (\delta-0.25) \cdot \eta_{\text{CCHP}}^{50\%}}{0.5-0.25} & 0.25 < \delta \leqslant 0.5 \\[3mm]
\dfrac{(0.75-\delta) \cdot \eta_{\text{CCHP}}^{50\%} + (\delta-0.5) \cdot \eta_{\text{CCHP}}^{75\%}}{0.75-0.5} & 0.5 < \delta \leqslant 0.75 \\[3mm]
\dfrac{(1-\delta) \cdot \eta_{\text{CCHP}}^{75\%} + (\delta-0.75) \cdot \eta_{\text{CCHP}}^{100\%}}{1-0.75} & 0.75 < \delta \leqslant 1
\end{cases}
\qquad (5-29)
$$

$$\delta = \frac{E_{CCHP}}{P_{CCHP}} \tag{5-30}$$

复合系统的节能性主要表现在分布式能源系统的节能性上,在约束条件中引入分布式能源系统年平均能源综合利用率,设定其年平均能源综合利用率应大于70%,以保证系统的节能性,公式如下:

$$\gamma = \frac{3.6W + Q_1 + Q_2}{B \times Q_L} \times 100\% \geqslant 70\% \tag{5-31}$$

式中　γ——年平均能源综合利用率(%);

　　　W——年发电总量(kWh);

　　　Q_1——年余热供热总量(MJ);

　　　Q_2——年余热供冷总量(MJ);

　　　Q_L——燃气低位发热量(MJ/m³);

　　　B——年燃气总量(m³)。

数学规划模型建立好之后需进行求解,该模型属于有非线性目标函数和约束的规划问题。考虑到本模型的特点,选择LINGO(Linear Interactive and General Optimizer)作为求解数学模型的软件工具。LINGO的功能是求解大规模线性、非线性和整数规划,它内置了一种建立最优化模型的语言,利用其提供的内部建模语言能够自然地描述各种规划问题,使大规模数学规划的求解不再困难。

5.4.3　案例分析

1. 建筑基本信息

位于上海浦东的某超高层建筑在设计中同时应用了分布式能源系统和冰蓄冷系统,该建筑高632 m,共有121层,总建筑面积约57万 m²,建筑平面图见图5-18。该建筑涵盖了办公、宾馆、商业和观光等多种用途,是一幢多功能综合性大厦。鉴于该建筑层数较多,其在设计和建造时被按层数划分为若干个分区,各分区使用功能及建筑面积见表5-5。

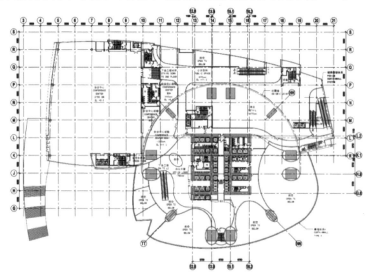

图5-18　上海某超高层建筑平面图

表 5-5　上海某超高层建筑功能划分及其面积

建筑分区	使用功能	建筑面积/万 m²
地下室	车库、商业等	16.6
一区	商业	5.6
二区	办公	6.9
三区	办公	6.3
四区	办公	5.4
五区	办公	4.9
六区	办公	4.1
七区	酒店	3.7
八区	酒店	3.1
九区	观光	0.5
总计		57.1

2. 建筑冷、热负荷特性

采用前述冷、热负荷指标获得该建筑全年冷、热负荷。图 5-19—图 5-21 分别为设计典型日冷、热负荷以及全年负荷统计。建筑夏季设计典型日最大冷负荷为 47 407 kW,冬季设计典型日最大热负荷为 23 368 kW。

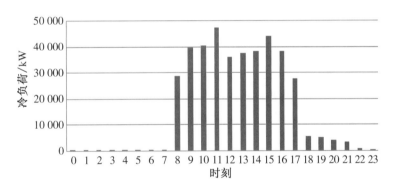

图 5-19　上海某超高层建筑夏季典型日冷负荷

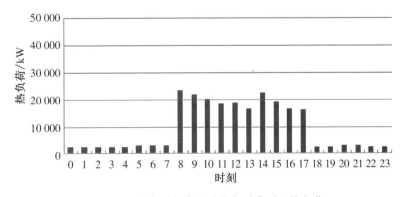

图 5-20　上海某超高层建筑冬季典型日热负荷

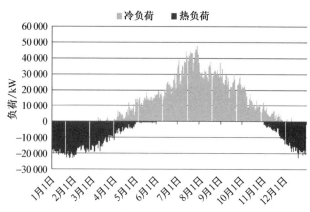

图 5-21　上海某超高层建筑全年冷、热负荷

3. 建筑电力及生活热水负荷

采用前述冷、热负荷指标获得该建筑电力和生活热水负荷。建筑各月典型日电力负荷如图 5-22 所示,建筑最大电负荷为 22 506 kW。建筑各月典型日热水负荷如图 5-23 所示,热水负荷在冬季较大,在 13 点左右出现峰值,最大热水负荷为 19 380 kW。

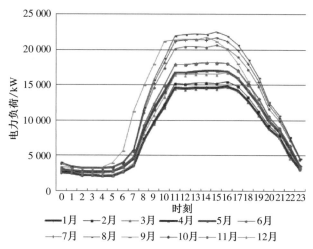

图 5-22　上海某超高层建筑各月典型日电力负荷

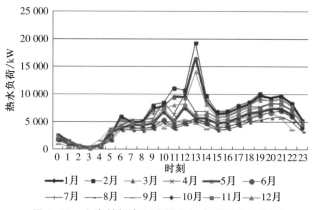

图 5-23　上海某超高层建筑各月典型日热水负荷

4. 相关参数设定

模型中系统参数取值、各个设备的投资费用、天然气价格和电价见表 5-6—表 5-10。

表 5-6　系统参数表

参数	数值	参数	数值
η_{CCHP}	40%	COP_{abs}	0.72
η_{boi}	90%	i	5%
η_{rec}	38%	n	15
η_h	95%	μ_e	0.997
COP_{chi-b}	5.2	μ_g	0.207
COP_{chi-d}	4.7		

表 5-7　设备投资费用表

设备投资	费用	设备投资	费用
发电机及安装建设	6 000 元/ kW	燃气锅炉及安装建设	200 元/ kW
电制冷机及安装建设	1 500 元/ kW	蓄冰槽及安装建设	240 元/ kWh
吸收式制冷机及安装建设	1 700 元/ kW		

表 5-8　天然气价格表

用户分类		价格/(元 · kWh⁻¹)	
管网公司直供的工业用户	漕泾热电	2.62	
	天然气发电	2.72	
	化学工业区	2.97	
城市燃气公司供应的工业用户	500 万 m³ 以上	3.79	
	120～500 万 m³	4.29	
	120 万 m³ 以下	4.59	
城市燃气公司供应的营事团用户	500 万 m³ 以上	3.39	
	120～500 万 m³	3.89	
	120 万 m³ 以下	4.19	
掺混改质		2.57	
JM 大厦天然气价格		3.29(冬季)	2.99(其他)
上海某超高层天然气价格		3.69(冬季)	3.39(其他)

表5-9 电力价格表

用 电 分 类			电度电价/(元·kWh⁻¹)							
			非夏季				夏季			
			不满 1 kV	10 kV	35 kV	110 kV 及以上	不满 1 kV	10 kV	35 kV	110 kV 及以上
单一制	工商业及其他用电	峰时段	1.110	1.080	1.050		1.145	1.115	1.085	
		谷时段	0.527	0.497	0.467		0.562	0.532	0.502	
	农业生产用电	峰时段	0.784				0.784			
		谷时段	0.418				0.418			
两部制	工商业及其他用电	峰时段	1.252	1.222	1.192	1.167	1.287	1.257	1.227	1.202
		平时段	0.782	0.752	0.722	0.697	0.817	0.787	0.757	0.732
		谷时段	0.370	0.364	0.358	0.352	0.305	0.299	0.293	0.287
	农业生产用电	峰时段		0.874				0.874		
		平时段		0.544				0.544		
		谷时段		0.286				0.286		

表5-10 分时电价时段划分表

制式分类		时段
单一制	峰时段	6—22时
	谷时段	22时—次日6时
两部制非夏季	峰时段	8—11时、18—21时
	平时段	6—8时、11—18时、21—22时
	谷时段	22时—次日6时
两部制夏季	峰时段	8—11时、13—15时、18—21时
	平时段	6—8时、11—13时、15—18时、21—22时
	谷时段	22时—次日6时

注:夏季电价执行时间段为7—9月。

5. 优化配置

结合前述系统假设条件及参数设定,利用LINGO软件对上节建立的优化模型进行编程计算,系统各设备配置容量及年运行费用优化结果见表5-11。

表5-11 系统优化计算结果

项目	容量或费用	项目	容量或费用
原动机	12 220 kW	吸收式制冷机组	4 075 kW
锅炉	25 000 kW	蓄冰槽	124 300 kWh
双工况制冷机	23 900 kW	年总成本	10 819 万元
机载制冷机	785 kW		

经过优化计算,当原动机总容量为 12 220 kW,双工况制冷机容量为 23 900 kW,蓄冰槽总容量为 124 300 kW 时,系统的年总成本最低,为 10 819 万元,相应有锅炉、吸收式制冷机组、机载制冷机组的最优化容量。CO_2 排放税取 0.00 元/kg,其对系统年总运行成本的影响将在后续讨论。年总运行费用的构成见图 5-24 和图 5-25。

由图 5-24 可知,系统年总运行费用中占比最大的是发电机运行费用,为 47%,主要为燃气内燃机消耗的天然气费用,共计 5 096 万元;锅炉运行费用占比 12%,主要为燃气锅炉的购气费用;购电费用及设备年均化初投资分别占比 28% 和 13%。

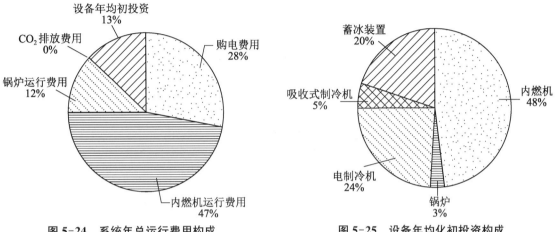

图 5-24　系统年总运行费用构成　　　　图 5-25　设备年均化初投资构成

设备年均化初投资与设备容量及单位容量费用有关,在设备使用寿命为 15 年、年资金利率为 5% 的情况下,图 5-25 显示了系统各个设备在总设备年均初投资中的占比,其中内燃机年均初投资为 706.4 万元,占总年均初投资费用的 48%,然后依次是电制冷机组(24%)、蓄冰装置(20%)、吸收式制冷机(5%)及锅炉(3%)。

初步优化计算的主要目的是确定各设备的大致容量,在计算中,内燃机的容量作为一个整体,并未考虑设备在部分负荷下发电效率的问题。这是因为通常要选择多台机组来共同承担相应负荷,内燃机在运行中的发电效率不仅与当时的负荷状况有关,与单台内燃机的容量以及多台机组的控制策略也有关联。在表 5-11 初步优化结果的基础上,对内燃机进行选型,选型结果见表 5-12。

表 5-12　燃气内燃机选型参数表

设备名称	发电量	发电效率	余热量	热效率	排气温度	高温缸套水进/出水温	台数
	kW	%	kW	%	℃	℃	
燃气内燃发电机 1	2 000	43.7	3 337	43.2	424	78/90	2
燃气内燃发电机 2	4 300	44.1	4 163	42.7	436	78/90	2

结合选型机组容量、台数以及设备参数,在考虑设备部分负荷下发电效率改变的情况下,对模型进行修正优化计算。与初步计算的结果对比见表 5-13 和表 5-14,由此可知,除吸收式制冷机的容量变化较大(减小 10.2%)外,其余各设备容量变化幅度都较小。各项费用中,购

电费用减少 146 万元,内燃机运行费用减少 205 万元,锅炉运行费用增加 81 万元,设备年均初投资增加 24 万元,年总费用减少 266 万元。设备容量与各项费用变化的主要原因是计算程序中内燃机的发电效率发生了变化。其一,选用内燃机的额定发电效率较初步计算中内燃机设定的发电效率高,使得内燃机在高效时段下消耗相同量的天然气发电更多,系统年购电费用减少;其二,在计算中考虑了单台设备在部分负荷下效率下降的因素,这也相应减少了内燃机在低效率下的工作时间,其原承担的热负荷由锅炉填补,使得锅炉年运行费用增加。而内燃机年运行费用的减少则是上述两方面综合作用的结果。由于热水型吸收式制冷机的 COP 值较低,使吸收式制冷机产生的单位冷量价格较高,因此从经济性角度出发,内燃机的可利用余热总是优先满足建筑热负荷及生活热水负荷,在此基础上富余的可利用余热才送入吸收式制冷机制冷。比较初步计算与修正计算在夏季设计典型日时内燃机产生的可利用余热情况,修正计算的内燃机在该日逐时的可利用余热要小于初步计算的对应时段可利用余热量,在优先满足相同建筑生活热水负荷条件下,输送到吸收式制冷机的热量减少,导致计算结果中吸收式制冷机容量有所减小。

表 5-13 初步计算与修正计算设备容量对比

设备名称	初步计算	修正计算
	容量/(kW·kWh⁻¹)	容量/(kW·kWh⁻¹)
原动机	12 220	2 000×2+4 300×2
锅炉	25 000	25 720
双工况制冷机	23 900	24 205
机载制冷机	785	785
吸收式制冷机组	4 075	3 660
蓄冰槽	124 300	125 770

表 5-14 初步计算与修正计算各项费用对比

项目	初步计算	修正计算
	费用/万元	费用/万元
购电费用	2 984	2 838
内燃机运行费用	5 095	4 890
锅炉运行费用	1 274	1 335
设备年均初投资	1 466	1 490
年总费用	10 819	10 553

根据修正计算结果,对系统其他主要设备进行选型,见表 5-15。

表 5-15　系统主要设备选型表

设备名称	工况	制冷量	输入功率	蒸发器进/出口温度	冷却水进/出水温度	数量
		kW	kW	℃	℃	台
双工况螺杆式电制冷机 1	空调	1 667	331	12/7	32/37	2
	制冰	1 121	262	−2/5.3	30/35	
双工况螺杆式电制冷机 2	空调	2 633	542	12/7	32/37	8
	制冰	1 771	430	−2/5.3	30/35	

设备名称	工况	制冷量	输入功率	蒸发器进/出口温度	冷却水进/出水温度	数量
		kW	kW	℃	℃	台
机载螺杆式电制冷机 1	空调	214	46	12/7	32/37	1
机载螺杆式电制冷机 2	空调	577	114	12/7	32/37	1

设备名称	制冷量	蒸发器进/出口温度	冷却水进/出水温度	热水进/出水温度	数量
	kW	℃	℃	℃	台
热水吸收式制冷机	4 094	12/7	30/37	95/77	1

设备名称	发电量	发电效率	余热量	热效率	排气温度	高温缸套水进/出水温	台数
	kW	%	kW	%	℃	℃	
燃气内燃发电机 1	2 000	43.7	3 337	43.2	424	78/90	2
燃气内燃发电机 2	4 300	44.1	4163	42.7	436	78/90	2

设备名称	蓄冰潜热	冰槽内水容量	盘管内乙二醇容量	接管尺寸	工作重量	台数
	kWh	L	L	mm	kg	
盘管内融冰式蓄冰装置	2 880	36 700	3 513	140	6 100	44

设备名称	额定功率	出水压力	热效率	额定进/出水温度	输入功率	水容积	台数
	MW	MPa	%	℃	kW	m³	
燃气热水锅炉 1	5.6	1	93	70/95	13.5	12	1
燃气热水锅炉 2	10.5	1.25	93	70/95	45	30.2	2

6. 运行配置

优化计算结果在得到各个设备容量以及年总费用的同时,也可得到系统各设备逐时的输出情况,即系统的优化运行策略,以下分别从建筑的冷、热、电负荷角度对其进行分析。

系统在 100%,75%,50%,25% 四种空调冷负荷下运行情况如图 5-26—图 5-29 所示。在夏季设计日即空调负荷 100% 负荷情况下,机载制冷机承担夜间冷负荷,日间保持满负荷工作;双工况制冷机在 8:00—17:00 的空调工况中,在 9 时开启 1 台型号 1 机组(额定制冷量 1 667 kW)+6 台型号 2 机组(额定制冷量 2 633 kW),在 13—14 时开启 6 台型号 2 机组,其余时刻开启全部机组,在 20—21 时部分冷负荷由 1 台型号 1 机组、1 台型号 2 机组分别承担;吸收式制冷机组输出的冷负荷部分并不大,且较为稳定,其承担最大冷负荷为 3 660 kW;冰蓄冷从 22 时到次日 6 时进行蓄冰,小时蓄冷量 15 720 kW,日间融冰时段主要集中在 9—16 时,小时最大释冷量 18 865 kW,设计日蓄冷量比例为 31.3%。在 75% 和 50% 两种工况下,冰蓄冷系统仍近乎保持满量蓄冰状态,夜间制冰工况小时蓄冷量分别为 15 720 kW 和 15 540 kW,日间小时最大释冷量分别为 18 860 kW 和 18 865 kW。两种负荷工况下,双工况机组承担冷负荷的比例减小,在某些时段不需要机组全数开启。另外,机组的运行策略与峰平谷电价时段有关。双工况机组被尽量分配在电价相对较低的时段工作。在 25% 负荷工况条件下,电制冷机已经不需要开启,由冰蓄冷及吸收式制冷承担建筑全部冷负荷。此时冰蓄冷系统夜间小时蓄冷量 11 125 kW,日间最大小时释冷量 12 280 kW。

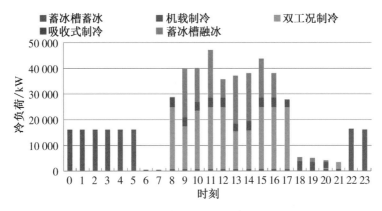

图 5-26　100% 冷负荷工况下运行策略

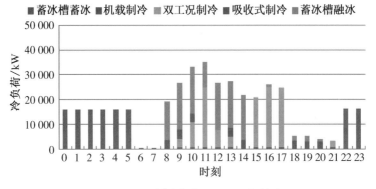

图 5-27　75% 冷负荷工况下运行策略

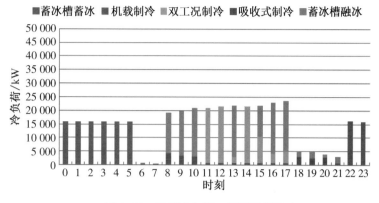

图 5-28　50%冷负荷工况下运行策略

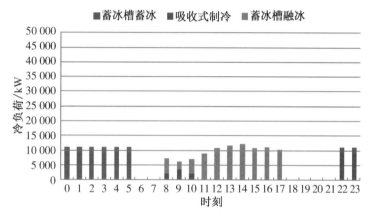

图 5-29　25%冷负荷工况下运行策略

将建筑的空调热负荷及生活热水负荷合并在一起,作为建筑总的热负荷进行讨论。热负荷的构成比较简单,只有锅炉产热及内燃机余热供热两部分,由图 5-30—图 5-32 可以看到,在冬季典型日中,主要靠锅炉满足建筑热负荷,内燃机产热较为平稳,最大供热量9 800 kW;在过渡季典型日以及夏季典型日,日间的热负荷(主要为生活热水负荷)几乎全部由内燃机产热承担,夜间由于内燃机不工作,由锅炉承担相应热负荷。

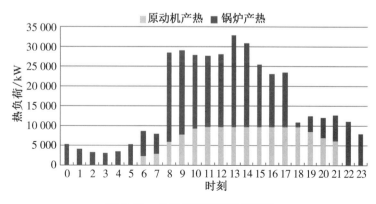

图 5-30　冬季典型日下运行策略

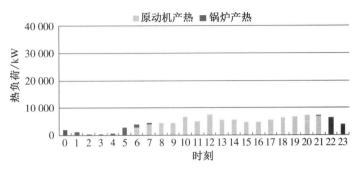

图 5-31　过渡季典型日下运行策略

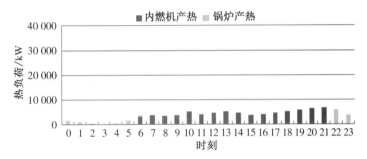

图 5-32　夏季典型日下运行策略

从内燃机可利用余热去向的角度看,在冬季典型日,内燃机产生的可利用余热全部用来满足建筑热负荷;在过渡季及夏季典型日,内燃机可利用余热部分满足建筑热负荷,部分用于吸收式制冷机制冷,另外有少部分余热未被利用,在过渡季典型日,未被利用的余热共 8 330 kW,在夏季典型日,未被利用的余热共 2 100 kW,见图 5-33—图 5-35。

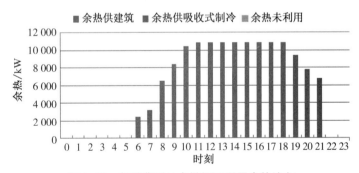

图 5-33　冬季典型日内燃机可利用余热流向

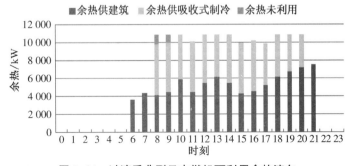

图 5-34　过渡季典型日内燃机可利用余热流向

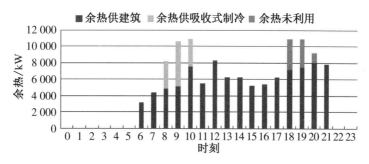

图 5-35　夏季典型日内燃机可利用余热流向

从建筑的电需求供应来看,共选用 4 台燃气内燃机发电,电力不足部分由市政购买,其中内燃机 1,2 额定发电功率为 4 300 kW,内燃机 3,4 额定发电功率为 2 000 kW,相关参数见表 5-2。机组在不同季节的运行策略及电力负荷构成情况见图 5-36—图 5-38。由于内燃机在夜间不运行,夜间双工况制冷机制冰用电及其他用电从市政购买。在夏季典型日及冬季典型日,4 台内燃机在大部分时间里都能够满负荷运行,在过渡季典型日,除内燃机 2 能够一直满负荷运行外,其他 3 台机多数时间在部分负荷下运行。各个机组的运行时间与承担电力负荷大小与其自身容量,在部分负荷下发电效率,建筑的冷、热、电负荷情况有关,运行策略是上述几种因素综合作用的结果。从全年来看,发电机组年累计发电量 55 040 MWh,占建筑全年用电量的 53.8%,4 台内燃机均在满负荷下工作的时间超过 2 000 h,年折合满负荷发电 4 490 h,内燃机全年发电量与建筑电负荷见图 5-39。

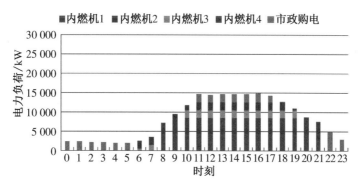

图 5-36　冬季典型日内燃机运行策略

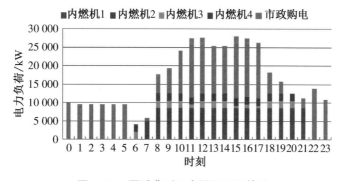

图 5-37　夏季典型日内燃机运行策略

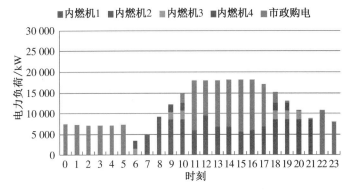

图 5-38 过渡季典型日内燃机运行策略

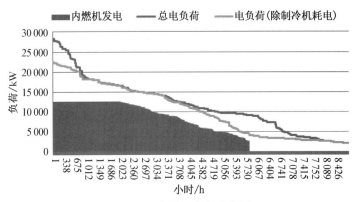

图 5-39 内燃机全年发电量

7. 影响因素分析

系统的优化结果除了与建筑自身的负荷特性和模型中设定的约束条件有关外,还受到各个设备初投资、能源价格、相关政策法规等因素的影响。由前面的分析可以看到,在系统年总费用中,各项运行费用共占 87%,大部分是内燃机、锅炉的购气费用以及建筑的购电费用,天然气、电力的价格显然在很大程度上影响着系统各个设备的容量配置以及最终的年总费用。另外,有必要对碳税、发电上网等政策进行前瞻性讨论。设备的年均初投资方面,设备的单价对系统优化结果也会有较大的影响。

由图 5-40 可知,发电机组的年均初投资在整个初投资费用中占有近 50% 的比重,发电机的初投资成本对整个设备的初投资成本影响较大,进而也会影响到系统年总运行费用。一方面考虑到分布式能源发电机组的设备单价会随着技术的发展进步和市场的扩大而降低;另一

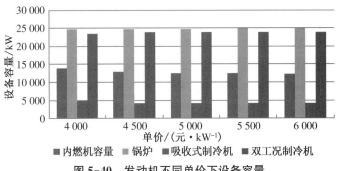

图 5-40 发动机不同单价下设备容量

方面,国家和地方政府已经出台或正在研究的鼓励天然气分布式能源应用的补贴政策,也对降低发电机组初投资费用有所帮助。

由图 5-41 可见,随着内燃机单位容量价格增加,优化结果中内燃机和吸收式制冷机的容量在减少,而锅炉和双工况制冷机的容量变化则并不明显。内燃机单位容量价格由 4 000 元/kW 增加到 6 000 元/kW 时,其容量由 13 990 kW 减小到 12 220 kW,减少 12.7%,吸收式制冷机容量由 5 000 kW 减少到 4 075 kW,减少 18.5%,锅炉和双工况制冷机容量分别增加 0.9% 和 2.2%。

图 5-41 也显示了系统各项费用随发电机组单位容量费用的变化情况。当内燃机单位容量价格由 4 000 元/kW 增加到 6 000 元/kW 时,系统电费由 2 645 万元增加到 2 984 万元(增加 12.8%),内燃机运行费用由 5 424 万元减小到 5 096 万元(减少 6%),设备年均初投资由 1 300 万元增加到 1 466 万元(增加 12.7%),系统年总费用由 10 575 万元增加到 10 819 万元,增加 244 万元(增幅为 5%)。由于优化模型以系统年总费用最小为目标函数,发电机组单位容量费用增加使得优化配置中内燃机的容量减小,其年运行费用也相应减少,同时发电机组发电量的减少使得系统购电费用增加,但二者之和变化不大,在 8 075 万元上下浮动。系统设备年均初投资呈增加趋势,因锅炉容量变化不大,其运行费用增加并不明显。综合而言,系统年总费用随发电机组单价的提高呈增加趋势,但增幅并不明显。

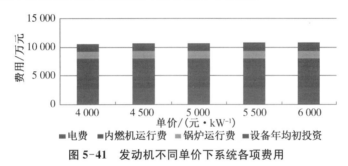

图 5-41　发动机不同单价下系统各项费用

电力价格是影响系统设备容量配置以及年总费用的重要因素之一,尤其是对于分布式能源系统,电价的高低将直接影响发电机组的容量选择。对于冰蓄冷系统来说,双工况制冷机组以及蓄冰槽的容量受电价的影响主要体现在峰谷电价差方面。在表 5-9 选用电价基础上将峰谷电价整体提高 10%,20%,30%,40%,50% 来分析电价对系统的影响(图 5-42),基于这种假设,电价的改变对系统设备影响较大的是内燃机以及吸收式制冷机的容量,由于峰谷电价比并未改变,因此双工况制冷机以及蓄冰槽的容量并未受很大影响,只是随着吸收式制冷机容量的改变,为维持负荷平衡而作出了相应调整。

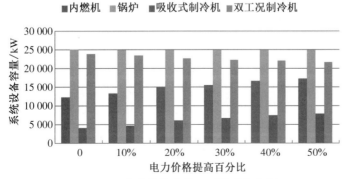

图 5-42　电力价格变化下系统设备容量

由图 5-42 可见,随着电价的提高,内燃机和吸收式制冷机的容量均在增大,双工况制冷机的容量在减小。相比原电价,电价提高 50% 时,内燃机容量由 12 220 kW 增加到 17 390 kW(增加 45%),吸收式制冷机容量由 4 075 kW 增加到 7 880 kW(增加 93.3%),双工况制冷机容量由 23 900 kW 减小到 21 770 kW(减少 8.9%),蓄冰槽的容量变化趋势与双工况制冷机一致,锅炉的容量几乎没有受到电价的影响。

系统各项费用变化如图 5-43 所示,由于内燃机发电量的增加,变化最显著的是内燃机运行费用和购电费用,相比原电价,电价提高 50% 时,年购电费用由 2 985 万元降低到 1 486 万元(减少 50.2%),年内燃机运行费用则由 5 096 万元增加到 7 254 万元(增加 45%),设备年均初投资由 1 466 万元增加到 1 770 万元(增加 22.4%),年总运行费用总体呈增加趋势,由 10 819 万元增加到 11 676 万元,增加了 857 万元(增幅为 7.9%)。

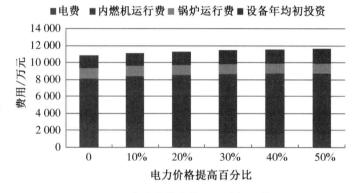

图 5-43　电力价格变化下系统各项费用

电力价格的提升使得系统更大程度上依赖于内燃机发电,但需要指出的是,随着内燃机容量的增大,系统的节能性在降低。这是因为系统为了降低电价提高对年总费用的影响,增大了发电机发电量,但该时刻发电机组的产热量已经大于建筑所需的热(冷)量,造成了能量的浪费。

天然气价格是影响系统设备容量配置以及年总费用的又一重要因素。对天然气价格在原基础上提高 10%,20%,30%,40%,50% 等 5 种假设下系统设备容量、各项费用以及系统的节能性的变化情况作分析,如图 5-44—图 5-46 所示。

图 5-44 为不同天然气价格下各个设备容量的变化情况,随着天然气价格的提高,内燃机及吸收式制冷设备的容量在大幅度减小,双工况制冷机组的容量有所增加,上述几种设备容量的变化趋势与图 5-42 中电价增加时的变化趋势恰好相反。与电价变化对锅炉容量几乎无影响不同,锅炉的容量随气价的升高也有显著的增加。相比原天然气价格,气价提高 50% 时,内燃机容量由 12 220 kW 减小到 6 365 kW(减少 47.9%),吸收式制冷机容量由 4 075 kW 减小到 0 kW(减少 100%),双工况制冷机容量由 23 900 kW 增加到 26 190 kW(增加 9.6%),蓄冰槽的容量变化趋势与双工况制冷机一致,锅炉的容量由 25 000 kW 增加到 31 300 kW(增加 25.2%)。实际上,当天然气价格增加 40% 时,优化计算结果中吸收式制冷机的容量仅为 115 kW,接近于不采用,其配置容量的下降是由于天然气价格上涨使吸收式制冷机单位制冷成本上升导致的。锅炉容量的增加,主要是因为内燃机的容量减小,产生的可利用余热也相应减小,为满足冬季建筑空调热负荷及生活热水负荷,需要增大锅炉的容量。

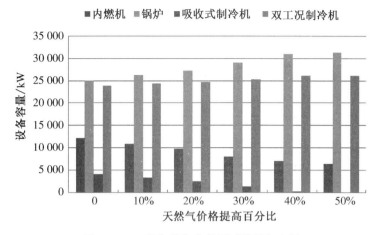

图 5-44　天然气价格变化下系统设备容量

天然气价格对系统各项费用影响见图 5-45。随着天然气价格的增加,电费的增加是由于发电机组容量减小,发电量减少,购电量增加引起的;内燃机运行费用与气价及内燃机全年运行时间有关,呈现一个先增加后减少的变化趋势;锅炉的运行费用有较大幅度的增加,设备年均初投资由于主要受内燃机容量的影响,因此随气价增加呈减小的趋势。

气价提高 50% 时,年购电费用由 2 985 万元增加到 6 340 万元(增加 112.5%),内燃机运行费用则由 5 096 万元减小到 2 044 万元(减少 59.9%),设备年均初投资由 1 466 万元减少到 1 133 万元(减少 22.7%),年总运行费用总体呈增加趋势,由 10 819 万元增加到 13 225 万元,增加 2 406 万元(增幅为 22.2%)。

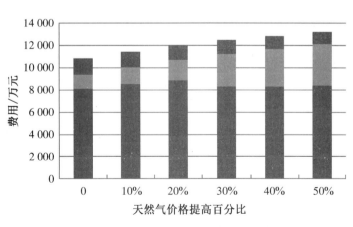

图 5-45　天然气价格变化下系统各项费用

从节能性角度来看,天然气价格的提高相应使内燃机单位可利用余热量的价格提高,在优化计算中,对于这部分能量的分配也更为谨慎,通过调整内燃机的容量使其产生的可利用余热尽可能全部被利用以满足建筑的冷、热及生活热水负荷,减少可利用余热量的浪费,提高其利用率,从而使系统的节能性有所增强。由图5-46可知,系统年平均能源综合利用率随天然气价格提高而提高,在气价提高40%以上时有较明显的提升,这是因为本节模型中采用的热水型吸收式制冷机,其额定COP值仅为0.72,制冷量小于输入热量,在气价提高40%以上不采用吸收式制冷时,内燃机可利用余热全部用于满足空调热负荷及生活热水负荷,根据公式(5-31)可知,系统年平均能源综合利用率会有更明显的提高。

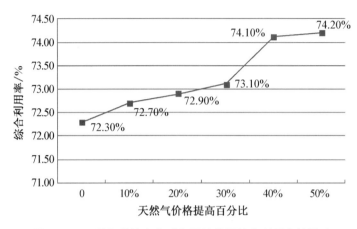

图5-46 天然气价格变化对年平均能源综合利用率的影响

当电力价格与天然气价格在原有基础上增加相同百分比时,天然气价格对于系统年总费用影响更大。如图5-47所示,系统年总费用在电力价格提高50%时增加了7.9%,而在天然气价格提高50%时增加22.4%。可见系统对于天然气价格的变动更为敏感。

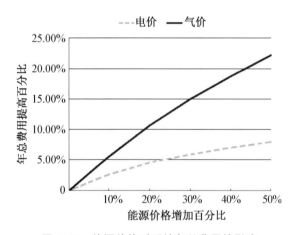

图5-47 能源价格对系统年总费用的影响

碳税作为应对全球气候变化、减少CO_2排放的手段,最早在欧洲一些国家被提出和实施。相关数据表明,通过征收碳税确实起到了一定的CO_2减排效果。以下主要分析在不同假定碳税税率下,系统配置及费用的变化情况,分别假定税率为20元/t、50元/t、100元/t带入模型中计算,结果如图5-48和图5-49所示。

可以看出,碳税的影响并不如电价和天然气价格的影响明显。设备容量方面,由于分布式

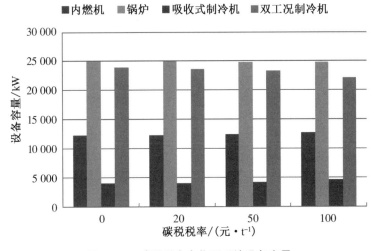

图 5-48　碳税税率变化下系统设备容量

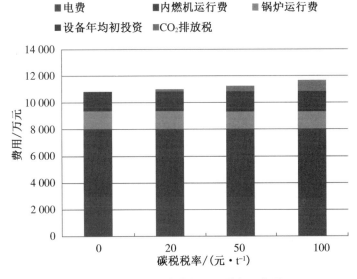

图 5-49　碳税税率变化下系统各项费用

能源相比传统发电环保性能更好,故内燃机和吸收式制冷机容量有所增加,其容量在税率为 100 元/t 时比零税率时分别增加 4.4% 和 12.5%。双工况制冷机的容量在税率为 100 元/t 时比零税率时减少 7%,锅炉的容量几乎没有变化。各项费用方面,引入碳税使分布式能源系统得到了更大的应用,相应有购电费用的减少和内燃机运行费用的增加,但是系统除 CO_2 排放税外的各项费用和变化不大,在 10 819 万～10 825 万元之间,年总费增加部分主要为 CO_2 排放税,在税率 100 元/t 时,碳税费用为 821 万元,占年总费用的 7.1%。

5.4.4　案例分析

1. 系统简介

本案例选取某大学园区分布式能源系统,基于多目标规划理论,综合考虑系统经济性和环

169

保性,探讨其优化运行策略。如图 5-50 所示,该分布式能源系统融入了燃料电池、燃气内燃机和光伏发电技术。上述分布式能源设备提供校园部分电力需求,不足部分的用电需求由电网提供。燃料电池和燃气内燃机回收的余热用于提供热负荷(冷、热和热水),不足部分由备用锅炉提供。

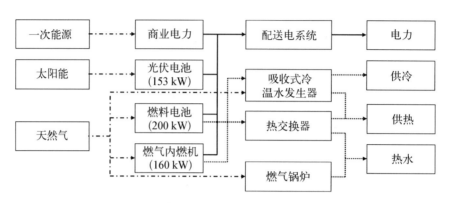

图 5-50　某大学园区分布式能源系统能流图

2. 建筑冷、热负荷特性

根据该大学园区实测数据,得到一年 8 760 h 的逐时电负荷和热负荷(包括供冷、供热和热水),如图 5-51 所示,并应用于此案例分析。逐时电负荷和热负荷波动很大,变化的原因取决于很多因素。简单起见,选取 3 个典型日分别代表冬季、夏季和过渡季节。冬季,选择 1 月 8 日,一年中热需求最大,当天热电比为 3.9;热需求从早上一直持续到晚上,并且热电负荷相关性很大。春季,选取 4 月 30 日,热需求很低,只有热水负荷,当天热电比只有 0.2。夏季,选取 8 月 27 日,热需求量中等,只有冷负荷,当天热电比为 2.1;热需求主要集中在早上 9 点到晚上 8 点。

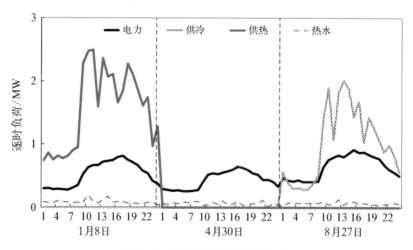

图 5-51　不同季节逐时能源负荷

3. 设备配置

该分布式能源系统所涉及的设备和技术的具体参数见表 5-16。

表 5-16　分布式能源系统技术特性

项目	热电联产系统		光伏系统	
	燃料电池	内燃机	单晶硅	多晶硅
容量/kW	200.0	160.7	129.6	23.4
发电效率/%	40.0	28.7	13.3	7.2
余热回收效率/%	20.0	47.7	—	
运行时段	全天	8:00—22:00	全天	

4. 优化结果

(1) 单目标优化结果

如前所述,经济性和环保性目标通常具有竞争性,一个目标的增强可能引起另一个目标的弱化。表 5-17 所示为单目标优化时的结果,由表可知,现状情形下,燃料电池提供了电力总需求的 38.98%,仅次于公共电网。

表 5-17　单目标优化下的运行结果

目标	总费用/万美元	总 CO_2 排放/万 t	电力供应比/%				运行时间/h	
			电网	光伏	燃料电池	燃气内燃机	燃料电池	燃气内燃机
现状	71	277	39.38	3.45	38.98	18.19	8 760	5 110
费用最小	69	272	59.09	3.45	21.85	15.61	5 125	4 864
排放最小	72	270	41.83	3.45	26.79	27.93	6 866	8 760

当目标是经济性最优时,较低的运行费用会导致较高的碳排放量,这是因为传统供能系统的碳排放强度较高。与现状相比,年能耗费用降低 2 万美元(2.82%),年碳排放量降低 5 万 t (1.81%)。此外,燃料电池和燃气内燃机的运行小时数均降低,其供电比也相应降低。

当目标为环保性最优时,与经济性最优相比,年能耗费用增加 3 万美元(4.35%),年碳排放量降低 3 万 t(0.74%)。与当前运行状况相比,碳排放量可降低 2.53%,但这是以供能费用的提高为代价的。另外可以看到,燃气内燃机全年持续运行,提供了 27.93% 的能源需求。同时,燃料电池的年运行小时数也增加了,但供电比例低于燃气内燃机。这是因为燃气内燃机总效率(76.4%)高于燃料电池(60.0%),从而碳排放系数降低。

从表中还可以发现,当运行模式由经济性最优变换到环保性最优时,分布式能源系统替代公共电网,成为最主要的能源供应者。因此可以看出,在当前市场环境下,分布式能源系统的环境效益高于经济效益。

图 5-52 所示为经济性最优目标下各分布式能源设备的运行策略。从图中可以看到,燃料电池和燃气内燃机全年只在 8:00—22:00 之间运行。这是因为该时间段电网电价较高。相反,在晚间,从经济性角度考虑,由于电网电价相对较低,用户更倾向于从电网购电而不是本地发电。另外,在冬季和夏季,燃料电池和燃气内燃机均为满负荷运行;然而在春季(4 月 30 日),燃料电池接近于满负荷运行,燃气内燃机仅在峰时段提供少量电力。这可能是由于春季用电需求相对较少的缘故(图 5-51),也可能是因为此时段热负荷较少,故热电比较低的燃料电池系统更受青睐。因此,在本案例中,燃料电池是主要的供能设备,燃气内燃气只作为补充

系统运行。对于环保性最优情形,图5-53所示为各典型日的电力平衡状况。运行模式与经济性最优情形下差别很大。燃气内燃机变为主要的能源供应者,全年运行;而燃料电池只在冬季和夏季运行,在中间季关停。从图中还可以看出,在冬季晚间,所有的电需求均由分布式能源系统供应,这是因为尽管夜间的电网电价相对较低,考虑到环境因素,系统更倾向于使用分布式能源技术而非公共电网。

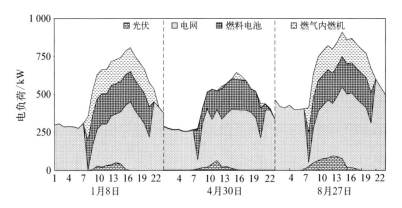

图5-52　分布式能源系统电力供需平衡(费用最小化)

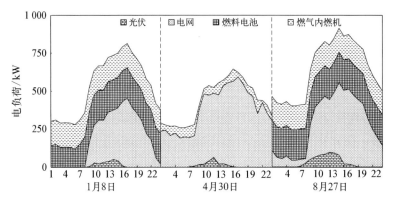

图5-53　分布式能源系统电力供需平衡(排放最小化)

(2) 多目标优化结果

如图5-54所示,分布式能源系统的多目标优化运行产生了帕累托最优结果,为互相竞争的经济性最优和环保性最优提供了11种非劣势解(最优运行策略)。图中A—K分别对应经济性权重系数从0到1。结果显示,从最右端(碳排放最小化)到B点所获得年运行费用削减要远大于从B点变化到最左端(能耗费用最小化)。这意味着,从结果A变化到结果B以较小的CO_2排放增长获得了较大的运行费用削减。

为了深刻理解系统运行策略对经济性和环保性的影响,图5-55所示为不同状态点的优化运行结果。随着经济性权重系数的增加(从A到K),电网的供电比例从41.8%增加到59.1%,与此对应,基于余热的热负荷供应比从42.8%降低到26.5%。经济性权重系数从0增加到0.5(A到F)时,余热的热负荷供应比降低11.8%;然而,权重系数从0.5增加到1(F到K)时,热负荷供应比仅下降3.2%。这意味着,当环保性权重增加时(接近A),运行策略的变化对目标权重系数更敏感。

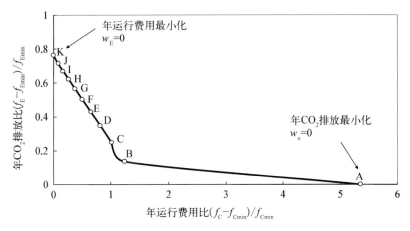

图 5-54 经济和环保性的权衡关系

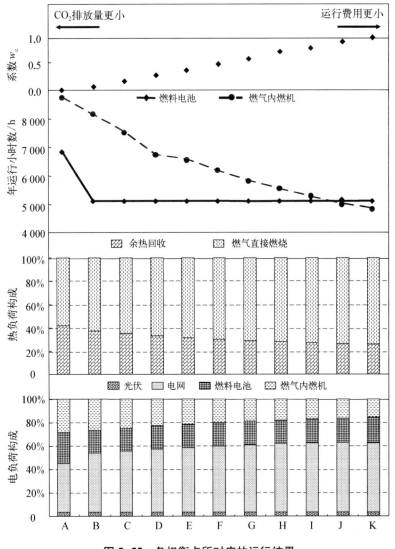

图 5-55 各权衡点所对应的运行结果

此外,根据图5-55所示结果,当目标从排放最小化变到费用最小化时,内燃机的年运行小时数从8 760 h降低到5 000 h。对于燃料电池系统,当经济性权重从0增加到0.1时(从A到B),年运行小时数从6 866 h减低到5 125 h;然而,当权重系数继续增加时,年运行小时数维持不变。由此可见,相对于燃料电池,燃气内燃机对优化目标的变化更为敏感。这一方面是因为当环保性更受重视时,效率对环保性的影响很大,因此,总效率更高的燃气内燃机运行小时数更长;另一方面是因为当经济性目标为主时,发电效率是影响经济性的主要原因,因此,燃气内燃机的运行小时数由于较低的发电效率而低于燃料电池。

5. 影响因素分析

为推进分布式能源系统的应用,余电上网制度在很多国家受到推崇。一般而言,化石燃料和生物能源系统的上网电价在0.03~0.06 \$/kWh之间,而光伏系统的上网电价相对较高,达到0.24 \$/kWh,有可能会更高。

如图5-56所示,当上网电价设为0时,随着经济性权重系数的增加,分布式能源系统的产电量降低,且仅供就地消费。当上网电价设置为0.1 \$/kWh时,当经济性权重系数超过0.1后,随着系数的增加,分布式能源系统产电量也会相应提高,然而,分布式产电就地消费量降低。这是因为,并网上网制度的实施使得上网比就地消费更具有经济优势。当上网电价增加到0.2 \$/kWh时,经济性权重系数提高到0.1以后,分布式能源系统产电开始向电力公司售电。当权重系数继续增加到0.4以后,分布式能源系统的售电量甚至超过了就地消耗量。

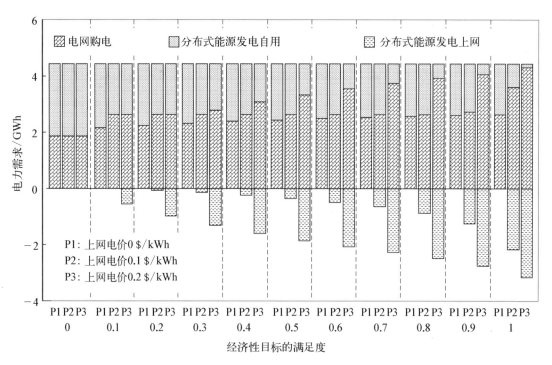

图5-56 基于不同上网电价和经济性目标满足度的电力平衡

此外,在同样的经济性权重系数之下,上网电价的提高并不总会引起分布式能源协同产电量的提高。例如,当系数在0.1~0.4之间时,尽管上网价格由0提高到0.1 \$/kWh,本地产电量仍然出现降低趋势。这是因为当经济性不作为主要考虑因素时,较低的价格并不能促进多余电力的产生和回收。因此,只有当经济性成为主要目标时,分布式能源系统的运行才会对上网电价较为敏感。

如图 5-57 所示,对于不同的碳税税率,分布式能源系统的电力供应比从 59% 下降到41%,所对应的经济性权重系数从 0 增加到 1。在两个极端值情况下(运行费用最低和排放最低),分布式能源系统的运行策略在不同的碳税税率下均保持不变。在两个极端情况之间,碳税税率不同,运行策略也不同。例如,假设经济性权重不变,当碳税税率从 0 增加到0.1 $/kg-C 时,分布式能源系统的电力供应比降低 1%~2%;然而,当碳税税率增加到 0.2 $/kg-C 时,相对于 0.1 $/kg-C 的碳税税率,本地产能比例的增加趋势很小。这是因为碳税对经济性有直接影响而对环保性的影响是间接体现。如前所述,分布式能源系统运行所产生的环境效益大于其经济效益。因此,当碳税税率较低时,分布式能源系统环境效益所转化的经济性效益无法弥补分布式能源系统运行所带来的经济损失,所以以导致分布式能源系统运行时间减少。然而,当碳税税率较高时,碳排放降低所带来的经济性效益会超过经济损失,从而延长分布式能源系统的运行小时数。

综上所述,除非碳税税率较高,否则碳税对分布式能源系统的导入促进作用并不明显。同时,由于碳税成本占总能耗成本的比例很小,因此对分布式能源系统运行策略的影响微乎其微。

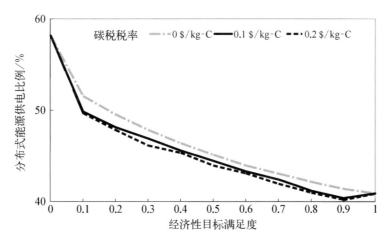

图 5-57　基于不同碳税税率和经济性目标满足度的分布式能源供电比例

作为提高可再生能源供能比例的方法之一,生物质能成为最受欢迎的可再生能源之一。生物质能最有效的利用方法是气化并作为本地热电联产设备的燃料。一方面,将生物质能气化设备和分布式供能设备安装在终端用户附近,沼气的运输比生物质能更容易;另一方面,小型分布式能源设备使得产能效率更高,减少了沼气的收集范围和运输费用。在本案例中,假设将天然气更换为生物质燃气,研究其对分布式能源系统运行效果的影响。

如图 5-58 所示,生物质燃气的使用增加了分布式能源系统的供电比例。当目标为环保性最优时,分布式能源协同提供总电力需求的 71%,除非当经济性权重系数增加到 0.9 时,分布式能源系统供电比例一直维持在较高水平。但当目标为经济性最优时,分布式能源系统供电比例急剧下降至 41% 左右,与使用城市燃气时的比例相当。说明生物质燃气的使用带来的环

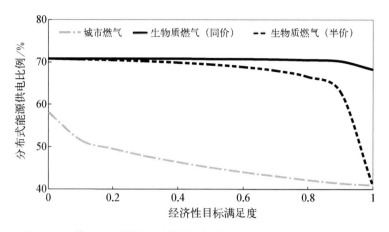

图 5-58　基于不同燃料和经济性目标满足度的分布式能源供电比例

保性影响较大。除非环保性目标完全不考虑，生物质燃气的使用会明显改变分布式能源系统的运行策略。另外，如果生物质燃气的价格能下降到较低水平（假设为天然气的一半），无论经济性权重系数在 0～1 之间如何变化，分布式能源系统供电比例将始终维持在 70％ 左右。

第6章 建筑分布式能源系统适用性分析

6.1 概述

天然气分布式能源系统的发展与经济发展水平、政策扶持力度、环境保护和清洁发展机制高度相关。在行业早期,只在北京、上海、广州等经济发达的地区发展较多,目前已向国内的二三线城市渗透发展。从最初的东部沿海地区向天然气资源丰富的西南、西北地区渗透,逐渐呈现普及态势。从天然气分布式能源项目分布情况来看,主要分布在京津冀鲁、长三角、珠三角及川渝等地区,主要原因是这些地区城市化程度高,产业投资能力和能源价格承受能力强;环境污染问题严重,政府积极发展清洁能源产业;冷、热、电负荷集中且需求较大,适合建设天然气分布式能源项目。此外,在人口密集,工业发达,经济水平较高,冷、热、电负荷需求较大,具备丰富气源的其他省份和地区,天然气分布式能源也得到了一定的发展。

建筑分布式能源系统相较于传统的供能系统具有较多优势,同时因投资较高也存在很多限制性。本章以经济性为主线,分别讨论建筑规模、原动机性能、建筑类型、天然气和电力价格等对分布式能源系统的影响,旨在讨论不同城市、不同建筑导入不同原动机分布式能源系统的可行性,并给出合理化建议。

6.2 建筑规模和容积率对分布式能源系统的影响

建筑规模和容积率通常对建筑分布式能源系统的经济性有一定影响,本节分别讨论不同建筑规模和容积率下分布式能源系统容量变化及导入效果的变化规律。

1. 研究对象

本节以一个典型住宅街区为研究对象,探讨当街区规模变化时对天然气分布式能源系统的影响。

如图 6-1 所示,Ⅰ号模型为典型街区,建筑群占地面积为 10 000 m²,建筑面积为 6 431.2 m²,其中包含独栋别墅、底层公寓和高层公寓,三类住宅的面积分别为 2 626 m²,1 075.2 m² 和 2 740 m²。

Ⅱ号模型在典型街区基础上,容积率加倍,即占地面积不变,为 10 000 m²,而建筑面积翻倍,为 12 862.4 m²,容积率为 1.286。

Ⅲ号模型在典型街区基础上,保持容积率不变,建筑面积和占地面积分别增加 3 倍,分别为 25 724.8 m² 和 40 000 m²。

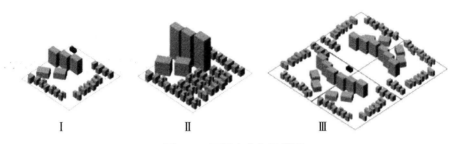

图 6-1　不同方案街区模型

2. 方案设定

为进行分析比较,假设传统能源系统如图 6-2 所示,采用市政电网供电、分体空调供冷供热以及燃气热水器提供生活热水的方式满足基准对象冷、热、电等负荷需求。

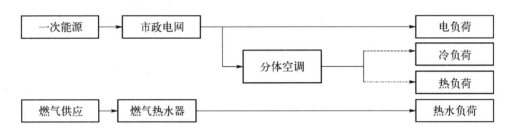

图 6-2　传统方案供能系统

分布式能源系统方案如图 6-3 所示,内燃机分布式能源系统和电网共同承担用户电力负荷。原动机余热和辅助锅炉共同承担采暖、生活热水及吸收式制冷需要的热负荷。吸收式制冷提供建筑冷负荷需要。各设备效率见表 6-1。内燃机不同容量下发电效率和热回收效率参考设备厂家提供的信息,见表 6-2。分布式能源系统运行模式为"电主热从",且以并网上网模式运行。各方案信息列于表 6-3。

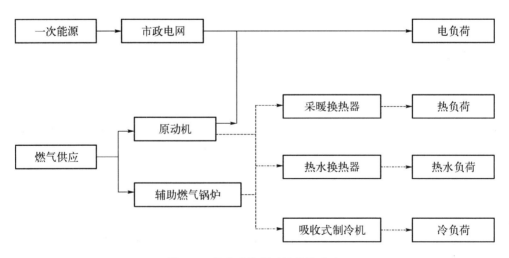

图 6-3　分布式能源系统供能方案

表 6-1　设备信息表

设备		COP
市政电网	发电	0.35
	输配	0.9
分体空调	制冷	3.22
	制热	2.83
燃气热水器		0.78
辅助燃气锅炉		0.8
吸收式机组	制冷	1
	制热	0.8
分布式系统	发电	参考表 6-3
	余热利用	参考表 6-3

表 6-2　发电和余热利用效率变化表

容量/kW	发电效率	余热利用效率
25	26.5%	52.0%
50	27.0%	51.0%
75	28.0%	50.5%
100	28.9%	48.0%
125	30.5%	46.0%
150	32.3%	43.4%
175	33.5%	41.5%
200	34.2%	40.7%
> 200	34.2%	40.7%

表 6-3　不同方案信息表

方案	传统方案	方案 1	方案 2	方案 3
总建筑面积/m²	6 431.2	6 431.2	12 862.4	25 724.8
占地面积/m²	10 000	10 000	10 000	40 000
容积率	64.3%	64.3%	128.6%	64.3%
建筑分布图	Ⅰ	Ⅰ	Ⅱ	Ⅲ
系统形式	传统式	分布式	分布式	分布式
运行模式	—	电主热从	电主热从	电主热从

建筑分布式能源系统设计与优化

3. 负荷计算

依据第 2 章分摊比例法,分别对上述 3 个模型的冷、热、电负荷进行估算,模拟结果见表 6-4。

表 6-4　不同建筑规模的冷、热、电及热水负荷

方案/(GJ·kW⁻¹)	传统方案	方案 1	方案 2	方案 3
年总热负荷最大热负荷	772.6/195.7	772.6/195.7	1 545.2/391.4	3 090.4/782.8
年总冷负荷最大冷负荷	114.2/59.4	114.2/59.4	228.4/118.8	456.8/237.6
年总热水负荷最大热水负荷	1 228.5/198.2	1 228.5/198.2	2 457/396.4	4 914/792.8
年总电负荷最大电负荷	1 932.6/125.6	1 932.6/125.6	3 865.2/251.2	7 730.4/502.4

4. 模拟结果讨论

采用第 4 章设计方法和评价指标对上述方案分别进行计算。图 6-4 为方案 1 装机容量与能源消耗和余热回收效率的关系,根据图 6-4 可知,建筑分布式能源系统的能源消耗和余热利用效率与原动机装机容量有关。在方案 1 中,随着原动机装机容量的增大,减少了市政电网消耗量,因为分布式能源系统的效率大于市政电网的效率,并且分布式能源系统的余热在达到最优配置之前可以完全被利用。随着原动机装机容量的增大,当超过最优配置容量之后,余热部分的能量不能完全被利用,造成能量浪费,系统的一次能源利用率下降。从图线变化来看,当考虑一次能源利用率最大时,建筑分布式能源系统常常会存在最优原动机容量配置的问题。

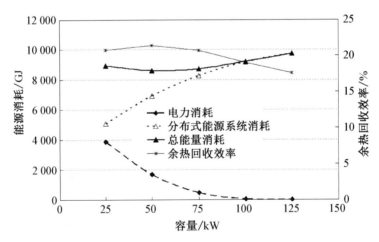

图 6-4　方案 1 装机容量与能源消耗和余热回收效率的关系

图 6-5 所示为不同方案中不同装机容量下系统一次能源利用率的变化。三个方案中,一次能源利用率均随容量先增大后减小,方案 1、方案 2、方案 3 在装机容量为 50 kW,125 kW 和 250 kW 时,一次能源利用率最高,分别为 51.4%,54.7% 和 57.3%。从三个方案达到最优一次能源利用率时的原动机容量来看,虽然方案 2 和方案 3 建筑面积为方案 1 的 2 倍和 4 倍,但最优化的容量并不恰好为 2 倍和 4 倍,这与不同容量发电效率和热回收效率不同有关。方案 3 比方案 2 和方案 1 有较高的一次能源利用率的原因是当装机容量较大时原动机的发电效率较高。

180

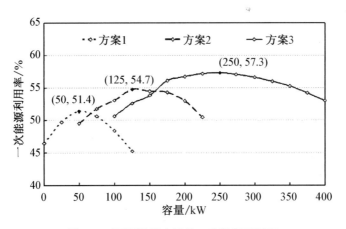

图 6-5　不同装机容量的一次能源利用率

较高的一次能源利用率会带来较高的节能率和较高的 CO_2 减排率。三个方案的节能率和 CO_2 减排率如图 6-6 和图 6-7 所示。方案 1、方案 2 和方案 3 的节能率分别是 5.13%，12.09% 和 16.94%，CO_2 减排率分别是 24.41%，30.21% 和 34.05%。

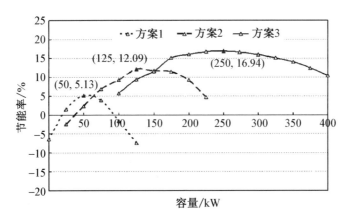

图 6-6　不同装机容量方案的节能率

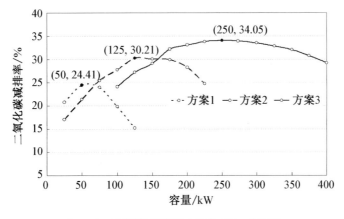

图 6-7　不同装机容量方案的 CO_2 减排率

除了能源和环境因素外,建筑是否导入分布式能源系统的另一重要因素是经济效益。图 6-8 以回收年限分析不同方案的经济性。方案 1、方案 2、方案 3 的最小回收年限分别为 8.01 年、4.08 年和 5.84 年,在最优容量下的回收年限为 8.22 年、4.55 年和 6.07 年。从回收年限的结果可以看出,装机容量的差别对回收年限影响较小,且差别随着建筑规模和面积的增大而减小,这主要与规模经济有关。

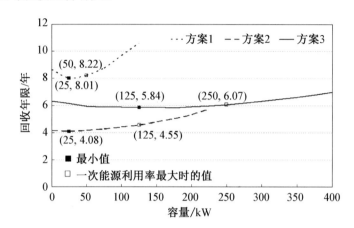

图 6-8　不同装机容量方案的回收年限

6.3　运行模式对分布式能源系统的影响

在我国,分布式能源系统常常会采用两种不同的运行模式,即"热主电从"和"电主热从",前者意味分布式能源系统运行中优先满足热负荷,而后者意味优先满足电负荷。而在国外,因分布式能源系统发电可随时反供给电网,常常会出现"最大发电"运行模式。

本节主要讨论运行模式对建筑分布式能源系统的影响。本节延用图 6-1 中 I 号模型所示的建筑群为分析的基准对象,建筑本身的各项参数不变,共设置 4 种方案,分别是传统方案、方案 1、方案 4 和方案 5,如表 6-5 所列。传统方案和方案 1 与 6.1 节保持一致,方案 4 和方案 5 与方案 1 的区别是系统采用不同的运行模式,分别为"热主电从"和"最大发电"模式。系统流程和设备配置与 6.1 节保持不变。

表 6-5　不同运行模式方案参数表

方案	传统方案	方案 1	方案 4	方案 5
总建筑面积/m²	6 431.2	6 431.2	6 431.2	6 431.2
占地面积/m²	10 000	10 000	10 000	10 000
容积率	64.3%	64.3%	64.3%	64.3%
系统形式	传统式	分布式	分布式	分布式
运行模式	—	电主热从	热主电从	最大发电

采用与 6.1 节相同方法和评价指标分别进行模拟。图 6-9 为不同方案下发电量占额定出力的比例。由图可知,建筑分布式能源系统的发电量占额定出力的比例在全年运行的小时数

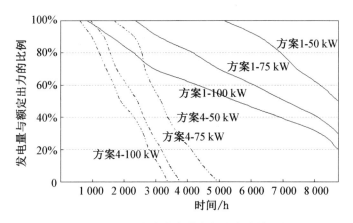

图 6-9　不同方案发电量占额定出力的比例

不同。当方案 1 的原动机容量小于 75 kW 时,相比方案 4 有较多的时间运行在发电效率较高的时间段,因此带来较高的一次能源利用率。当容量超过 75 kW 时,虽然方案 1 的发电效率高于方案 4,但是余热利用的效率较低,由此降低了一次能源的利用率。

如图 6-10 所示,方案 1、方案 4 和方案 5 在装机容量为 50 kW, 75 kW 和 75 kW 时,分布式能源系统的一次能源利用率最高,分别为 51.4%,50.5% 和 53.8%。方案 5 比方案 4 和方案 1 有较高的一次能源利用率的原因是方案 5 的机组较多得运行在发电效率较高的工况。较高的一次能源利用率会带来较高的节能率和较高的 CO_2 减排率。节能率和 CO_2 减排率变化趋势与一次能源利用率的变化趋势一致,三个方案的节能率和 CO_2 减排率如图 6-11 和图 6-12所示。方案 1、方案 4 和方案 5 的节能率分别是 5.13%, 3.19% 和 7.73%,CO_2 减排率分别是 24.41%, 22.29% 和 30.37%。

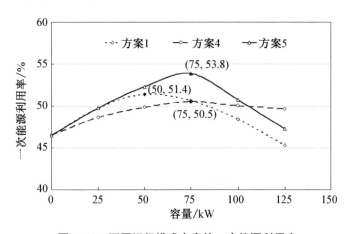

图 6-10　不同运行模式方案的一次能源利用率

图 6-13 以回收年限分析不同方案的经济性。方案 1、方案 4 和方案 5 的最小回收年限分别为 8.01 年、8.22 年和 7.49 年,在最优容量下的回收年限为 8.22 年、9.02 年和 7.99 年。从数据可以看出,不同运行方案的最小回收年限和一次能利用率最大化时的回收年限差别不大。当系统的装机容量超过 105 kW 时方案 5 有最低回收年限,但是此时装机容量已超过系统最佳的能源利用率,且回收年限的绝对值较大,经济性较差。

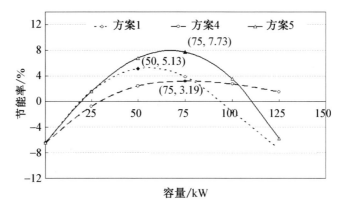

图 6-11　不同运行模式方案的节能率

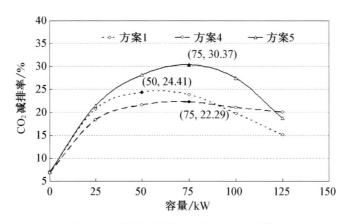

图 6-12　不同运行模式方案的 CO_2 减排率

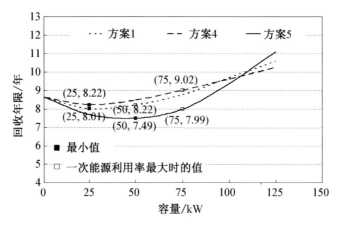

图 6-13　不同运行模式方案的回收年限

6.4　建筑类型对分布式能源系统的影响

不同建筑的冷、热、电负荷差异较大,从而导致引入分布式能源系统时节能、经济和环保效果不同。根据调查,宾馆、医院、办公建筑、商业建筑等四类建筑导入分布式能源系统最多。因此,本节选取宾馆、医院、办公建筑、商业建筑四类典型建筑作为分析的对象,讨论建筑类型对分布式能源系统的影响。建筑面积均为 10 000 m²,且位于同一区域。根据第 2 章负荷计算方法,各类建筑的负荷信息见表 6-6。

表 6-6　不同类型建筑的负荷信息

类型	负荷	电负荷	冷负荷	热负荷	热水负荷
宾馆	最大/kW	3 582	2 665	1 683	2 694
	最小/kW	883	0	0	70
	年总/GJ	67 910	13 565	12 393	32 395
医院	最大/kW	2 635	2 287	2 352	3 080
	最小/kW	595	0	0	66
	年总/GJ	47 235	9 818	11 900	25 194
办公建筑	最大/kW	2 254	5 869	7 274	1 152
	最小/kW	0	0	0	0
	年总/GJ	38 276	13 065	5 904	885
商业建筑	最大/kW	8 380	3 248	1 838	437
	最小/kW	0	0	0	0
	年总/GJ	104 019	15 240	3 634	2 700

传统能源系统和分布式能源系统的形式如图 6-14 和图 6-15 所示。在传统系统中,电力负荷直接来自电网,热水和采暖负荷来自燃气锅炉,冷负荷通过电制冷提供。

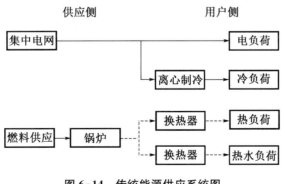

图 6-14　传统能源供应系统图

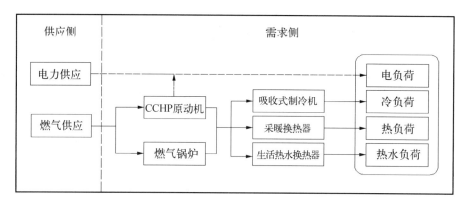

图6-15 分布式能源系统(CCHP)

在分布式能源系统中,燃气分布式能源系统发电的同时提供余热回收,一部分用于采暖和生活热水,另一部分用于制冷。热负荷不够时通过燃气锅炉补充。原动机产生的电力和电网共同满足电负荷需求。

6.4.1 宾馆建筑导入分布式能源系统

根据表6-6中的建筑负荷信息,利用分摊比例法计算出宾馆建筑的逐时冷、热、电负荷,见图6-16。从宾馆建筑逐时负荷中可以看出,电负荷需求最大,曲线变化较为平缓。采暖热负荷与热水负荷需求仅次于电负荷。冷负荷需求最小,并受季节影响较大。

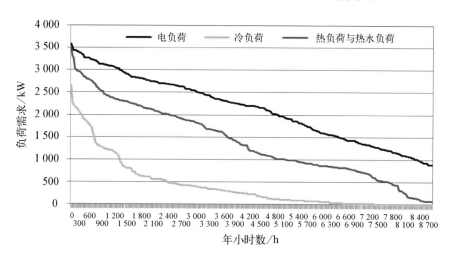

图6-16 宾馆建筑全年逐时冷、热、电负荷

当宾馆建筑采用传统供能系统(将空调冷负荷换算成电负荷)时,其热电比见图6-17。宾馆建筑的小时热电比分布在(0,2]区间,其中分布在(0,1]区间的频率为75%,平均热电比为0.69。因此,宾馆建筑的热电比较高,有利于导入分布式能源系统。

运用第5章建筑分布式能源系统经济性优化求解模型对宾馆建筑导入分布式能源系统进行计算,结果见图6-18。结果表明,热需求量较高的宾馆类建筑适宜导入分布式能源系统。当电/气价格比高于1.5时,分布式能源系统的经济性优于同等条件下的传统供能系统。随着

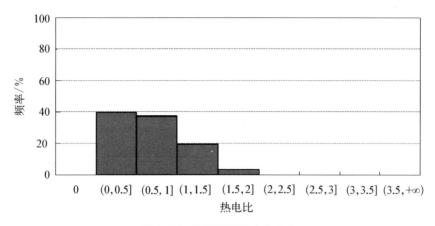

图 6-17　宾馆建筑热电比分布

电/气价格比的提高,分布式能源系统的经济性逐步提高。当电/气价格比达到 4.5 时,以燃气内燃机为原动机的分布式能源系统年总费用节省率达 38.5%,经济性优于同等条件下的燃气轮机系统。随着热电比的增加,两种系统的经济性差距逐渐增大,当电/气价格比为 4.5 时,两种系统年总费用节省率相差 5.9%。

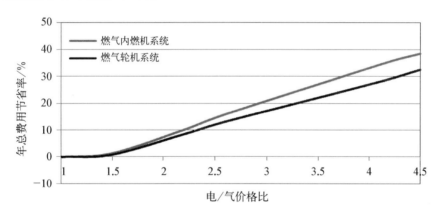

图 6-18　宾馆建筑导入两种分布式能源系统的经济性

6.4.2　医院建筑导入分布式能源系统

根据表 6-6 中的建筑负荷信息,利用分摊比例法计算出医院建筑的逐时冷、热、电负荷,见图 6-19。从医院建筑逐时负荷中可以看出,全年电力负荷较为平稳,采暖热负荷与热水负荷需求峰谷差大,冷负荷需求量受到季节影响,需求时间短。

当医院建筑采用传统供能系统(将空调冷负荷换算成电负荷)时,其热电比见图 6-20。医院建筑的小时热电比分布在(0,3]区间,其中分布在(0,0.5]区间的频率约为 50%,平均热电比为 0.68。医院建筑的热电比分布具有分布广的特点,但高热电比区域的分布频率较低,说明医院建筑的产热设备容量大,但其利用率较低。

运用建筑分布式能源系统经济性优化求解模型对医院建筑导入分布式能源系统进行计算,结果见图 6-21。结果表明,医院建筑适宜导入分布式能源系统。当电/气价格比高于 1.5

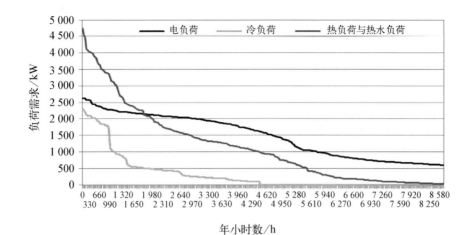

图 6-19　医院建筑逐时冷、热、电负荷

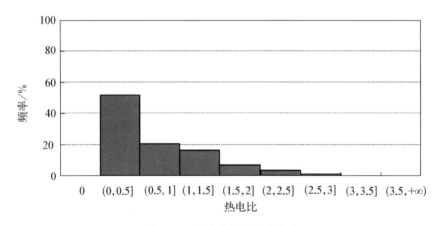

图 6-20　医院建筑热电比分布

时,分布式能源系统的经济性逐渐优于同等条件下的传统供能系统。随着电/气价格比的提高,分布式能源系统的经济性逐步提高。当电/气价格比达到 4.5 时,以内燃机为原动机的分布式能源系统能够节省将近 36.8% 的年总费用,优于同等条件下的燃气轮机系统 7.4%。

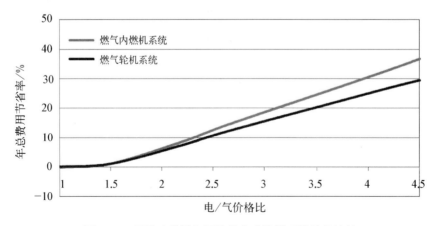

图 6-21　医院建筑导入两种分布式能源系统的经济性

6.4.3 办公建筑导入分布式能源系统

根据表 6-6 中的建筑负荷信息,利用分摊比例法计算出办公建筑的逐时冷、热、电负荷,见图 6-22。从办公建筑逐时负荷中可以看出,电负荷需求最大,远大于冷负荷、热负荷和热水负荷。电负荷呈现出阶梯状,表明一段时间内办公建筑的电负荷需求大,另外一段时间内办公建筑的电力负荷低,具有明显的时段性。冷负荷需求和热负荷、热水负荷需求呈现出明显的季节性特点。

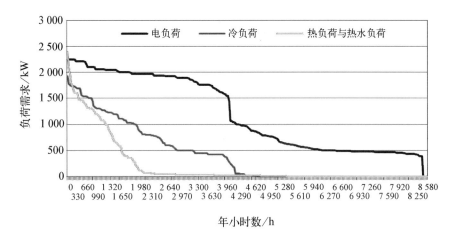

图 6-22 办公建筑逐时冷、热、电负荷

当办公建筑采用传统供能系统(将空调冷负荷换算成电负荷)时,其热电比见图 6-23。办公建筑的小时热电比有近 40% 的频率为 0,表明建筑没有热负荷和热水负荷需求,约有 50% 的热电比分布在 (0,0.5] 区间,较少频率分布在 (0.5,1.5] 区间,极少频率分布在 (2.5,3] 区间。办公建筑平均热电比为 0.14。较小的热电比表明办公建筑导入分布式能源系统优势不明显。

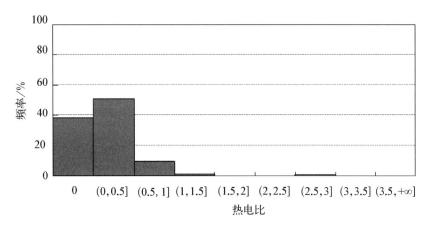

图 6-23 办公建筑热电比分布

运用建筑分布式能源系统经济性优化求解模型对办公建筑导入分布式能源系统进行计算,结果见图 6-24。当电/气价格比高于 2.0 时,以燃气内燃机为原动机的分布式能源系统的经济性逐渐优于同等条件下的传统供能系统;当电/气价格比高于 2.5 时,以燃气轮机为原动机的分布式能源系统适合导入。随着电/气价格比的提高,分布式能源系统的经济性逐步提高。以燃气轮机为原动机的分布式能源系统经济性劣于同等条件下的内燃机系统,当电/气价格比达到 4.5 时,二者年费用节省率相差 17.2%。造成这种结果的原因是办公建筑的热负荷和热水负荷需求非常小,燃气轮机的产热优势无法发挥,而其发电效率低于燃气内燃机的发电效率。因此,燃气轮机系统在办公建筑的适应性远差于燃气内燃机系统。

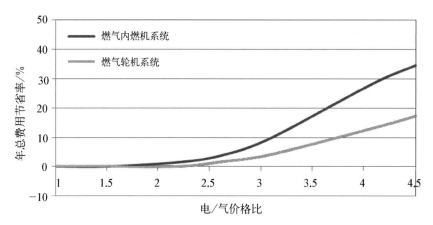

图 6-24 办公建筑导入两种分布式能源系统的经济性

6.4.4 商业建筑导入分布式能源系统

根据表 6-6 中的建筑负荷信息,利用分摊比例法计算出商业建筑的逐时冷、热、电负荷,见图 6-25。从商业建筑逐时负荷中可以看出,电负荷需求最大,远大于冷负荷、热负荷和热水负荷。电负荷呈现出大阶梯状,这与商业建筑的运行特点有关。在其运行时间内,商业建筑有很大的电负荷需求,冷负荷需求、热负荷需求和热水负荷需求相对较小。

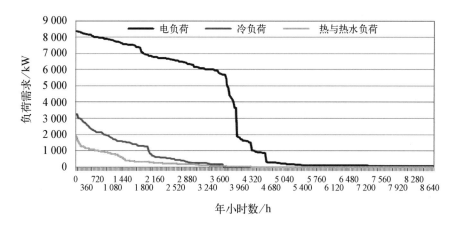

图 6-25 商业建筑逐时冷、热、电负荷

当商业建筑采用传统供能系统(将空调冷负荷换算成电负荷)时,其热电比见图 6-26。商业建筑的小时热电比有近 50% 的频率为 0,近 50% 的频率分布在 (0,0.5] 区间,平均热电比为 0.03,表明商业建筑的能源需求几乎全为电力需求,因此只有当原动机消耗天然气发电的成本低于电网购电价格时,导入分布式能源系统相较于传统系统才有优势。

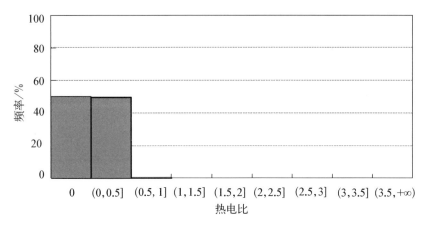

图 6-26　商业建筑热电比分布

运用建筑分布式能源系统经济性优化求解模型对商业建筑导入分布式能源系统进行计算,结果见图 6-27。当电/气价格比高于 2.5 时,以燃气内燃机为原动机的分布式能源系统的经济性逐渐优于同等条件下的传统供能系统;当电/气价格比高于 3.5 时,以燃气轮机为原动机的分布式能源系统适合导入。随着电/气价格比的提高,分布式能源系统的经济性逐步提高。以燃气轮机为原动机的分布式能源系统经济性劣于同等条件下的燃气内燃机系统,当电/气价格比达到 4.5 时,二者能源节省率相差 20.9%。与办公建筑导入分布式能源系统的情形相似,燃气轮机系统在商业建筑的适应性远差于燃气内燃机系统。

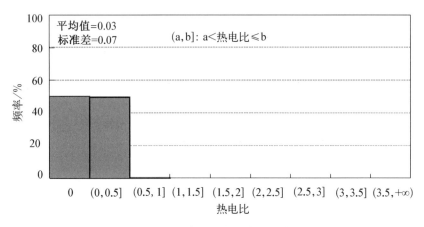

图 6-27　商业建筑热电比分布

四类建筑的热电比、适合导入分布式能源系统的电/气价格比和导入分布式能源系统的年总费用节省率见表 6-7。

表 6-7　四类建筑导入分布式能源系统的比较

指标	宾馆建筑	医院建筑	办公建筑	商业建筑
建筑平均热电比	0.69	0.68	0.14	0.03
导入燃气内燃机系统 所需电/气价格比	>1.5	>1.5	>2.0	>2.5

(续表)

指标	宾馆建筑	医院建筑	办公建筑	商业建筑
导入燃气轮机系统 所需电/气价格比	>1.5	>1.5	>2.5	>3.5
导入燃气内燃机系统的 年总费用节省率	0～38.5%	0～36.8%	0～34.4%	0～31.8%
导入燃气轮机系统的 年总费用节省率	0～36.5%	0～29.4%	0～17.2%	0～10.9%

从表 6-7 可知,当建筑导入燃气内燃机系统时,宾馆建筑和医院建筑所需的电/气价格比最低,办公建筑需要的电/气价格比为 2.0,商业建筑要求电/气价格比必须达到 2.5。四类建筑导入燃气内燃机系统经济性优劣为:宾馆类建筑的导入经济性最好,其次是医院类建筑,再次是办公类建筑,最后是商业类建筑。当电气价格比为 4.5 时,四类建筑的年总费用节省率都能达到 30% 以上。

当建筑导入燃气轮机系统时,宾馆建筑和医院建筑所需的电/气价格比最低,办公建筑需要的电/气价格比为 2.0,商业建筑要求电/气价格比必须达到 2.5。四类建筑导入燃气内燃机系统经济性优劣为:宾馆类建筑的导入经济性最好,其次是医院类建筑,再次是办公类建筑,最后是商业类建筑。与燃气内燃机系统相比,燃气轮机系统导入办公类建筑和商业类建筑的经济性较差。

综上,宾馆类建筑和医院类建筑全年热负荷相对稳定,平均热电比较高,比较适宜导入分布式能源系统;办公类建筑的热负荷波动较大,商业建筑的热电比最低,这两类建筑导入分布式能源系统的优势不明显。

6.5 原动机对分布式能源系统的影响

根据第 4 章各原动机性能的比较发现,原动机技术性能差异较大,表 6-8 列出了柴油发电机(DE)、燃料电池(PAFC)、内燃机(GE)和燃气轮机(GT)的主要技术参数。

表 6-8 不同原动机主要技术参数

参数	柴油机(DE)	燃料电池(PAFC)	内燃机(GE)	燃气轮机(GT)
满负荷电效率/%	35～45	40	25～35	20～30
总效率/%	50～70	80	70～80	75～85
部分负荷电效率%	30(50%负荷)	40	23～30(50%负荷)	20～25(50%负荷)
热电比	0.4～1.5	1～1.7	1.7～2.5	1.5～2.5
输出温度/℃	85～100	60～80	85～100	85～100
平均电效率/%	38	40	30	23
平均热回收效率/%	16	40	40	51
初投资/(美元·kW^{-1})	2 000	6 364	2 273	1 820

为探讨各种原动机导入分布式能源系统的节能效果,引入评价指标节能率,定义为建筑分布式能源系统相对于传统系统节能的多少,以节能率 ESR 表示,计算式如下:

$$ESR = \frac{Q_{\mathrm{E}}^{\mathrm{Conv}} - Q_{\mathrm{E}}^{\mathrm{CHP}}}{Q_{\mathrm{E}}^{\mathrm{Conv}}} \tag{6-1}$$

考虑到运行模式的影响,分电力优先和热力优先分别讨论。在电力优先的运行模式下,当需求侧的热电比小于或等于系统热电比,即 $\sigma_{\mathrm{user}} \leqslant \sigma_{\mathrm{CHP}}$ 时,

$$ESR = \frac{Q_{\mathrm{E}}^{\mathrm{Conv}} - Q_{\mathrm{E}}^{\mathrm{CHP}}}{Q_{\mathrm{E}}^{\mathrm{Conv}}} = \frac{(E/\eta_{\mathrm{Conv}}^{\mathrm{P}} + E\sigma_{\mathrm{user}}/\eta_{\mathrm{Conv}}^{\mathrm{H}}) - E/\eta_{\mathrm{CHP}}^{\mathrm{P}}}{(E/\eta_{\mathrm{Conv}}^{\mathrm{P}} + E\sigma_{\mathrm{user}}/\eta_{\mathrm{Conv}}^{\mathrm{H}})} = 1 - \frac{1/\eta_{\mathrm{CHP}}^{\mathrm{P}}}{1/\eta_{\mathrm{Conv}}^{\mathrm{P}} + \sigma_{\mathrm{user}}/\eta_{\mathrm{Conv}}^{\mathrm{H}}} \tag{6-2}$$

当需求侧的热电比大于或等于系统热电比,即 $\sigma_{\mathrm{user}} \geqslant \sigma_{\mathrm{CHP}}$ 时,

$$ESR = \frac{Q_{\mathrm{E}}^{\mathrm{Conv}} - Q_{\mathrm{E}}^{\mathrm{CHP}}}{Q_{\mathrm{E}}^{\mathrm{Conv}}} = \frac{(E/\eta_{\mathrm{Conv}}^{\mathrm{P}} + E\sigma_{\mathrm{user}}/\eta_{\mathrm{Conv}}^{\mathrm{H}}) - [E/\eta_{\mathrm{CHP}}^{\mathrm{P}} + (E\sigma_{\mathrm{user}} - E/\eta_{\mathrm{CHP}}^{\mathrm{P}} \cdot \eta_{\mathrm{CHP}}^{\mathrm{H}})/\eta_{\mathrm{Conv}}^{\mathrm{H}}]}{(E/\eta_{\mathrm{Conv}}^{\mathrm{P}} + E\sigma_{\mathrm{user}}/\eta_{\mathrm{Conv}}^{\mathrm{H}})}$$
$$= 1 - \frac{1/\eta_{\mathrm{CHP}}^{\mathrm{P}} + (\sigma_{\mathrm{user}} - 1/\eta_{\mathrm{CHP}}^{\mathrm{P}} \cdot \eta_{\mathrm{CHP}}^{\mathrm{H}})/\eta_{\mathrm{Conv}}^{\mathrm{H}}}{1/\eta_{\mathrm{Conv}}^{\mathrm{P}} + \sigma_{\mathrm{user}}/\eta_{\mathrm{Conv}}^{\mathrm{H}}} \tag{6-3}$$

同理,在采用热力优先的运行模式下,当需求侧的热电比小于或等于系统热电比,即 $\sigma_{\mathrm{user}} \leqslant \sigma_{\mathrm{CHP}}$ 时,

$$ESR = 1 - \frac{\eta_{\mathrm{Conv}}^{\mathrm{H}}(\sigma_{\mathrm{user}}\eta_{\mathrm{Conv}}^{\mathrm{P}} + \eta_{\mathrm{CHP}}^{\mathrm{H}} - \sigma_{\mathrm{user}}\eta_{\mathrm{CHP}}^{\mathrm{P}})}{\eta_{\mathrm{CHP}}^{\mathrm{H}}(\sigma_{\mathrm{user}}\eta_{\mathrm{Conv}}^{\mathrm{P}} + \eta_{\mathrm{Conv}}^{\mathrm{H}})} \tag{6-4}$$

当需求侧的热电比大于或等于系统热电比,即 $\sigma_{\mathrm{user}} \geqslant \sigma_{\mathrm{CHP}}$ 时,

$$ESR = 1 - \frac{\sigma_{\mathrm{user}}\eta_{\mathrm{Conv}}^{\mathrm{H}} \cdot \eta_{\mathrm{Conv}}^{\mathrm{P}}}{\eta_{\mathrm{CHP}}^{\mathrm{H}}(\sigma_{\mathrm{user}}\eta_{\mathrm{Conv}}^{\mathrm{P}} + \eta_{\mathrm{Conv}}^{\mathrm{H}})} \tag{6-5}$$

从公式(6-2)—公式(6-5)可以看出,系统的节能率 ESR 与 $\eta_{\mathrm{Conv}}^{\mathrm{H}}$,$\eta_{\mathrm{Conv}}^{\mathrm{P}}$,$\eta_{\mathrm{CHP}}^{\mathrm{P}}$,$\eta_{\mathrm{CHP}}^{\mathrm{H}}$ 和 σ_{user} 有关。实际上,大多数国家传统供能系统的电效率 $\eta_{\mathrm{Conv}}^{\mathrm{P}}$ 和热效率 $\eta_{\mathrm{Conv}}^{\mathrm{H}}$ 基本上变化不大,日本传统供能系统的电效率 $\eta_{\mathrm{Conv}}^{\mathrm{P}}$ 和热效率 $\eta_{\mathrm{Conv}}^{\mathrm{H}}$ 大概在 36% 和 80%。对实际分布式能源项目来说,当系统的设备配置完成之后,系统各个设备在部分负荷下的效率也随之确定,分布式能源系统的电效率 $\eta_{\mathrm{CHP}}^{\mathrm{P}}$ 和热效率 $\eta_{\mathrm{CHP}}^{\mathrm{H}}$ 也就是固定的。因此,系统节能率的多少只受需求侧热电比的影响。采用表 6-8 所列设备的参数进行计算,可以得出分布式能源系统在两种典型的运行工况(以电定热和以热定电)下,节能率与用户热电比之间的关系,结果如图 6-28 所示。

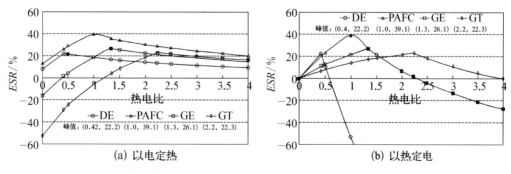

图 6-28　分布式能源系统在以电定热和以热定电下节能率与用户热电比关系

从图中可以看出,不同原动机的种类在特定运行模式下随着热电比的增大,系统节能率的变化趋势是一致的。当用户热电比小于系统热电比 $\sigma_{user} < \sigma_{CHP}$ 时,系统节能率随着热电比的增大而增加,当用户热电比等于系统热电比 $\sigma_{user} = \sigma_{CHP}$ 时,节能率最大,当 $\sigma_{user} > \sigma_{CHP}$ 时,节能率开始下降。节能率最高的原动机种类是 PAFC,其次是 GE,GT 和 DE,四者的最大节能率分别是 39.1%,26.1%,22.8%和 22.2%,对应的用户热电比分别为 1,1.33,0.42 和 2.21。

采用以电定热的运行模式时,当 $\sigma_{user} < \sigma_{CHP}$ 时,分布式能源系统的余热并不能完全被利用,当 $\sigma_{user} > \sigma_{CHP}$ 时,回收的余热不能完全满足用户的需求,此时必须配置辅助的燃气锅炉,降低了系统的节能率。采用以热定电的运行模式时,当 $\sigma_{user} < \sigma_{CHP}$ 时,分布式能源系统的发电并不能完全被利用,当 $\sigma_{user} > \sigma_{CHP}$ 时,系统的发电量不能完全满足用户的需求,必须从电网购电,降低了系统的节能率。

对于特定类型的分布式能源技术,在供给侧,当某种技术确定时,热电比是一个固定值,在运行过程中也不能经常调整,在部分负荷运行时不能改变。然而,在需求侧,热电比会在较大范围内波动,因此,将用户需求的热电比与分布式能源系统所提供的热电比相匹配是一项艰巨的任务。

通过分析分布式能源系统在两种典型的运行工况(以电定热和以热定电)下节能率与用户热电比之间的关系后,得出了一些有价值、有启发性的结论。当用户的热电比等于分布式能源系统的技术特定热电比时,可以达到最大的节能率。对于选定的分布式技术 DE,PAFC,GE,GT 的最大节能率所对应的最佳热电比分别是 0.42,1,1.33 和 2.21。用户热电比越接近分布式能源系统的技术热电比,节能效果越好。此外,分布式能源系统有较好节能率的用户的热电比范围随着技术和运行模式的不同而有所不同。例如,以热定电模式下,DE,PAFC,GE,GT 四种技术系统节能的用户热电比范围分别为 0~0.57,0~2.3,0~2.3 和 0~4T。与以热定电模式相比,以电定热的范围相对较大。GT 的范围为用户热电比大于 1.19,GE 的范围为用户热电比大于 0.38。对于 DE 和 PAFC,由于比传统分产系统具有更高效的电效率,因此在任何热电比下都比传统分产系统节能。因此,当某一类型建筑具有建筑特定需求热电比时,也就意味着一些分布式能源技术更适合应用于该类型的建筑。对比图 6-28(a),(b)可以发现,图(b)的趋势波动更明显,这是因为在以热定电模式下,当剩余电能不允许并网时,造成了大量的发电损耗,明显降低了分布式能源系统的节能效果。

6.6 能源价格对分布式能源系统的影响

经济性常常是业主最终是否选择分布式能源系统最关键的因素,而天然气和电力等能源价格又是决定经济性的关键参数。因我国不同城市能源价格差异较大,故本节主要分析不同省份导入建筑分布式能源系统的经济可行性。

6.6.1 不同地区不同建筑导入分布式能源的经济性

我国不同地区电力、天然气价格及其相关参数列于表 6-9。

表 6-9　各地区电力价格、天然气价格及单位热值的电/气价格比

地区	城市	电力价格 /(元·kWh⁻¹)	天然气价格/(元·m⁻³)	电/气价格比
北京	北京	0.821	2.85	3.12
天津	天津	0.859	2.75	3.38
重庆	重庆	0.843	2.21	4.13
上海	上海	0.92	3.79	2.63
深圳	深圳	0.842	4.9	1.86
辽宁	沈阳	0.89	3.9	2.47
吉林	长春	0.947	3.9	2.63
黑龙江	哈尔滨	0.936	3	3.37
河北	石家庄	0.861	2.95	3.16
山西	太原	0.712	2.75	2.8
山东	济南	0.749	3.4	2.38
青海	西宁	0.577	2.07	3.01
河南	郑州	0.787	3.16	2.69
江苏	南京	0.882	2.95	3.23
浙江	杭州	0.946	3.2	3.2
安徽	合肥	0.894	3.2	3.02
福建	福州	0.866	3.5	2.68
江西	南昌	1.058	无数据	—
湖北	武汉	0.98	3.68	2.88
湖南	长沙	1.03	3	3.71
广东	广州	0.988	4.85	2.2
海南	海口	无数据	无数据	—
甘肃	兰州	0.808	1.84	4.75
陕西	西安	0.873	2.3	4.1
四川	成都	0.859	2.8	3.32
贵州	遵义	0.953	无数据	—
云南	昆明	0.732	无数据	—
内蒙古	呼和浩特	0.651	2	3.52
广西壮族自治区	南宁	0.906	无数据	—
宁夏	银川	0.767	1.8	4.61
新疆	乌鲁木齐	0.689	1.76	4.23
西藏	拉萨	无数据	无数据	—
香港特别行政区	香港	无数据	无数据	—
澳门特别行政区	澳门	无数据	无数据	—
台湾地区	台湾	无数据	无数据	—

图 6-29 所示为我国不同城市电(电力)/气(天然气)价格比,因电力价格差异较小,则颜色越深,说明天然气价格越便宜,此地区越适合发展天然气分布式能源系统。

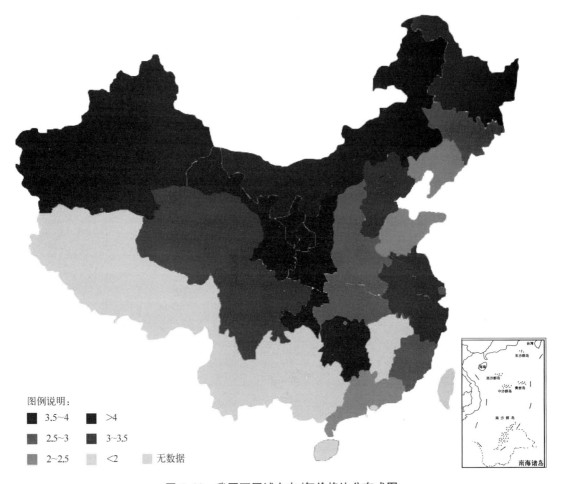

图例说明:
- ■ 3.5~4
- ■ >4
- ■ 2.5~3
- ■ 3~3.5
- ■ 2~2.5
- □ <2
- □ 无数据

图 6-29　我国不同城市电/气价格比分布式图

如 6.3 节所述,建筑是否适宜导入分布式能源系统不能一概而论,本节将以内燃机为原动机,按 6.3 节计算方法,讨论不同地区不同建筑导入分布式能源系统时的经济效益。

不同地区在宾馆类建筑中导入燃气内燃机分布式能源系统的经济性与各地的电/气价格比相结合,可以直观地获悉我国各地宾馆类建筑导入分布式能源系统的经济性,见图 6-30。结果表明:在我国大部分地区,宾馆类建筑导入燃气内燃机分布式能源系统具有很好的经济性,年总费用节省率高于 20%;在上海、吉林、辽宁、山西、河南和湖北地区,系统的年总费用节省率为 10%~20%;在山东、广东和深圳,分布式能源系统的年总费用节省率较低,为 5%~10%。

不同地区在医院类建筑中导入燃气内燃机分布式能源系统的经济性与各地电/气价格比相结合,见图 6-31。结果表明:在我国大部分地区,医院类建筑导入燃气内燃机分布式能源系统具有很好的经济性,年总费用节省率高于 20%;在上海、吉林、辽宁、山西、河南、安徽、青海和湖北地区,分布式能源系统的年总费用节省率为 10%~20%;在山东、广东和深圳,分布式能源系统的年总费用节省率较低,为 5%~10%。

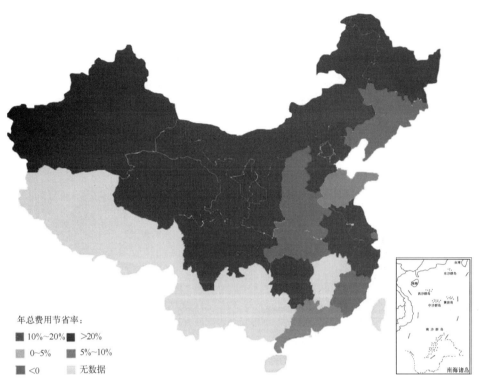

年总费用节省率：

■ 10%~20%　■ >20%

■ 0~5%　　　■ 5%~10%

■ <0　　　　□ 无数据

图 6-30　不同地区导入分布式能源的经济性(宾馆类建筑)

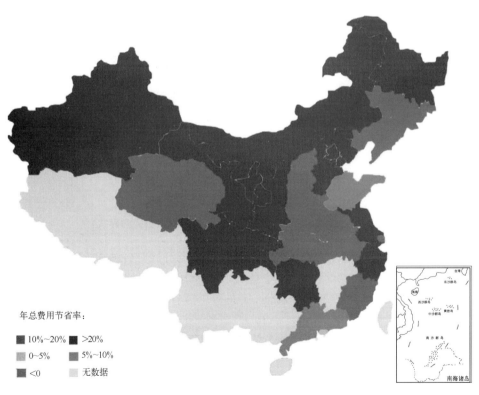

年总费用节省率：

■ 10%~20%　■ >20%

■ 0~5%　　　■ 5%~10%

■ <0　　　　□ 无数据

图 6-31　不同地区导入分布式能源的经济性(医院类建筑)

不同地区在办公类建筑中导入燃气内燃机分布式能源系统的经济性与各地电/气价格比相结合,见图 6-32。结果表明:在我国新疆、甘肃、宁夏、陕西、重庆和湖南地区,办公类建筑导入燃气内燃机分布式能源系统具有很好的经济性,年总费用节省率高于 20%;在内蒙古、黑龙江、辽宁、河北、北京、天津、四川、江苏和浙江地区,分布式能源系统的年总费用节省率为 10%~20%;在上海、福建、山西、河南、安徽、青海和湖北地区,系统的年总费用节省率为 5%~10%;在辽宁、吉林、山东和广东,分布式能源系统的年总费用节省率低于 5%;深圳地区不适宜导入分布式能源系统。

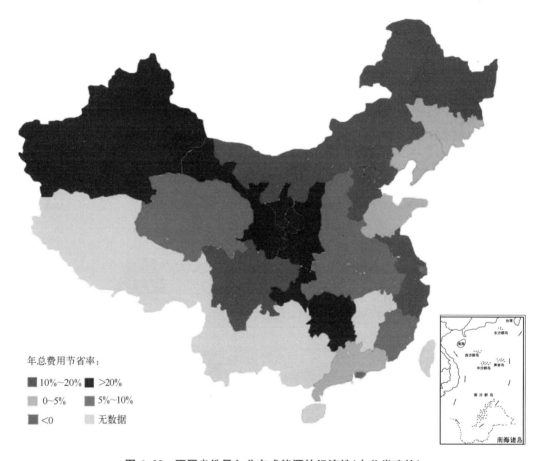

年总费用节省率:

■ 10%~20%　■ >20%

■ 0~5%　■ 5%~10%

■ <0　■ 无数据

图 6-32　不同省份导入分布式能源的经济性(办公类建筑)

将商业类建筑导入燃气内燃机分布式能源系统的经济性与各地电/气价格比相结合,见图 6-33。结果表明:在我国新疆、甘肃、宁夏、陕西、重庆和湖南地区,商业类建筑导入燃气内燃机分布式能源系统具有很好的经济性,年总费用节省率高于 20%;在内蒙古地区,分布式能源系统的年总费用节省率为 10%~20%;在黑龙江、河北、北京、天津、江苏、四川和浙江地区,分布式能源系统的在年总费用节省率为 5%~10%;在上海、福建、山西、河南、安徽、青海和湖北地区,系统的年总费用节省率小于 5%;在辽宁、广东、山东和深圳地区不适宜导入分布式能源系统。

综上,我国各地不同类型建筑导入燃气内燃机分布式能源系统的经济性不同。在我国新

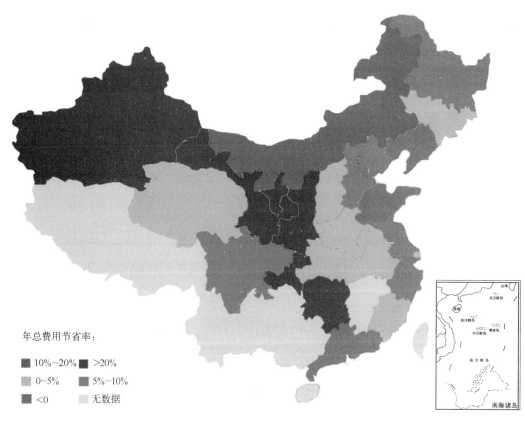

年总费用节省率：

- ■ 10%~20%　■ >20%
- ■ 0~5%　■ 5%~10%
- ■ <0　□ 无数据

图 6-33　不同地区导入分布式能源的经济性(商业类建筑)

疆、甘肃、宁夏、陕西、重庆和湖南地区,四类建筑导入分布式能源系统具有很好的经济性,年总费用节省率高于 20%;在内蒙古地区,宾馆和医院类建筑导入分布式能源系统的年总费用节省率高于 20%,办公和商业类建筑的年总费用节省率为 10%~20%;其他地区不同类型建筑导入分布式能源系统的经济性不同;在辽宁、广东、山东和深圳地区的商业建筑不适宜导入分布式能源系统;深圳地区的办公建筑不适宜导入分布式能源系统。

6.6.2　主要城市建筑分布式能源系统的运行模式建议

本节基于全国主要城市的实际电/气价格比,分析分布式能源系统年总费用节省率(RCSR)与建筑需求侧热电比和供应侧热电比的关系,确定主要城市导入分布式能源系统时的优化运行模式。考虑到我国城市有的采用单一电价,有的采用分时电价,故分两种情形分别讨论。

1. 单一电价城市的运行模式

分布式能源系统的原动机采用市场上常见的燃气内燃机,其发电效率取 30%,原动机热效率取 50%。传统系统的锅炉供热效率取 80%,根据 4.5 节中推导的公式,分别探讨电力优先模式和热力优先模式下,分布式能源系统年总费用节省率与建筑需求侧热电比的关系,结果分别见图 6-34 和图 6-35。

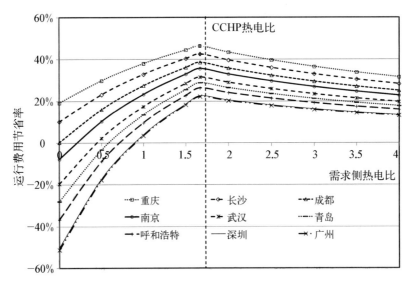

图 6-34　单一电价城市电力优先模式 RCSR 与建筑需求侧热电比的关系

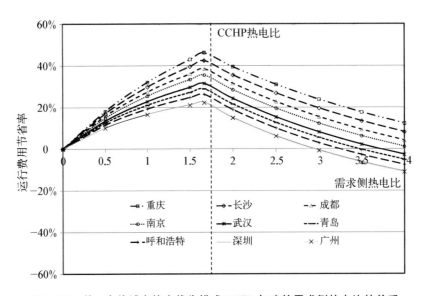

图 6-35　单一电价城市热力优先模式 RCSR 与建筑需求侧热电比的关系

　　从单一电价城市的年总费用节省率与需求侧热电比的关系来看,各城市曲线具有相同的变化规律。当需求侧热电比小于供应侧热电比时,运行费用节省率随需求侧热电比的增大而提高;当需求侧热电比大于供应侧热电比时,运行费用节省率随需求侧热电比的增大而降低;当需求侧热电比等于供应侧热电比时,分布式能源系统具有最高的经济性。在这 9 座城市中,重庆的年总费用节省率最高,广州的最低,因为重庆具有最高的电/气价格比,广州的电/气价格比最低。

　　结合表 6-10 中单一电价的 9 座城市电/气价格比来看,在电力优先模式下,重庆、长沙和成都 3 座城市的分布式能源系统的年运行费用始终小于传统供能系统,其余 6 座城市的需求侧热电比依次大于 0.19～0.91 时,分布式能源系统的年运行费用会小于传统供能系统;在热力优先模式下,当9座城市的建筑需求侧热电比分别小于 5.50~2.94 时,采用分布式能源系统的年运行费用会小于传统供能系统。现有价格条件下,9座城市采用分布式能源系统时,需求侧热电比需要满足的条件如表 6-10 所示。

表 6-10　9座城市导入分布式能源系统运行费用节省时的条件

城市	电力优先模式下建筑热电比	热力优先模式下建筑热电比
重庆	>0	<5.50
长沙	>0	<4.95
成都	>0	<4.46
南京	>0.19	<4.13
武汉	>0.44	<3.71
青岛	>0.58	<3.47
呼和浩特	>0.72	<3.25
深圳	>0.89	<2.96
广州	>0.91	<2.94

对于不同城市合理的分布式能源系统运行模式的选择,以电/气价格比最高的重庆和电/气价格比最低的广州的两种运行模式进行比较,见图 6-36。

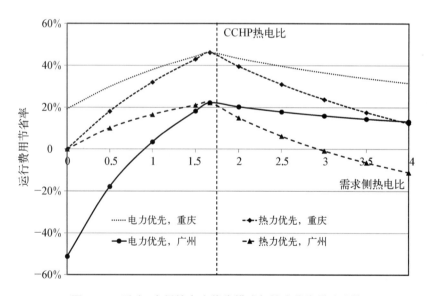

图 6-36　重庆、广州的电力优先模式与热力优先模式比较

通过比较可知,在需求侧热电比小于供应侧热电比阶段,电力优先模式的经济效益可能高于热力优先模式,也可能低于热力优先模式;在需求侧热电比大于供应侧热电比阶段,电力优先模式的运行经济性往往要好于热力优先模式。

如果需求侧热电比小于供应侧热电比,当电/气价格比大于 3.3 时,电力优先模式具有更高的经济效益,当电/气价格比小于 3.3 时,热力优先模式具有更高的经济效益;如果需求侧热电比大于供应侧热电比,电力优先模式始终具有更高的经济效益。

基于以上的分析,得出单一电价城市采用分布式能源系统的具体模式如下:重庆、长沙和成都宜于采用电力优先模式;南京、武汉、青岛、呼和浩特、深圳和广州6座城市,当建筑需求侧热电比小于供应侧热电比时,宜采用热力优先模式,当建筑需求侧热电比大于或等于供应侧热电比时,宜采用电力优先模式。

2. 分时电价城市的运行模式

在5座采用分时电价的城市中,本文以北京为例进行研究。根据4.5节的公式,分别计算出电力优先模式和热力优先模式的年总费用节省率(RCSR)与需求侧热电比(σ_{user})的关系,见图6-37和图6-38。

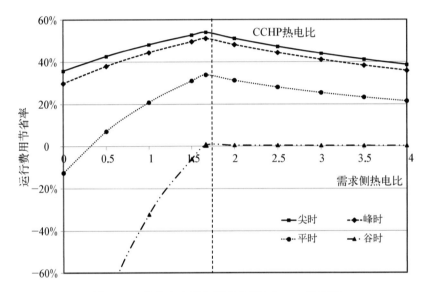

图 6-37　北京电力优先模式 RCSR 与 σ_{user} 的关系

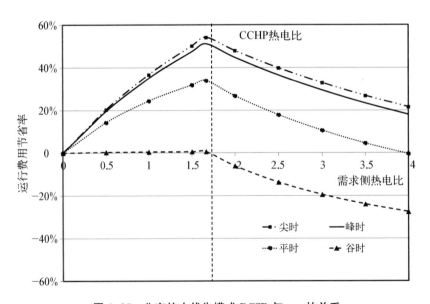

图 6-38　北京热力优先模式 RCSR 与 σ_{user} 的关系

四种电力价格下的年总费用节省率具有相同的变化趋势。峰时电价时,分布式能源系统具有一定的经济效益;谷时电价时,系统经济性较差。

由于分时电价的影响,无法直接确定该地区是否适合导入分布式能源系统;采用分时电价的城市导入分布式能源系统的经济可行性需要了解建筑不同时段的用能特点,即不同时段,建筑的需求侧热电比大小。需将能源价格和建筑能源消费特征有效结合,才能更好地评价导入分布式能源系统的经济性

本节确定了不同城市分布式能源系统为了获得经济效益的合理运行模式,主要结论包括:

(1) 当需求侧热电比小于供应侧热电比时,系统的运行经济性随需求侧热电比的增大而提高;当需求侧热电比大于供应侧热电比时,系统的运行经济性随需求侧热电比的增大而降低;当需求侧热电比等于供应侧热电比时,系统具有最好的经济性。

(2) 电/气价格比越高,系统的经济效益就越高。

(3) 单一电价城市采用分布式能源系统的具体运行模式如下:重庆、长沙和成都宜于采用电力优先模式;南京、武汉、青岛、呼和浩特、深圳和广州 6 座城市,当建筑需求侧热电比小于供应侧热电比时,宜采用热力优先模式,当建筑需求侧热电比大于或等于供应侧热电比时,宜采用电力优先模式。

(4) 采用分时电价的城市导入分布式能源系统的经济性不仅需要考虑能源价格,还需要综合考虑建筑的用能特点,即不同时段需求侧热电比的大小。

第7章 建筑分布式能源系统典型案例

7.1 上海花园饭店分布式能源系统

7.1.1 项目简介

上海花园饭店(图 7-1)建于上海改革开放初期,坐落于上海茂名南路 58 号,南靠淮海路,北临长乐路,是一家五星级豪华饭店,也是上海的绿色旅游饭店。饭店总面积达 49 449 m²,其中新建的 34 层主楼总面积 39 780 m²,主要功能是餐厅、客房和宴会厅;4 层裙楼 13 247 m²,主要功能为大堂、餐厅和宴会厅;1 层地下室面积 2 865 m²,功能为水处理和洗衣房。新建筑与法国俱乐部的老建筑组合,高度达 120 m,空调面积 32 349 m²。

2009 年 9 月 23 日,国家发展和改革委员会(以下简称"国家发改委")、上海市发展和改革委员会(以下简称"上海发改委")与日本新能源产业技术综合开发机构(NEDO)联合举办上海花园饭店节能改造项目签字仪式。国家发改委、上海市发改委领导及日本 NEDO 的三方代表在项目的合作备忘录上签字。根据合作备忘录的约定,日本 NEDO 将向上海花园饭店无偿提供技术和设备,实施冷热电三联供系统、建筑能源管理系统、空气源热泵和太阳能光伏发电等 10 项节能改造措施。项目可以节约用油约 680 t/年,节约费用约 330 万元,可减少 CO_2 排放量约 2 000 t/年,使饭店能耗降低 16%(折合每年可节省用电近 300 万 kWh)。项目成为日本 NEDO 在我国开展的第一个建筑节能示范项目,对上海乃至全国建筑节能工作都有积极的示范作用。

图 7-1 上海花园饭店外景图

7.1.2　系统介绍

1. 发电机组

花园饭店导入日本洋马（YANMAR）天然气热电联产系统（EP350G），它采用管道天然气为燃料，发电的同时可以提供 8 kg 压力的蒸汽或者是生活热水，与溴化锂机组结合利用可以实现供电、供热、制冷三联供。机组外形如图 7-2 所示。图 7-3 为机组能流图，发电效率为 40%，一次能源利用效率达到 75%。机组主要性能见表 7-1。

图 7-2　YANMA-EP350G 机组外形图

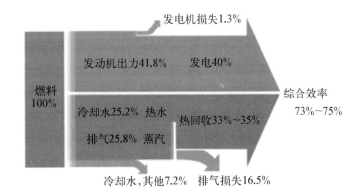

图 7-3　YANMA-EP350G 能流图

表 7-1　YANMA-EP350G 主要参数

项目	单位	内容
机组型号	—	EP350G
发动机型号	—	AYG20L-ST
运行方式	—	系统并网
发电电力	kW	350
频率/电压	Hz/V	50/380
相数、线数	—	相数 3φ4W
转速	min^{-1}	1 500
燃气种类	—	天然气

（续表）

项目	单位	内容
使用燃料　供应压力	MPa	0.059~0.29
NOₓ 值(O²=0%)	ppm	200
噪声值	dB(A)	80(5 方向-米平均值)
产地	—	日本

2. 辅助设备

余热锅炉 1 台,主要性参数为:最高压力为 1.0 MPa,额定蒸发量 0.188 t/h,额定蒸汽温度 184℃。

燃气贯流锅炉(蒸汽)1 台,主要性能参数为:最高压力 1.0 MPa,实际蒸发量 2 t/h,燃料消耗量 154 MN/h,锅炉效率约 95%。

3. 系统运行模式

机组每天的运行时段为 8:00—23:00。采用并网但不上网的运行模式,发出的电全部自行消费。热水供应生活热水,蒸汽直接并入蒸汽总管供酒店自用。

7.1.3　系统评价

系统自 2010 年 5 月正式运行以来,总运行时间约 2.5 万 h,年平均运行时间在 4 000 h 以上。图 7-4 所示为上海花园饭店 2013 年发电、购电量变化图,图 7-5 所示为上海花园饭店系统流程图。系统全年运行 4 500 h,发电 1 539 MWh,占酒店总用电量的 22.8%。

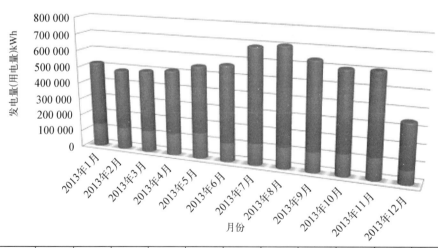

时间	2013-01	2013-02	2013-03	2013-04	2013-05	2013-06	2013-07	2013-08	2013-09	2013-10	2013-11	2013-12
■月购电量	382 083	355 886	365 840	380 091	397 053	456 078	556 419	575 810	520 010	469 587	475 007	263 125
■月发电量	141 500	132 079	131 461	133 280	155 292	115 352	132 066	129 439	119 834	133 250	131 742	83 781

图 7-4　上海花园饭店 2013 年发电、购电量变化图

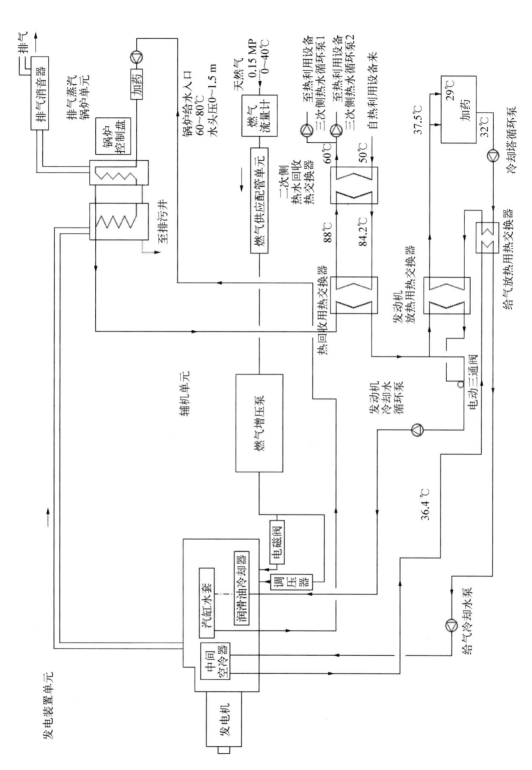

图 7-5　上海花园饭店系统流程图

7.2 上海闵行区中心医院分布式能源系统

1. 项目简介

闵行区中心医院地处上海市闵行区政府所在地莘庄镇,是近几年撤县建区后的新型发展地区。扩建后的闵行区中心医院占地面积为 5.59 万 m²,总建筑面积为 10.8 万 m²。图 7-6 所示为上海闵行区中心医院外景。

图 7-6 上海闵行区中心医院外景图

2. 系统介绍

在原有能源系统的基础上,导入日本洋马(YANMAR)天然气热电联产系统(EP350G-5-CB)1 台。机组主要性能见表 7-2。

能源系统流程见图 7-7,天然气进入内燃机发动机中燃烧做功,推动发电机发电。烟气余热经过排烟蒸汽锅炉产生蒸汽,为洗衣房、食堂或溴化锂机组提供热量。内燃机缸套水经过板式换热器为生活热水提供热量。

表 7-2　YANMAR-EP350G-5-CB 主要性能参数

项目	参数	单位	数值
交流出力	额定出力	kWe	350
	频率	Hz	50
	电压	V	380

（续表）

项目	参数	单位	数值
交流出力	电流	A	560.0
	相数/线数	—	3 相/4 线
	功率因数	%	95（滞后）
功率	综合效率	%	75.0
	发电效率	%	39.3
	排热回收效率	%	35.7
噪声	额定出力时	dB(A)	≤80
	无负荷时	dB(A)	≤80
外形	全宽（含进气导管时取括号内取值）	mm	2 200(3 500)
	全长（含辅机单元时取括号内数值）	mm	4 500(7 000)
	全高（含换气导管时取括号内数值）	mm	3 680(4 483)
	干燥重量	kg	14 900
	运行重量	kg	16 700
辅机电源	输入电源	相数	3
		V	AC380
		kW	30
发动机	型号	—	AYG20L-ST
	气缸数	—	6
	气缸内径×行程	mm	155×180
	总排气量	L	20.4
	连续额定出力	kW	382
	转速	min^{-1}	1 500
	启动方式	—	由启动电机电动启动
启动电机电压/功率		V-kW	DC24-7
启动用蓄电池种类/容量		AH	UP300×4(224AH/10 h)
发电机	型号	—	LX-G，E61B
	额定工况	—	连续运行
	极数	—	4
	励磁方式	—	无刷自励
	绝缘等级	电枢绕组	—	F 级
		励磁绕组	—	F 级
	轴承方式	—	单边轴承

（续表）

项目	参数	单位	数值
	吸气允许压损	Pa	≤3 430
	排气允许背压	Pa	≥3 900
燃料	使用燃料	—	天然气
	燃气供应压力	MPa	≥0.1
	低位热值	MJ/m³	≥35.59
	燃料消费率	kJ/kWh	8 610.5
增压泵	形式	—	无油转子压缩机
	冷却方式	—	空冷（风扇 52W×4 台）
	电动机功率	kW	7.5

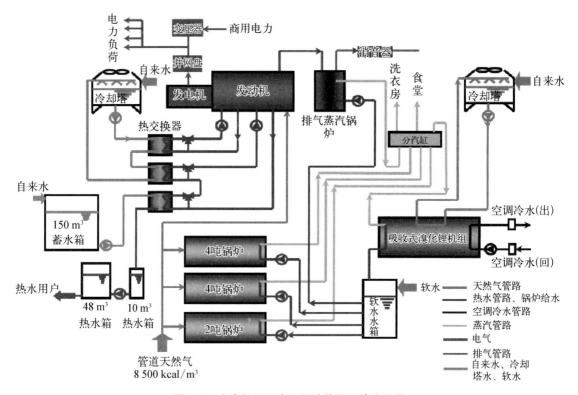

图 7-7 上海闵行区中心医院能源系统流程图

3. 系统评价

系统自 2007 年 9 月正式运行以来，总运行时间约 2 万 h，年平均运行时间在 3 000 h 以上。图 7-8 所示为上海闵行区中心医院 2013 年发电、购电量变化图，全年运行 3 500 h，发电 1 216 MWh，占医院总电量的 27.4%。

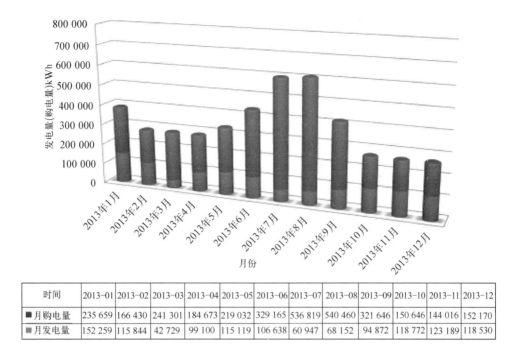

时间	2013-01	2013-02	2013-03	2013-04	2013-05	2013-06	2013-07	2013-08	2013-09	2013-10	2013-11	2013-12
■ 月购电量	235 659	166 430	241 301	184 673	219 032	329 165	536 819	540 460	321 646	150 646	144 016	152 170
■ 月发电量	152 259	115 844	42 729	99 100	115 119	106 638	60 947	68 152	94 872	118 772	123 189	118 530

图 7-8　上海闵行区中心医院 2013 年发电、购电量变化图

7.3　上海国际旅游度假区分布式能源中心

7.3.1　项目简介

上海国际旅游度假区核心区天然气分布式能源站装有 8 台 4MW GE 颜巴赫燃气发电内燃机(图 7-9)。考虑到负荷需求,采用以热定电的原则,并投入烟气热水型余热吸收式溴化锂机组,实现能源梯级利用,最大限度地利用发电余热制冷制热。

图 7-9　上海国际旅游度假区分布式能源中心

在保证稳定、可靠的冷热供应的前提下,能源站内部调峰设备所需电力由能源站自身供应。同时在保证系统经济性以及可实施性的前提下,采用多余电力 35 kV 上网的方式。

上海国际旅游度假区核心区天然气分布式能源站由上海国际旅游度假区新能源有限公司运营。该公司由华电新能源发展有限公司和上海申迪(集团)有限公司、上海益流能源(集团)有限公司共同投资建设。

7.3.2 系统介绍

1. 发电机组

分布式能源站机组选型综合考虑冷、热、电负荷变化规律,采取"以热(冷)定电"的原则,通过对系统运行方式进行技术经济比较,合理配置发电设备、余热利用设备,保证发电机组的高效运行。

天然气分布式能源站主要由发电设备、余热利用设备、调峰设备及相关主辅设备构成。根据项目的供能区域建设规模并综合各项因素,本项目选用发电效率高于 45% 的 4MW 级燃气内燃机发电。

2. 余热利用设备

分布式能源站余热利用工艺综合考虑发电机组的种类、热效率、余热品质等参数后决定采用烟气热水型溴化锂机组设备,以达到较高的余热利用率。

一般燃气内燃机排气温度在 350~400℃,经吸收式溴化锂机组余热利用后可将温度降至120℃左右,大大提高了余热利用率。当烟气中的热能不能完全利用时,也可经过烟气三通阀直接进入烟道。

3. 冷负荷调峰设备

由于上海市工、商业用燃气价格较高,燃气发电价格较低,燃气成本在大部分时间内高于自发电的电制冷成本,且电空调具有效率高、启停快的特点。因此天然气分布式能源站冷负荷调峰考虑采用制冷电空调和蓄水或蓄冰装备。

冰蓄冷中央空调是指建筑物空调时间所需要的部分或全部冷量在风空调时间利用蓄冰介质水的显热及潜热迁移等性质,将能量以冰的形式蓄存起来,然后根据空调负荷要求释放这些冷量,这样在用电高峰时期就可以少开甚至不开电空调。当空调使用时间与非空调使用时间和电网高峰和低谷同步时,就可以将电网高峰时间的电空调用电量转移至电网低谷时使用,达到节约用电的目的。

水蓄冷技术就是在电力负荷低的夜间,用电动制冷机将冷量以冷水的形式储存起来。在电力高峰期的白天,不开或少开冷机,充分利用夜间储存的冷量进行供冷,从而达到电力移峰填谷的目的。

4. 热负荷调峰设备选型

能源站主要热负荷调峰设备主要有余热锅炉、燃气锅炉、电空调(双效)等多种形式。余热锅炉是对燃气排气余热进行回收利用的系统,其效率高,运行便捷,但对进气温度和流量有一定要求。电空调(双效)具有效率高、启动快的特点,但受其技术制约,出水温度不能达到65℃。燃气锅炉具有系统简单、效率高、启动快的特点,可满足短期大量热负荷的要求。

5. 压缩空气系统

本工程建设了一个空压机间,集中供应整个国际旅游度假区核心区压缩空气要求,保证度假区核心区正常运行。采用空气压缩集中供应方式,相对于其他分散式压缩空气动力站的空气供应方式而言,不仅节约了设备用地,还节省了设备的初投资以及运行、管理及维修费用。

6. 园区设备相关参数

表 7-3 和表 7-4 分别汇总了园区供冷和供热设备相关信息。

表 7-3　供冷设备参数表

序号	名称	设备型号规格	数量
1	吸收式溴化锂冷水机组	制冷量 3 890 kW 冷却水温度 32/38℃ 冷媒水供回水温度 6.0/15.6℃	5 台
2	溴化锂机组冷媒水一次泵	350 m³/h, $H=25$ m, 电机功率 35 kW	5 台
3	溴化锂冷却水泵	1 300 m³/h, $H=30$ m, 电机功率 185 kW	5 台
4	离心式冷水机组(大)	空调制冷量 6 330 kW 冷却水温度 32/37℃ 冷媒水供回水温度 6.0/15.6℃	4 台
5	冷媒水一次泵	$Q=650$ m³/h, $H=25$ m, 电机功率 60 kW	4 台
6	离心式冷水机组冷却水泵	$Q=1\,450$ m³/h, $H=30$ m, 电机功率 200 kW	4 台
7	离心式冷水机组(小)	空调制冷量 3 165 kW 冷却水温度 32/37℃ 冷媒水供回水温度 6.0/15.6℃	2 台
8	冷媒水一次泵	$Q=350$ m³/h, $H=25$ m, 电机功率 35 kW	2 台
9	离心式冷水机组冷却水泵	$Q=725$ m³/h, $H=30$ m, 电机功率 90 kW	2 台
10	水蓄冷罐	内径 23 m,水位有效高度 29.6 m, 蓄冷量 118 MWh	1 套
11	蓄冷释冷水泵	$Q=500$ m³/h, $H=30$ m, 电机功率 50 kW	4 台
12	冷媒水主二次泵	$Q=2\,100$ m³/h, $H=90$ m, 电机功率 800 kW	4 台
13	冷媒水辅二次泵	$Q=400$ m³/h, $H=90$ m, 电机功率 165 kW	2 台

表 7-4 供热设备参数表

序号	名称	设备型号规格	数量
1	吸收式溴化锂冷水机组	空调制热量 4 004 kW 热媒水供回水温度 90.6/65.5℃	5 台
2	溴化锂机组 供热一次泵	$Q=150\ m^3/h$，$H=20\ m$，电机功率 15 kW	5 台
3	燃气热水锅炉	额定热功率 7.0 MW 工作压力 10.9 MPa 进、出水温度 90/65.6℃	2 台
4	锅炉一次泵	$Q=297\ m^3/h$，$H=20\ m$，电机功率 20 kW	4 台
5	蓄热水罐	内径 10 m，水位有效高度 29 m，有效容积 2 200 m^3	1 套
6	蓄热释热水泵	$Q=150\ m^3/h$，$H=30\ m$，电机功率 15 kW	2 台
7	供热二次泵(大)	$Q=550\ m^3/h$，$H=70\ m$，电机功率 180 kW	3 台
8	供热二次泵(小)	$Q=300\ m^3/h$，$H=70\ m$，电机功率 120 kW	2 台

7. 系统规划参数图

图 7-10 为分布式能源中心系统图。由图可见,全厂电负荷由燃气内燃机组以天然气作为一次能源产出,溴化锂冷热水机组由燃气内燃机组的高温缸套水和高温烟气驱动,所产出的冷

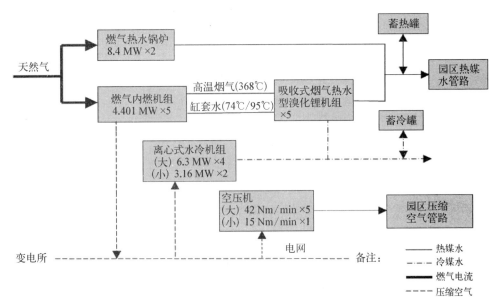

图 7-10 上海国际旅游度假区分布式能源中心系统图

热水直接进入园区供冷供热管道或者在冷热负荷较低时进入蓄冷热槽以作调峰使用。离心式冷水机组在溴化锂机组无法满足园区冷负荷的情况下开启,以厂用电驱动,所产出的冷水进入园区供冷管道或者蓄冷槽。燃气热水锅炉在溴化锂机组无法满足园区热负荷的情况下开启,以天然气作为一次能源,所产出的热水进入园区供热管道或者蓄热槽。空压机是以电力驱动制取压缩空气的装置,供应园区所需的压缩空气。此外,全厂产出的电负荷直接上网,与申能机能变电站的 10 kV 电网相连。

7.4　国家会展中心综合体分布式能源中心

1. 项目简介

国家会展中心综合体(图 7-11)分布式能源站位于上海市青浦区徐泾镇东侧,位于青浦、闵行交界处。以东西向徐泾中路为界,分为北地块、南地块,北地块总用地面积约 85.6 万 m²,总建筑面积约 147 万 m²。上海华电福新能源有限公司为会展中心建设天然气分布式能源站提供空调及热水负荷。工程设计考虑土建工程及公用系统一次完成,设备可根据负荷增长分期安装。本工程于 2014 年 3 月开工建设,于 2015 年 1 月开始整套系统的启动调试,2015 年 3 月正式投产运营,机组投运年限按 20 年考虑。

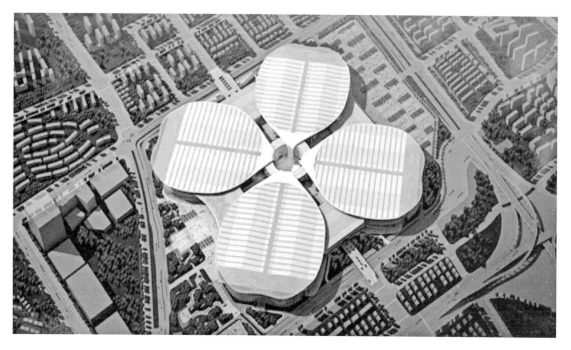

图 7-11　国家会展中心全景图

2. 系统介绍

分布式能源中心安装 GE 颜巴赫 JMS624-GS-N.L 4.4MW 内燃机 6 台,采用一拖一的方式相应地安装 6 台溴化锂吸收式制冷机组。冷负荷调峰设备采用 10 台 2 000 RT 电动离心式冷水机组和 2 座 12 000 m³ 蓄水罐(冷热兼用,设计蓄冷量 109 MWh/座);热负荷调峰设备采用 2 台 6.9 MW 燃气热水锅炉和 2 座 12 000 m³ 蓄水罐(设计蓄热量为 126 MWh/座)。

分布式能源系统图如图 7-12 所示。天然气进入燃气内燃机燃烧,产生的高温高压气体输出机械功带动发电机组进行发电,同时驱动溴化锂吸收式制冷机供冷和供热。当发电量不足时,可从电网购电。同样地,当冷负荷供应不足时,可以启动冷水机组补充;当热负荷供应不足时,由余热锅炉补足。

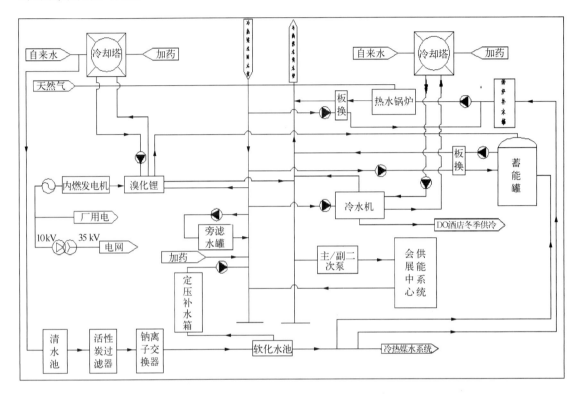

图 7-12　国家会展中心分布式能源系统图

各设备参数如下:

(1) 燃气内燃机发电机组:GE 颜巴赫 JMS624 GS-N.L 燃气发电机组,额定发电功率为 4.374 MW(功率因数为 0.8),总发电容量约为 26.244 MW。

(2) 烟气热水型溴化锂吸收式冷热水机组(无补燃):制冷量 3.9 MW,制冷 COP 为 1,冷媒水温度 15/6.3℃;制热量 3.9 MW,制热 COP 为 0.98,热媒水温度 50/60℃。

(3) 离心式冷水机组:制冷量 7 MW,冷媒水温度 15/5.3℃。

(4) 燃气热水锅炉:制热量 7 MW,热媒水温度 50/60℃。

7.5　日本北九州大学城分布式能源中心

1. 项目简介

日本北九州大学城位于福冈县北部北九州市,总占地面积约 335 hm²,始建于 2001 年,分三期开发。大学城内汇集了北九州市立大学国际环境工学部、九州工业大学研究生院、早稻田大学研究生院信息生产系统研究科、福冈大学研究生院等 4 所理工大学本科和研究生院、15 所研究机构和 56 家研发企业。图 7-13 为北九州大学城总体平面图,图 7-14 为大学城鸟瞰图。

图 7-13　北九州大学城总体平面图

图 7-14　北九州大学城鸟瞰图

北九州大学城规划设计以自然为本,将被动式与主动式节能技术相结合,从建筑本身出发,最大限度地利用光、风、热等自然资源,减少对周边环境的影响。主要采用的节能技术包括:有效利用自然风、自然光、屋顶绿化和垂直绿化,有效利用地热进行预冷预热,利用再生水、太阳能、燃料电池和内燃机分布式能源系统等。

2. 系统介绍

日本北九州大学城分布式能源系统是日本早期的区域冷热电三联供系统典范。该系统导入了一台 200 kW 的燃料电池,一台 160 kW 的燃气内燃机以及容量为 153.3 kW 的太阳能光伏发电系统为大学城提供电力,利用余热为部分建筑提供冷热需求。电力系统示意图如图

7-15所示。燃料电池、燃气内燃机和太阳能光伏发电系统的发电量不足以满足电力需求时，从电网购买电力。

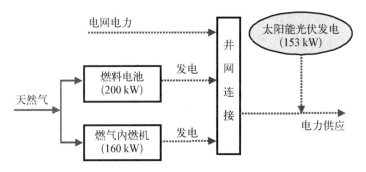

图7-15　北九州大学城分布式能源中心电力系统图

　　燃料电池和燃气内燃机的余热回收利用系统如图7-16所示。余热利用分为生活热水、供暖和制冷。其中燃料电池的低温水回路主要作为生活热水的预热。燃料电池产生的高温水及经过燃气内燃机的冷却水换热器和烟气换热器的90℃高温水则用于供暖和制冷。供暖的55℃/46.5℃的温水主要来自供暖用换热器及余热回收型冷温水机来提供。而夏季制冷的7℃/17℃冷冻水主要由余热回收型冷温水机通过利用余热来提供。

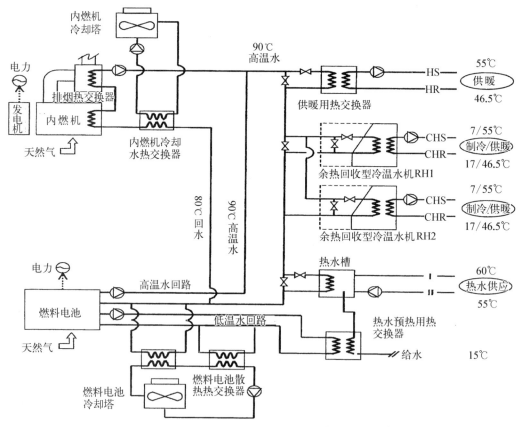

图7-16　北九州大学城分布式能源中心余热利用系统图

3. 系统评价

图 7-17 所示为自分布式能源中心于 2001 年开始运行至 2007 年的各发电设备的发电量和购买电力状况。因学术研究的人数和学校实验室的实验设备逐年增加,总电力消费量逐年增加,2007 年的电力消费量约为 2001 年的 1.8 倍。由于分布式发电设备容量保持不变,从电网购买的电力所占比重也逐年增加。历年的电力消费中的购买电力均占到一半以上。其中,2007 年的燃料电池、燃气内燃机、太阳能光伏发电以及购买电力占整个电力消费的百分比分别为 27.6%,8.2%,2.5% 和 61.7%。可见运行时间最长的燃料电池的发电量较大,燃气内燃机次之,而太阳能光伏发电的发电量只提供了极小一部分电力消费。

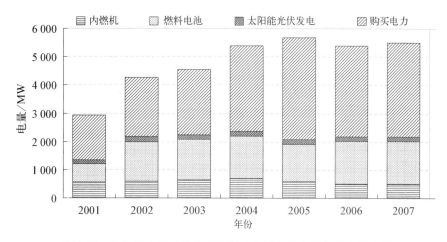

图 7-17　北九州大学城分布式能源中心历年发电量与购电量变化

图 7-18 所示为内燃机的历年余热利用量和余热利用效率。尽管发电产生的余热未必会被全部利用,但是余热利用量随发电量的变化而变化,发电量多的年度表示此年内燃机的运行时间较长,则相应的余热利用量会有所增加。但其余热利用效率并不会因为余热利用量的增加而提高。内燃机的余热利用效率在 37%~40% 之间变动。尽管后几年余热利用量较少,但是它的余热用效率较高,即内燃机的余热中排入大气的废热较少。

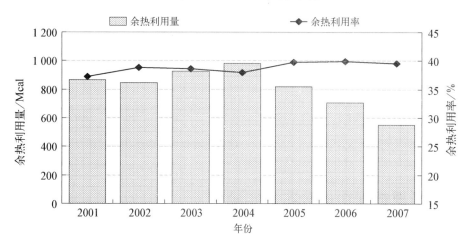

图 7-18　北九州大学城分布式能源中心内燃机余热利用状况变化

图 7-19 所示为燃料电池历年余热利用量和余热利用效率。由于学术研究院所的生活热水主要是体育馆的洗澡热水,热水用量非常少,致使用于生活热水供应的给水预热的热量需求很少,从而造成燃料电池的低温水回路约 20% 的余热未能利用起来。燃料电池的余热利用效率仅在 12%～20% 之间变动。因此,尽管燃料电池的年间运行时间要比内燃机长得多,产生的余热要多得多,但是燃料电池的余热利用量小于内燃机的余热利用量,余热利用率也较低。

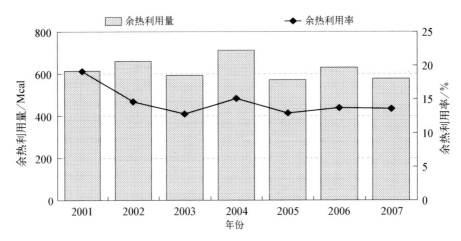

图 7-19　北九州大学城分布式能源中心燃料电池的余热利用历年变化

图 7-19 所示为燃料电池和燃气内燃机的综合能源利用效率。从图中可以发现,尽管燃料电池的额定发电效率要高于内燃机,但因燃料电池的余热利用效率较低,它的综合能源利用效率在 40%～46% 之间变动。相比之下,由于内燃机的余热利用效率较高,它的综合能源利用效率在 60%～67% 之间变动。

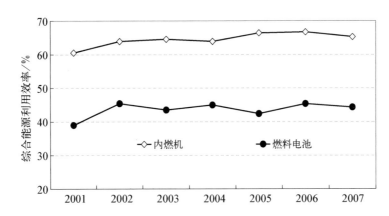

图 7-20　北九州大学城分布式能源中心燃料电池和燃气内燃机能源综合利用效率

7.6　南京凤凰数据中心分布式能源站

1. 项目简介

江苏凤凰数据中心(图 7-18)位于南京市郭家山路原新华印刷厂厂房,是凤凰集团建设的高标准数据中心,数据中心设计容量为 3 000 个标准机架,目前已投入的机柜数量为 1 500 个,是目前华东地区最大的数据中心。数据中心机架除集团自用外主要供百度、优酷等大型互联网公司使用。凤凰数据中心设计 IT 用电量为 10 000 kW,非 IT 用电量为 6 000 kW;设计最大制冷量需求 12 500 kW,年制冷时间超过 9 个月;安全等级 T3,采用双市电＋柴油机组供电。

图 7-21　南京凤凰数据中心外景图

2. 技术方案

为满足国家减排降耗、绿色节能的要求,凤凰数据中心率先采用天然气分布式能源系统为数据中心提供稳定的电、冷能源,如图 7-22 所示,能源站设计电力容量为 3×2 000 kW 康明斯发电机组,供冷容量为 2×2 300 kW 荏原烟气热水型溴化锂空调机组,整个系统能源利用率在 80％以上,整个数据中心 PUE 值(数据中心消耗的所有能源与 IT 负载使用的能源之比)降低约 20％。所发电能以自用为主,余电可送入国家电网。

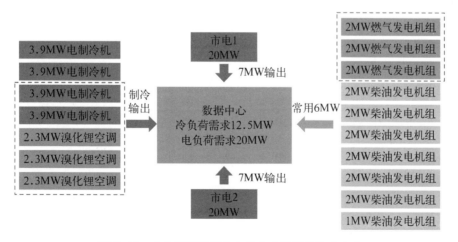

图 7-22　南京凤凰数据中心分布式能源站技术方案

3. 运行情况

凤凰数据中心分布式能源站项目 2013 年报批,2015 年 7 月正式投产,目前稳定运行。至今累计运行小时数为 7 300 h,年均利用 5 360 h,年耗气量 1 100 万 m³,年供电量 4 300 万 kWh(其中自用电量 3 900 万 kWh,上网电量 400 万 kWh),年总供冷量 17.1 万 GJ,年余热供冷量 4 750 万 kWh,发电效率 39%,年均综合能源利用效率超过 80%。

4. 技术经济指标

分布式能源站技术经济指标列于表 7-5。

表 7-5 南京凤凰数据中心分布式能源站技术经济指标

序号	技术经济指标	实际运行值
1	项目名称	江苏省南京市凤凰数据中心天然气分布式能源站
2	原动机类型、发电机电压	康明斯天然气内燃机 10 kV 发电机组
3	发电机组装机容量/kW	2 000×3
4	供电容量及电压	20 MVA×2 110/10 kV 的两卷变
5	余热供冷容量/kW	6 900
6	总供冷容量/kW	12 500
7	总运行小时数/h	7 300
8	年利用小时数/h	5 360
9	发电效率/%	39
10	年均能源综合利用率/%	85
11	年余热供冷量/MJ	17 100 000
12	年总供冷量/MJ	17 100 000
13	年发电量/kWh	43 430 000
14	年净输出电量/kWh	43 000 000
15	年自发自用电量/kWh	3 900 000
16	年上网售电量/kWh	4 000 000
17	燃气低位热值/(MJ·Nm⁻³)	35
18	发电机组年耗气量/Nm³	11 000 000
19	总耗气量/Nm³	11 000 000
20	CCHP 气价/(元·Nm⁻³)	2.04
21	常规气价/(元·Nm⁻³)	3.38
22	平均自用电价/(元·kWh⁻¹)	0.62
23	上网电价/(元·kWh⁻¹)	0.670 085 47
24	冷价/(元·MJ⁻¹)	0.06
25	年毛利/万元	1 465.17
26	总投资/万元	7 150

（续表）

序号	技术经济指标	实际运行值
27	增量投资/万元	6 350
28	年节能量/(tce·年⁻¹)	5 169.81
29	氧化碳减排量/(t·年⁻¹)	13 441.51
30	投融资模式	EMC
31	工程模式	EPC
32	运维模式	EMC 商自行运维

7.7　长沙黄花国际机场分布式能源站

1. 项目简介

长沙黄花国际机场(图 7-23)分布式能源站项目是湖南省第一个分布式能源项目,也是我国民航系统第一个采用 BOT 方式建设的能源供应项目,实现了分布式能源从项目开发到设计、建设、商业化运营的一体化服务模式。分布式能源站主要为 15.4 万 m² 新建航站楼提供全年冷、热以及部分电力供应,发电机采用并网不上网的方式运行。能源站设计总规模为 27 000 kW 制冷量,18 000 kW 制热量和 2×1 160 kW 发电量。

图 7-23　长沙黄花国际机场鸟瞰图

2. 技术方案

系统以燃气冷热电分布式能源技术为核心,采用 2 台康明斯 1 160 kW 的燃气内燃机,以及 2 台远大 4 652 kW 的烟气热水补燃型溴化锂吸收式冷热水机组,以及结合 1 台 4 652 kW 的远大直燃机、2 台 4 582 kW 离心式电制冷机、1 台 2 800 kW 燃气锅炉及冰蓄冷(二期工程)等系统构成整体方案,如图 7-24 所示。本项目设计年总供冷量 4 840 万 kWh,年总供热量 2 010 万 kWh,设计余热供热装机规模占比 20.9%,设计余热供冷装机规模占比 15.9%,三联供系统年平均综合效率为82.42%。与市电+直燃机空调方案相比,系统节能率为33%。

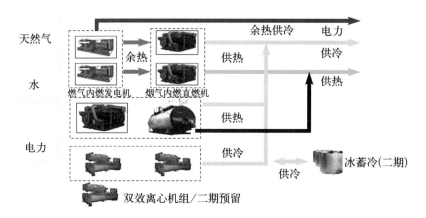

图7-24 长沙黄花国际机场分布式能源站技术方案

3. 运行情况

该项目于2009年12月动工,2011年7月8日顺利完成竣工验收,7月19日正式实现商业营运。2014年和2015年发电机年利用小时数分别为3582h和4207h。系统年平均综合能效达到80%以上,发电机90%以上负荷率运行小时数超过3500h,并且采用了智能平台技术,实现了系统能效数据分析、负荷预测、系统优化运算和设备智能化调度等功能。

4. 技术经济指标

分布式能源站经济技术指标列于表7-6。

表7-6 长沙黄花国际机场分布式能源站技术经济指标

序号	技术经济指标	实际运行值
1	项目名称	湖南长沙黄花国际机场分布式能源项目
2	原动机类型、发电机电压	康明斯天然气内燃机10 kV发电机组
3	发电机组装机容量/kW	1 160×2
4	供电容量及电压	2 500kVA×2
5	余热供热容量/kW	1 429×2
6	总供热容量/kW	17 800
7	余热供冷容量/kW	1 467×2
8	总供冷容量/kW	23 000
9	总运行小时数/h	12 000
10	年利用小时数/h	4 207
11	发电效率/%	35
12	年均能源综合利用率/%	81
13	年余热供热量/MJ	19 200 000

(续表)

序号	技术经济指标	实际运行值
14	年余热供冷量/MJ	28 800 000
15	年总供热量/MJ	25 190 000
16	年总供冷量/MJ	57 860 000
17	年发电量/kWh	9 424 000
18	年净输出电量/kWh	6 761 000
19	年自发自用电量/kWh	2 662 000
20	年上网售电量/kWh	—
21	燃气低位热值/(MJ·Nm^{-3})	34.69
22	发电机组年耗气量/Nm^3	2 835 000
23	总耗气量/Nm^3	3 039 000
24	CHP 气价/(元·Nm^{-3})	3.1
25	常规气价/(元·Nm^{-3})	3.1
26	平均自用电价/(元·kWh^{-1})	0.896
27	上网电价/(元·kWh^{-1})	0.716 8
28	热价/(元·MJ^{-1})	—
29	冷价/(元·MJ^{-1})	—
30	年毛利/万元	550
31	总投资/万元	8 252
32	增量投资/万元	1 160
33	年节能量/(tce·年$^{-1}$)	1 120.12
34	氧化碳减排量/(t·年$^{-1}$)	2 912.31
35	投融资模式	BOT
36	工程模式	EPC
37	运维模式	第三方运维

7.8　广州大学城天然气分布式能源站

1. 项目简介

广州大学城(图 7-25)项目是广东省和广州市贯彻"科教兴粤"战略部署的重点项目,根据大学城的能源需求特点,若由市网直接供电将进一步加大广州市网的供电负荷和峰谷差。通过对大学城进行能源规划研究,为广州大学城项目配套建设 1 座燃气-蒸汽联合循环的分布式能源系统,项目总投资 6.7 亿元。

图 7-25　广州大学城鸟瞰图

2. 系统配置

系统配置如图 7-26 所示,能源站包括 2 台 FT8-3 型燃机(60 MW)＋2 台双压自然循环余热锅炉(最大 72 t/h,3.82 MPa,450℃)＋1 台 C15-343/07 型抽凝式汽轮机和 QF-18-2 发电机,1 台 N21-3.43/0.6 型抽凝式汽轮机和 QF-25-2 发电机组成燃气-蒸汽热电冷联合循环机组。额定出力为 78 MW。燃机做功发电,排出的 479℃烟气进入余热锅炉循环利用。余热锅炉产生的 435℃的中压蒸汽进入汽轮发电机发电,余热锅炉尾部低温烟气换热产生的 90℃热水一部分用作能源站溴化锂空调的热源,另一部分送往热水制备站供大学城使用。系统的综合能源利用效率达到 78%。

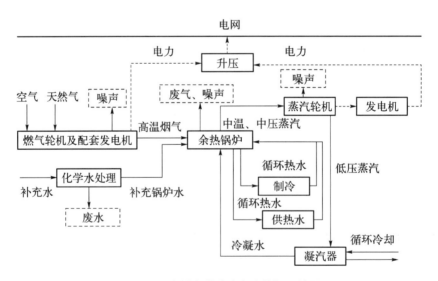

图 7-26　广州大学城分布式能源系统图

3. 运行情况

大学城分布式能源站自用电价格为 0.69 元/kWh,上网电价为 1 元/kWh,供热价格为 190 元/GJ,天然气价格为 2 元/Nm³。项目于 2009 年 10 月份投产,截至 2016 年 11 月,累计运行小时数 37 215 h,年平均利用小时数 4 206 h,年供电量约 6.48 亿 kWh(其中自用电约0.14亿 kWh,上网电量约 6.34 亿 kWh),年供热量约 23 万 GJ,年均能源综合利用率达78%。

4. 技术经济指标

分布式能源站技术经济指标列于表 7-7。

表 7-7　广州大学城分布式能源站技术经济指标

序号	技术经济指标	实际运行值
1	项目名称	广东省广州大学城天然气分布式能源站
2	发电机组装机容量/kW	156 000
3	供电容量及电压	8OMVA×2, 23.5MVA, 26.5MVA110/10kV 的两卷变
4	余热供热容量/kW	36 000
5	总供热容量/kW	36 000
6	总运行小时数/h	37 215
7	年利用小时数/h	4 206
8	年余热供热量/MJ	93 304 852
9	年余热供冷量/MJ	0
10	年发电量/kWh	646 266 100
11	年净输出电量/kWh	635 880 890
12	年自发自用电量/kWh	14 000 000
13	年上网售电量/kWh	634 438 200
14	燃气低位热值/($MJ \cdot Nm^{-3}$)	37
15	发电机组年耗气量/Nm^3	132 253 213
16	总耗气量/Nm^3	132 253 213
17	CCHP 气价/($元 \cdot Nm^{-3}$)	2
18	常规气价/($元 \cdot Nm^{-3}$)	2
19	平均自用电价/($元 \cdot kWh^{-1}$)	0.69
20	上网电价/($元 \cdot kWh^{-1}$)	1
21	年毛利/万元	16 587
22	总投资/万元	67 000
23	年节能量/($tce \cdot 年^{-1}$)	48 823
24	二氧化碳减排量/($t \cdot 年^{-1}$)	126 941

7.9 上海中心大厦天然气分布式能源站

1. 项目概况

上海中心大厦(图 7-27)位于上海市陆家嘴核心区,总高度 632 m,总建筑面积 57.6 万 m²。上海中心集聚办公、酒店、商业、娱乐、会议等五大功能,是浦东陆家嘴金融城的标志性建筑和上海金融服务业的重要载体。该大厦以合同能源管理形式引入分布式能源系统,由中国船舶重工集团公司全资控股公司中船重工(上海)新能源公司以 EMC 形式投资,项目位于上海中心大厦地下二楼,项目总投资 3 789 万元,主厂房占地面积约 365 m²。

2. 技术方案

如图 7-28 所示,系统包括 2 台 1 165 kW 的燃气内燃机发电机组＋2 台 1 047 kW 的热水型溴化锂机组、2 台 1 368 kW 的板式热水换热器和配套辅助系统,为大厦的低区部分(地下 5 层至地上 7 层)提供天然气冷、热、电能源供应服务,2 台机组各通过 1 回 10 kV 线路接入 110 kV 上海中心用户站主变的 10 kV 母线。该分布式能源系统与上海中心市政电网、其他冰蓄冷、锅炉、电制冷机组等共同构成大厦的低区能源中心,供能总面积为 27.97 万 m²。

图 7-27　上海中心大厦外景图

该项目设计综合能源利用率 85%,燃气内燃机排放量低于 250 mg/Nm³,厂界噪声低于 55 dB(A),设计年供冷 136 218 564 MJ、供热 47 305 944 MJ、供电 1 248.88 万 kWh,节能率可达 33%。

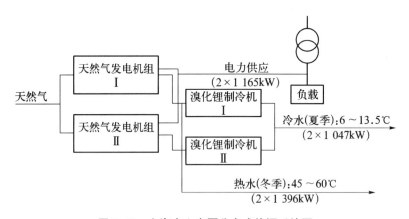

图 7-28　上海中心大厦分布式能源系统图

3. 运行情况

该项目由上海齐耀动力技术有限公司以 EPC 交钥匙工程方式总承包,2011 年年底开工建设,随上海中心大厦主体工程同时设计、同时施工、同时验收,2015 年建成调试,于 2016 年与上海中心大厦同时投入使用。

4. 技术经济指标

分布式能源站技术经济指标列于表 7-8。

表 7-8　上海中心大厦分布式能源系统技术经济指标

序号	技术经济指标	实际运行值
1	项目名称	上海市上海中心天然气分布式能源站
2	原动机类型、发电机电压	MTU 天然气内燃机 10kV 发电机组
3	发电机组装机容量/kW	1 165×2
4	供电容量及电压	4OMVA×2 110/10kV 的两卷变
5	余热供热容量/kW	2 700
6	总供热容量/kW	2 200
7	余热供冷容量/kW	12 900
8	总供冷容量/kW	
9	总运行小时数/h	5 360
10	年利用小时数/h	
11	发电效率/%	40.3
12	年均能源综合利用率/%	85
13	年余热供热量/MJ	16 651 000
14	年余热供冷量/MJ	31 729 000
15	年总供热量/MJ	47 305 944
16	年总供冷量/MJ	136 218 564
17	年发电量/kWh	12 488 800
18	年净输出电量/kWh	12 363 912
19	年自发自用电量/kWh	12 363 912
20	年上网售电量/kWh	
21	燃气低位热值/(MJ·Nm^{-3})	35.53
22	发电机组年耗气量/Nm^3	3 088 480.24
23	总耗气量/Nm^3	4 047 134.47
24	CHP 气价/(元·Nm^{-3})	2.7
25	常规气价/(元·Nm^{-3})	
26	平均自用电价/(元·kWh^{-1})	0.85
27	上网电价/(元·kWh^{-1})	
28	热价/(元·MJ^{-1})	0.12
29	冷价/(元·MJ^{-1})	0.06
30	年毛利/万元	696.04
31	总投资/万元	3 600

(续表)

序号	技术经济指标	实际运行值
32	增量投资/万元	3 250
33	年节能量/(tce·年$^{-1}$)	1 747.19
34	氧化碳减排量/(t·年$^{-1}$)	4 542.7
35	投融资模式	EMC
36	工程模式	EPC
37	运维模式	EMC商自行运维

7.10 泰州医药城天然气分布式能源站

1. 项目概况

泰州医药城(图7-29)由医药教学区、东部核心区、西部区域等三部分组成,规划总地块面积30 km²。泰州医药城建筑的能源需求主要包括建筑采暖空调用能、办公动力设备用电和照明用电、生活热水用热、居民炊事用能以及工业建筑用能、工业生产用能等。2011年12月完成了项目核准所需支持性文件并上报泰州市发改委。2012年5月17日项目获得江苏省发改委能源局的核准,2012年6月1日成为国家发改委、财政部、住房和城乡建设部、国家能源局四部门联合下发的"关于下达首批国家天然气分布式能源示范项目通知"中四个国家示范项目之一。该项目于2013年6月开工建设,2014年12月建成投产。

图 7-29 泰州医药城鸟瞰图

2.技术方案

为在泰州医药城中试四期的 A7 栋标准化厂房内(占厂房一层局部及二层局部)建设 2×2 MW 国产 QDR20 型(湖南株洲南方燃机厂生产)的燃气分布式能源站,配置相当容量的余热锅炉和溴化锂制冷机等供能设备,项目可形成 4 000 kW·h 的电和 13 t/h 的蒸汽以及 14 t/h 的热水的供应能力,并与医药城已建成的水源热泵能源站有机结合,共同服务于中试区的医药生产和试验企业的用能需求。本工程建设的楼宇型分布式能源站与医药教学区的水源热泵能源站,共同负责向医药教学区内大城区教学区、中试三期及中试四期提供冷、热源,其中,水源热泵能源站负责提供建筑空调用冷负荷、冬季空调用热负荷;楼宇型分布式能源站负责提供工业蒸汽负荷和部分用电负荷。考虑到园区工业蒸汽负荷的不连续性以及随季节变化的冷热负荷波动,在本期建设的楼宇型分布式能源站内设有一台蒸汽吸收式溴化锂机组和一台汽水换热器,当外部工业蒸汽负荷不足时,利用该套设备消化多余蒸汽,向园区建筑冷热负荷管网供冷、供热,以实现分布式能源站的最大综合有效利用。泰州分布式能源站总装机容量为 2×2 MW 国产 QDR20 型燃气轮机发电机组,配套 2 台容量为 6.5 t/h 的余热锅炉以及可以产生 7 t/h 热水的板式换热器,设备国产化程 100%,减排率 44%。

3.运行情况

项目正式投产时间为 2015 年 4 月,1 号机组累计运行小时数 3 200 h,2 号机组累计运行小时数 5 000 h,年均利用小时数 3 600 h,年耗气量 507 万 m^3,年供电量 765 万 kW(其中自用电量 56 万 kWh,上网电量 709 万 kWh),年总供热 6.7 万 GJ,年售热量 5.1 万 GJ,年均综合能源利用效率 65%。

4.技术经济指标

天然气分布式能源站技术经济指标列于表 7-9。

表 7-9　泰州医药城天然气分布式能源站技术经济指标

序号	技术经济指标	实际运行值
1	项目名称	江苏省泰州医药城天然气分布式能源站
2	原动机类型、发电机电压	株洲南方 QDR20 燃气轮机 6 kV 发电机组
3	发电机组装机容量/kW	2 000×2
4	供电容量及电压	5 000 kVA21/5.3 kV
5	余热供热容量/kW	5 400
6	总供热容量/kW	10 800
7	余热供冷容量/kW	1 740
8	总供冷容量/kW	1 740
9	总运行小时数/h	8 200
10	年利用小时数/h	3 600
11	发电效率/%	15.1
12	年均能源综合利用率/%	65
13	年余热供热量/MJ	67 299 920

（续表）

序号	技术经济指标	实际运行值
14	年余热供冷量/MJ	281 927
15	年总供热量/MJ	67 299 920
16	年总供冷量/MJ	281 927
17	年发电量/kWh	7 649 466
18	年净输出电量/kWh	7 095 350
19	年自发自用电量/kWh	554 116
20	年上网售电量/kWh	7 095 350
21	燃气低位热值/$(MJ \cdot Nm^{-3})$	33.25
22	发电机组年耗气量/Nm^3	5 076 291
23	总耗气量/Nm^3	5 076 291
24	CHP 气价/$(元 \cdot Nm^{-3})$	2.27
25	常规气价/$(元 \cdot Nm^{-3})$	—
26	平均自用电价/$(元 \cdot kWh^{-1})$	0.65
27	上网电价/$(元 \cdot kWh^{-1})$	0.784
28	热价/$(元 \cdot MJ^{-1})$	0.1
29	冷价/$(元 \cdot MJ^{-1})$	0.14
30	年毛利/万元	136.89
31	总投资/万元	3 000
32	增量投资/万元	2 650
33	年节能量/$(tce \cdot 年^{-1})$	836.35
34	氧化碳减排量/$(t \cdot 年^{-1})$	12 813
35	投融资模式	银行贷款,资本金 20%
36	工程模式	工程总承包
37	运维模式	自主运营和维保

参考文献

[1] 清华大学建筑节能研究中心.中国建筑节能年度发展研究报告[M].北京:中国建筑工业出版社,2013.

[2] 金红光,林汝谋.能的综合梯级利用与燃气轮机总能系统[M].北京:科学出版社,2008.

[3] 金红光,郑丹星,徐建中.分布式冷热电联产系统装置及应用[M].北京:中国电力出版社,2010.

[4] 江亿.天然气热电冷联供技术及应用[M].北京:中国建筑工业出版社,2008.

[5] 华贲.天然气冷热电联供能源系统[M].北京:中国建筑工业出版社,2010.

[6] 杨旭中,康慧,孙喜春.燃气三联供系统规划设计件建设与运行[M].北京:中国电力出版社,2014.

[7] 吴萍,尤向阳.微电网技术及其发展现状研究[J].现代企业教育,2011,12(6):25-26.

[8] 安典强,常喜强,李梅,等.微网并网运行存在的问题及应对措施[J].四川电力技术,2012,35(4):1-4.

[9] 赵建瑛,赵建平.分布式能源发展及存在问题分析[J].内蒙古石油化工,2014(23):19-21.

[10] 于文涛.微电网控制策略的发展与分析[J].沈阳工程学院学报(自然科学版),2013,9(1):14-18.

[11] 赵波,李鹏,童杭伟,等.从分布式发电到微网的研究综述[J].浙江电力,2010,29(3):1-5.

[12] 华贲,龚婕.发展以分布式冷热电联供为核心的第二代城市能源供应系统[J].建筑科学,2007,23(4):5-8.

[13] 热电联产基金会[EB/OL].http://www.ace.or.jp.

[14] 王振铭.分布式能源热电联产的新发展[J].沈阳工程学院学报,2008,4(2):98-101.

[15] 韩晓平.未来20年中国能源技术发展方向之一——分布式能源及相关技术[J].沈阳工程学院学报,2005,1(2):13-15.

[16] 金红光,冯志兵,王志峰,等.多能源的冷热电联产系统方案——奥运能源展示中心[J].中国建设信息:供热制冷,2004(8):23-27.

[17] 左政,华贲.燃气内燃机与燃气轮机冷热电联产系统的比较[J].煤气与热,2005,25(1):39-42.

[18] Suárez I, Prieto M M, Fernández F J. Analysis of potential energy, economic and environmental savings in residential buildings: Solar collectors combined with micro-tur-

bines[J]. Applied Energy 2013，104(4):128-136.

[19] Medrano M，Castell A，Fontanals G，et al. Economics and climate change emissions analysis of a bioclimatic institutional building with tri-generation and solar support[J]. Applied Thermal Engineering，2008,28(17)：2227-2235.

[20] Wang J，Pan Z，Niu X，et al. Parametric analysis of a new combined cooling，heating and power system with transcritical CO_2，driven by solar energy[J]. Applied Energy，2012，94(6):58-64.

[21] 白鹤. 基于太阳能利用的分布式冷热电联供系统的优化研究[D]. 北京:华北电力大学，2012.

[22] 施晓丽. 基于可再生能源的冷热电联供系统模拟研究[D].武汉:华中科技大学,2011.

[23] 冯志兵. 燃气轮机冷热电联产系统集成理论与特性规律[D]. 北京:中国科学院工程热物理研究所,2006.

[24] 康书硕,李洪强,蔡博,等. 分布式能源系统与地源热泵耦合的系统研究[J]. 工程热物理学报,2013,34(5):817-821.

[25] 林怡. 微小燃机热电冷联供与地下水源热泵耦合系统研究[D]. 北京:中国科学院工程热物理研究所,2010.

[26] 郭栋,隋军,金红光. 基于太阳能甲醇分解的冷热电联产系统[J]. 工程热物理学报,2009,30(10)：1621-1624.

[27] 邓建,吴静怡,王如竹,等. 基于热经济学结构理论的微型冷热电联供系统性能评价[J]. 工程热物理学报,2008,29(5):731-736.

[28] 杨敏林,杨晓西,金红光. 分布式能源系统集成方案研究[J]. 东莞理工学院学报,2006，13(4):113-116.

[29] 彭汉明,杨敏林,秦贯丰,等. 含液体除湿技术的分布式能源系统[J]. 节能技术,2011,29(4):319-322.

[30] 杨洁栋. 与建筑物冷热电负荷相适应的三联供系统的设计方法[D]. 上海:同济大学,2014.

[31] ASHRAE. Steam-Jet refrigeration equipment[M]//ASHRAE Equipment Handbook，Atlanta，GA，1983,13:1-13.

[32] Mizrahi J，Solomiansky M，et al. Ejector refrigeration from low temperature energy sources[J]. Bull Research Council of Israel，1957,6:1-8.

[33] Chen X，Omer S，Worall M，et al. Recent developments in ejector refrigeration technologies[J]. Renewable and Sustainable Energy Reviews，2013，19:629-651.

[34] 任鸿远. 分布式冷热电联供系统负荷预测与应用分析[D].呼和浩特:内蒙古工业大学,2010.

[35] 李政义. 动态负荷下天然气冷热电联供系统运行优化[D].大连:大连理工大学,2011.

[36] 林欢欢,黄锦涛,王耀文,等. 楼宇热电冷联产系统设计及性能评价软件[J].沈阳工程学院学报,2011,7(1):1-4.

[37] Piacentino A，Cardona F. On thermoeconomics of energy systems at variable load conditions：Integrated optimization of plant design and operation[J]. Energy Conversion

and Management，2007，48(8):2341-2355.

[38] 王江江.楼宇级冷热电联供系统优化及多属性评价方法研究[D].北京:华北电力大学，2010.

[39] 杨木和，阮应君，李志英，等.三联供系统中逐时冷热电负荷的模拟计算[J].发电与空调，2009，30(4):85-88.

[40] Yang C，Ruan Y J，Zhou W G，et al. Feasibility of CCHP system in certain large-scale public building[J]. Advanced Materials Research,2012,863:1156-1165.

[41] Yuan Y ，Ruan Y J. Economic analysis of building distributed energy system (BDES) in the Chinese different cities[C]//Third international Conference on Intelligent System Design and Engineering Applications,2013:632-636.

[42] 刘人杰，王健，阮应君.三联供与冰蓄冷耦合的复合系统优化设计[J].建筑热能通风空调，2014，33(1):75-79.

[43] Ren H，Gao W，Ruan Y. Optimal Sizing for Residential CHP System[J]. Applied Thermal Engineering，2008，28(5-6):514-523.

[44] Ruan Y，Liu Q，Zhou W，et al. Optimal option of distributed generation technologies for various commercial buildings[J]. Applied Energy，2009，86(9):1641-1653.

[45] Ren H，Zhou W，Gao W. Optimal option of distributed energy systems for building complexes in different climate zones in China[J]. Applied Energy，2012，91(1):156-165.

[46] Ren H，Wu Q，Ren J，et al. Cost-effectiveness analysis of local energy management based on? urban-rural cooperation in China[J]. Applied Thermal Engineering，2014，64(1-2):224-232.

[47] Gu Q，Ren H，Gao W，et al. Integrated assessment of combined cooling heating and power systems under different design and management options for residential buildings in Shanghai[J]. Energy and Buildings，2012，51:143-152.

[48] Su X，Zhou W，Nakagami K，et al. Capital stock-labor-energy substitution and production efficiency study for China[J]. Energy Economics，2012，34(4):1208-1213.

[49] Ren H，Zhou W，Gao W，et al. Promotion of energy conservation in developing countries through the combination of ESCO and CDM: A case study of introducing distributed energy resources into Chinese urban areas[J]. Energy Policy，2011，39(12):8125-8136.

[50] Gao W J，Ren H B. An optimization model based decision support system for distributed energy systems planning[J]. International Journal of Innovative Computing, Information and Control,2011,7(5):2651-2668.

[51] Ren H，Zhou W，Ken'ichi Nakagami，et al. Multi-objective optimization for the operation of distributed energy systems considering economic and environmental aspects[J]. Applied Energy，2010，87(12):3642-3651.

[52] Ren H，Gao W. A MILP model for integrated plan and evaluation of distributed energy systems[J]. Applied Energy，2010，87(3):1001-1014.

[53] Ren H，Gao W. Economic and environmental evaluation of micro CHP systems with different operating modes for residential buildings in Japan[J]. Energy & Buildings，2010，42(6)：853-861.

[54] 吴琼,任洪波,高伟俊,等.基于动态负荷特性的家用光伏发电系统经济性评价[J].可再生能源,2014,32(2):133-137.

[55] 吴琼,任洪波,高伟俊.日本分布式热电联产相关政策与制度解析[J].电力与能源,2014,35(6):657-661.

[56] 孙雅琼.基于办公建筑负荷特性的楼宇式冷热电三联供系统优化[D].上海:同济大学,2015.

[57] 杨超.冷热电联产系统中负荷的模拟计算及系统优化方法研究[D].上海:同济大学,2011.

[58] 阮应君,刘青荣,袁寅,等.建筑冷热电联供系统在不同城市的经济性分析[J].煤气与热力,2015,35(1):19-24.

天然气分布式能源技术支援数据库

附表 1   Solar 燃气轮机性能参数

机组型号	燃机出力	热耗率	机组效率	烟气流量	排烟温度	机组尺寸	机组重量
	kW	kJ/(kWh)	%	kg/h	℃	L×W×H/m	t
土星 20	1 210	14 795	24.30	23 540	505	6.7×2.4×2.7	10.5
半人马 40	3 515	12 910	27.90	68 365	445	9.8×2.6×3.2	31.6
半人马 50	4 600	12 270	29.30	68 680	510	9.8×2.6×3.2	38.9
水星 50	4 600	9 351	38.50	63 700	377	11.1×3.2×3.7	45.6
金牛 60	5 670	11 425	31.50	78 280	510	9.8×2.6×3.2	39
金牛 65	6 300	10 945	32.90	78 950	550	9.8×2.6×3.3	39.6
金牛 70	7 965	10 505	34.30	96 775	505	11.9×2.9×3.7	62.9
火星 100	11 430	10 885	33.10	152 080	485	14.2×2.8×3.8	86.1
大力神 130	15 000	10 230	35.20	179 250	495	14×3.2×3.3	86.8
大力神 250	21 745	9 260	38.90	245 660	465	18.1×3.4×3.6	128.6

附表 2   GE 颜巴赫燃气内燃机性能参数

发电机组型号	电功率	电效率	机械功率	机械效率	总效率	频率	转速	NO$_x$
	kW	%	kW	%	%	Hz	r/min	mg/Nm³
J312GS	435	39.7	511	46.6	86.3	60	1 200	500
J316GS	583	40.3	665	45.9	86.2	60	1 200	500
J320GS	795	40.7	874	44.8	85.5	60	1 200	500
J312GS	635	40.4	731	46.5	86.9	50	1 500	500
J316GS	835	40	994	47.6	87.6	50	1 500	500
J320GS	1 067	40.9	1 208	46.4	87.3	50	1 500	500
J316GS	848	38.3	1 089	49.1	87.4	60	1 800	500
J320GS	1 059	39	1 324	48.8	87.8	60	1 800	500
J312GS	635	39.7	694	43.3	83	50	1 500	500

(续表)

发电机组型号	电功率	电效率	机械功率	机械效率	总效率	频率	转速	NO$_x$
	kW	%	kW	%	%	Hz	r/min	mg/Nm³
J316GS	835	39.7	936	44.4	84.1	50	1 500	500
J320GS	1 067	40.6	1 122	42.7	83.2	50	1 500	500
J312GS	633	38.1	787	47.4	85.5	60	1 800	500
J320GS	1 059	39	1 269	46.7	85.7	60	1 800	500
J412GS	634	41.3	679	44.2	85.6	60	1 200	500
J416GS	850	41.5	905	44.2	85.8	60	1 200	500
J420GS	1 063	41.6	1 135	44.4	85.9	60	1 200	500
J412GS	889	42.8	901	43.4	86.2	50	1 500	500
J416GS	1 191	43	1 201	43.4	86.4	50	1 500	500
J420GS	1 487	43	1 502	43.4	86.4	50	1 500	500
J412GS	845	41.9	843	41.8	83.7	50	1 500	500
J416GS	1 130	42	1 124	41.8	83.8	50	1 500	500
J420GS	1 413	42.1	1 405	41.8	83.9	50	1 500	500
J612GS	2 002	45.1	1 850	41.6	86.7	50	1 500	500
J616GS	2 679	45.5	2 439	41.4	87	50	1 500	500
J620GS	3 352	45.6	3 048	41.4	87	50	1 500	500
J624GS	4 029	45.6	3 048	41.4	87	50	1 500	500
J616GS	2 664	45.3	2 453	41.7	87	60	1 500	500
J620GS	3 344	45.4	3 048	41.4	86.9	60	1 500	500
J624GS	4 008	43.8	3 870	42.3	86	60	1 500	500
J612GS	1 637	42.3	1 645	42.5	84.8	50	1 500	500
J616GS	2 188	42.4	2 194	42.5	84.9	50	1 500	500
J620GS	2 739	42.5	2 741	42.5	85	50	1 500	500
J612GS	1 621	41.9	1 653	42.7	84.6	60	1 500	500
J616GS	2 175	42.2	2 205	42.7	84.9	60	1 500	500
J620GS	2 728	42.3	2 755	42.7	85	60	1 500	500

附表 3　部分烟气热水型溴化锂机组性能参数

性能参数	单位	双良	特迈斯	荏原	远大
烟气入口温度	℃	368	368	368	368	368
烟气入口流量	kg/h	24 126	24 126	24 126	24 126	24 126
热源热水供/回水温度	℃	95/74	95/75	95/74	95/74	95/74
高温缸套水流量	m³/h	97.8	97.8	97.8	97.8	97.8
制冷量	kW	3 931	3 931	4 042	3 830	3 862
机制热量	kW	3 931	3 931	4 185	4 378	3 903
制冷 COP	—	1	1	1	1.05	0.97
制热效率	—	0.98	0.98	0.97	0.975	0.98
冷媒水额定入/出口温度	℃	15/6.3	15.6/6	15.6/6	15.6/6	15.6/6
冷媒水量	m³/h	390	390	362	343	345
热媒水入/出口温度	℃	50/60	65.5/90	65.5/90	65.5/90	65.5/90
热媒水量	m³/h	340	143	147	152.2	140
冷却水出/入口温度	℃	38/32	38/32	38/32	38/32	38/32
冷却水流量	m³/h	1 132	1 132	1 180	1 175	1 013